高职高专计算机系列规划教材

全国高职高专计算机立体化系列规划教材

数据库原理及应用(SQL Server 2008 版)

主　编　马桂婷　武洪萍　袁淑玲
副主编　张学金　李永臣　满昌勇　李正吉
参　编　张言上　胡广斌　胡运玲
　　　　张　峰　王　艳　苗　娟
主　审　朱连庆　刘同顺　徐家荣

北京大学出版社
PEKING UNIVERSITY PRESS

内 容 简 介

本书基于 SQL Server 2008 重点介绍数据库系统的基本概念、基本原理和基本设计方法,以面向工作过程的教学方法为导向,安排各章节的内容,减少理论知识的介绍,突出适用性,并设计了大量的课堂实践和课外拓展。符合高职教育的特点。学生在学习过程中,可以边学边练。

本书分 4 个模块,模块 1 讲述从理论层次来设计数据库;模块 2 讲述基于 SQL Server 2008 来创建数据库;模块 3 讲述 SQL Server 2008 数据库的应用;模块 4 讲述 SQL Server 2008 数据库系统的维护。

本书可作为高职高专学校、成人教育学院数据库原理及应用课程的教材,同时也可以供参加自学考试的人员、数据库应用系统开发设计人员、工程技术人员及其他相关人员参阅。对于非计算机专业的本科学生,如果希望学到关键、实用的数据库技术,也可采用本书作为教材。

图书在版编目(CIP)数据

数据库原理及应用(SQL Server 2008 版)/马桂婷,武洪萍,袁淑玲主编. —北京:北京大学出版社,2010.2
(全国高职高专计算机立体化系列规划教材)

ISBN 978-7-301-16900-1

Ⅰ. 数…　Ⅱ. ①马…②武…③袁…　Ⅲ. 关系数据库—数据库管理系统,SQL Server 2008—高等学校:技术学校—教材　Ⅳ. TP311.138

中国版本图书馆 CIP 数据核字(2010)第 017519 号

书　　　名:	数据库原理及应用(SQL Server 2008 版)
著作责任者:	马桂婷　武洪萍　袁淑玲　主编
责 任 编 辑:	李彦红
标 准 书 号:	ISBN 978-7-301-16900-1/TP · 1085
出　版　者:	北京大学出版社
地　　　址:	北京市海淀区成府路 205 号　100871
网　　　址:	http://www.pup.cn　http://www.pup6.com
电　　　话:	邮购部 62752015　发行部 62750672　编辑部 62750667　出版部 62754962
电 子 邮 箱:	pup_6@163.com
印　刷　者:	三河市北燕印装有限公司
发　行　者:	北京大学出版社
经　销　者:	新华书店

787mm×1092mm　16 开本　19.25 印张　435 千字
2010 年 2 月第 1 版　2014 年 7 月第 4 次印刷

定　　　价: 31.00 元

前　　言

数据库技术是目前计算机领域发展最快、应用最广泛的技术，它的应用遍及各行各业，大到操作系统程序，如全国联网的飞机票、火车票订票系统和银行业务系统；小到个人的管理信息系统，如家庭理财系统。在互联网流行的动态网站中，数据库的应用也已经非常广泛。学习和掌握数据库的基础知识和基本技能、利用数据库系统进行数据处理是大学生必须具备的基本能力。

本书是编者在总结了多年数据库应用开发经验与一线教学经验的基础上编写的。本书在省级精品课程建设的基础上，以一个实际的开发项目(学生管理系统)为中心，全面介绍数据库的设计及应用等数据库开发所需的各种知识和技能。通过学习本书，读者可以快速、全面地掌握SQL Server 2008 数据库管理和开发技术。本书具有以下特色。

(1) 进行"面向工作过程"和"任务驱动"的学习情境设计。在数据库原理及应用省级精品课程建设的基础上，编者对用人单位及相关企业进行了大量的走访及调研，在对相关岗位职业能力需求分析的基础上，设计了面向工作过程的学习情境。每一个学习情境都是一个完整的工作过程，在该过程中，既锻炼了学生的职业能力，也培养了学生的职业素质。本书将学习情境贯穿到每个章节中。

(2) 真实的项目驱动。在真实数据库管理项目的基础上，将数据库的设计、建立、应用等贯穿到整个教材中，使学生在学习过程中体验数据库应用系统的开发环节。

(3) 对知识结构进行了合理整合。本书共分 4 个模块：数据库的设计、数据库的建立、数据库的应用和 SQL Server 2008 数据库系统的维护。其中，数据库的设计(第 1 章和第 2 章)包括数据库的理解、关系运算、数据模型、数据库的设计、规范化等；数据库的建立模块(第 3 章)包括在 SQL Server 2008 中创建数据库和维护数据库、数据的导入与导出等；数据库的应用部分由数据库的基本应用和高级应用两大部分组成，其中，数据库的基本应用(第 4 章)包括管理表、数据查询及数据更新；高级应用(第 5 章)包括索引、视图、架构、存储过程、触发器、游标、事务、锁、Transact-SQL 编程基础等内容；SQL Server 2008 数据库的维护(第 6 章)包括数据库的安全性和数据的备份与恢复。整合以后，知识点更加紧凑。

(4) 理论实践一体化。重新组织教学内容，将知识讲解和技能训练设计在同一教学单元，融"教、学、做"于一体。每一个知识模块均进行任务分析，提出课堂任务，然后由教师演示任务完成过程，再让学生模仿完成类似的任务，体现"做中学，学以致用"的教学理念。

(5) 注重学生的实践能力培养。让学生通过不断实践，实现数据库管理技能的逐步提高。本书突出面向工作过程的高职教育教学模式，采用"宏观上项目驱动，微观上任务驱动"的教学方法，内容以模块方式从理论基础到实践应用。每个模块都精心设计了课堂实践和课外拓展内容，以及有针对性的习题，非常适合教师的教和学生的学。

1. 教学设计

根据高职教育培养具有高素质、高技能的应用型人才的培养目标，结合"面向工作过程导向"的思路，结合本课程既有一定的理论知识又有加强实践技能、教学难度较大等特点，我们进行了科学、合理的教学设计。

　　本课程开发的第一步是与行业企业共同分析确立岗位与工作过程,课程组教师通过以下形式与企业建立了密切合作。

　　(1) 走访大量从事软件开发及网络设计的相关企业和公司,深入企业进行岗位的职业能力与工作过程调查。

　　(2) 与企业软件开发及设计的一线人员共商教学大纲,共同建立更能贴近和满足企业需求的能力训练体系。

　　(3) 回访大批毕业生。与在企业一线从事软件开发的毕业学生进行交流,听取毕业生对本课程建设的反馈意见,以他们的亲身经历和切身体会帮助我们审视以往数据库原理及应用课程建设体系中存在的问题,并对实训教学的内容及框架的构建提出修改意见。

　　通过与相关行业的深入交流,确定了以面向数据库应用与设计岗位、针对实际工作过程中完成各项工作任务应具备的职业能力,从系统化的学习设计思路入手,进行全面课程体系改革的建设思路。

　　2. 基于数据库应用与设计岗位的典型工作过程

　　通过一系列的企业调研与分析,我们得到了企业中数据库应用、维护与设计岗位的典型工作过程,如图 1 所示。本课程就是基于数据库应用、维护与设计的典型工作过程来设计和开发学习情境的,做到每一步学习的实施都是一个完整的工作过程。

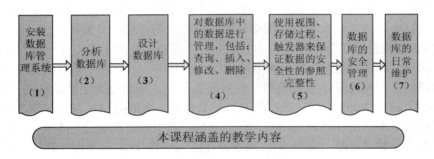

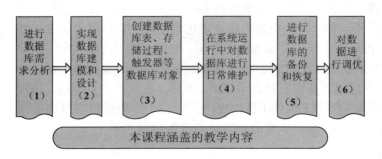

图 1　数据库应用、维护与设计岗位的典型工作过程

3. 课程定位

本课程是计算机及相关专业的专业必修课，是培养学生专业能力的核心课程之一，如图2所示。本课程为软件开发、计算机应用、技术支持、网络设计维护、数据库应用及开发等行业培养具有数据库应用、设计及维护等能力的应用型人才，对学生的岗位能力培养和职业素质养成起主要支撑作用。

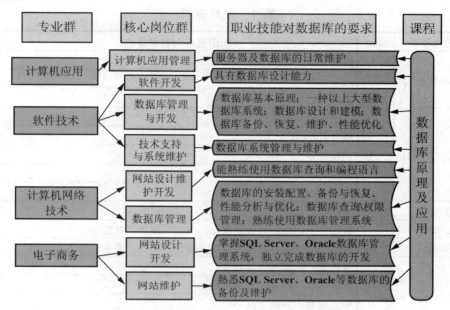

图 2　本课程在专业岗位能力培养中起主要支撑作用

目前软件开发与动态网站开发时经常使用的数据管理系统主要有 SQL Server、Oracle、MySQL、Access、DB2、Sybase、Informix 等，这些数据库管理系统也是企业招聘时要求掌握或了解的，其中又以 SQL Server、Oracle、MySQL 和 Access 使用面更广、需求量更多。据相关企业招聘的 7224 个数据库相关岗位，统计分析结果如图 3 所示。

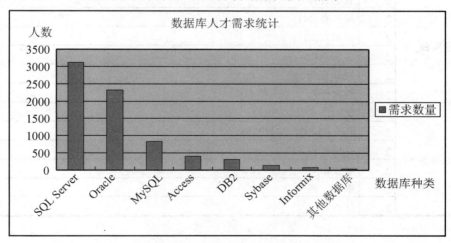

图 3　数据库人才需求统计图

SQL Server 和许多优秀的关系数据库管理系统一样，不仅可以有效地存储和管理数据，而且可以把数据库技术与 Web 技术结合在一起，为在 Internet 中共享数据奠定了基础。SQL Server 2008 是微软最新的产品，它具有界面友好、功能全面且操作简单等特点，是中小型企业数据库应用的最佳选择，也是高职院校学生学习大型关系型数据库管理系统的最佳软件之一。

表 1 是本课程章节课时安排建议。

表 1　课时安排

序号	教学模块	课时	知识要点与教学重点	合计
1	知识准备(1)	2	数据及数据模型	6
		2	关系代数	
		2	数据库的构成	
2	知识准备(2)	2	需求分析、概念设计(一)	10
		2	概念设计(二)	
		2	结构设计	
		2	规范化、物理设计	
		2	任务实现	
3	课堂实践	4	数据库的设计	4
4	知识准备(3)	2	数据库的创建、修改、删除、分离、附加；数据的导入与导出	2
5	课堂实践	2	数据库的创建、修改、删除、分离、附加；数据的导入与导出	2
6	知识准备(4)	2	管理表	16
		2	单表无条件查询和有条件查询	
		2	聚集函数、分组、排序	
		2	多表查询	
		2	嵌套查询	
		2	任务实现	
		2	数据更新	
		2	任务实现	
7	课堂实践	2	表的管理	12
		2	简单查询(1)	
		2	简单查询(2)	
		2	多表查询	
		2	嵌套查询	
		2	数据更新	
8	知识准备(5)	2	架构、索引、视图	12
		2	Tansact-SQL 编程基础	
		2	存储过程	
		2	触发器	
		2	事务、锁	
		2	任务实现	

续表

序号	教学模块	课时	知识要点与教学重点	合计
9	课堂实践	2	架构与索引	12
		2	视图	
		2	Transact-SQL 语言基础	
		2	存储过程	
		2	触发器的使用	
		2	游标和事务的使用	
10	知识准备(6)	2	数据库安全机制	6
		2	用户和角色	
		2	备份和恢复	
11	课堂实践	2	数据库安全性控制	4
		2	数据库的备份与恢复	
学时总合计：				86

　　本书由马桂婷、武洪萍和袁淑玲担任主编，负责整体结构的设计及全书统稿；朱连庆、刘同顺、徐家荣担任主审，负责全书的审查审阅工作。张学金、李永臣、满昌勇、李正吉担任副主编，参与编写的还有张言上、胡运玲、胡广斌、张峰、王艳、苗娟。为了便于读者学习，本书还免费提供电子教案、示例数据库和习题答案等。

　　由于编者水平所限，书中难免有疏漏和欠缺之处，敬请广大读者提出宝贵意见。

　　编者联系方式： hfmgting@126.com(马桂婷)、wuhongp@126.com(武洪萍)。

编　者

2009 年 11 月

目 录

第**1**章　理解数据库

任务要求：

　　根据学生信息管理系统(本系统用于学生信息管理，主要任务是用计算机对学生各种信息进行日常管理。该系统主要包括学生基本信息管理、学生成绩管理和学生公寓管理 3 部分)的功能要求，需要处理大量的学生基本信息、成绩信息、住宿信息及系部信息等。怎样将这些信息组织起来便于管理，这就需要进行数据库的设计。

学习目标：

- 数据库基本概念
- 数据模型相关概念
- 关系模型和关系运算
- 数据库系统的组成及结构

学习情境：

　　为了方便对学生信息的管理，设计人员需要设计并创建一个数据库。在设计数据库之前，设计人员必须理解数据库的基本概念和基本原理。

1.1 什么是数据

【任务分析】

设计人员要理解数据库的基本概念和基本原理，首先需要理解数据、信息及数据处理。

【课堂任务】

本节要理解的相关概念如下。

● 信息和数据

● 数据处理

1.1.1 信息和数据

1. 信息

计算机技术的发展把人类推进到信息社会，同时也将人类社会淹没在信息的海洋中。什么是信息？信息(Information) 就是对各种事物的存在方式、运动状态和相互联系特征的一种表达和陈述，是自然界、人类社会和人类思维活动普遍存在的一切物质和事物的属性，它存在于人们的周围。

2. 数据

数据(Data)是用来记录信息的可识别的符号，是信息的具体表现形式。数据用型和值来表示，数据的型是指数据内容存储在媒体上的具体形式；值是指所描述的客观事物的具体特性。可以用多种不同的数据形式表示同一信息，信息不随数据形式的不同而改变。如一个人的身高可以表示为"1.80"或"1 米 8"，其中"1.80"和"1 米 8"是值，但这两个值的型是不一样的，一个用数字来描述，而另一个用字符来描述。

数据不仅包括数字、文字形式，而且还包括图形、图像、声音、动画等多媒体数据。

1.1.2 数据处理

数据处理是指将数据转换成信息的过程，也称信息处理。

数据处理的内容主要包括数据的收集、组织、整理、存储、加工、维护、查询和传播等一系列活动。数据处理的目的是从大量的数据中，根据数据自身的规律和它们之间固有的联系，通过分析、归纳、推理等科学手段，提取出有效的信息资源。

例如，学生的各门成绩为原始数据，可以经过计算提取出平均成绩、总成绩等信息，其中的计算过程就是数据处理。

数据处理的工作分为以下 3 个方面。

(1) 数据管理。它的主要任务是收集信息，将信息用数据表示并按类别组织保存。数据管理的目的是快速、准确地提供必要的可能被使用和处理的数据。

(2) 数据加工。它的主要任务是对数据进行变换、抽取和运算。通过数据加工得到更加有用的数据，以指导或控制人的行为或事务的变化趋势。

(3) 数据传播。通过数据传播，信息在空间或时间上以各种形式传递。在数据传播过程中，数据的结构、性质和内容不发生改变。数据传播会使更多的人得到信息,并且更加理解信息的意义,从而使信息的作用充分发挥出来。

1.2 数 据 描 述

【任务分析】

为了使用计算机来管理现实世界的事物,技术人员必须将要管理的学生信息转换为计算机能够处理的数据。在理解了数据、信息及数据处理的概念后,要明确怎样得到需要的数据。

【课堂任务】

本节要理解客观存在的事物转换为计算机存储的数据需经历的 3 个领域及相关概念。

- 现实世界
- 信息世界及相关术语
- 数据世界

人们把客观存在的事物以数据的形式存储到计算机中,经历了 3 个领域:现实世界、信息世界和机器世界。

1.2.1 现实世界

现实世界是存在于人们头脑之外的客观世界。现实世界存在各种事物,事物与事物之间存在联系,这种联系是由事物本身的性质决定的。例如,学校中有教师、学生、课程,教师为学生授课,学生选修课程并取得成绩;图书馆中有图书、管理员和读者,读者借阅图书,管理员对图书和读者进行管理等。

1.2.2 信息世界

信息世界是现实世界在人们头脑中的反映,人们把它用文字或符号记载下来。在信息世界中,有以下与数据库技术相关的术语。

1. 实体(Entity)

客观存在并且可以相互区别的事物称为实体。实体可以是具体的事物,也可以是抽象的事件。如一个学生、一本图书等属于实际事物;教师的授课、借阅图书、比赛等活动是比较抽象的事件。

2. 属性(Attribute)

描述实体的特性称为属性。一个实体可以用若干个属性来描述,如学生实体由学号、姓名、性别、出生日期等若干个属性组成。实体的属性用型(Type)和值(Value)来表示,例如,学生是一个实体,学生姓名、学号和性别等是属性的型,也称属性名,而具体的学生姓名如"张三、李四"、具体的学生学号如"2002010101"、描述性别的"男、女"等是属性的值。

3. 码(Key)

唯一标识实体的属性或属性的组合称为码。例如学生的学号是学生实体的码。

4. 域(Domain)

属性的取值范围称为该属性的域。例如学号的域为 10 位整数,姓名的域为字符串集合,年龄的域为小于 28 的整数,性别的域为男、女等。

5. 实体型(Entity Type)

具有相同属性的实体必然具有共同的特征和性质,用实体名及其属性名的集合来抽象和刻画同类实体,称为实体型。例如,学生(学号,姓名,性别,出生日期,系)就是一个实体型。

6. 实体集(Entity Set)

同类实体的集合称为实体集。例如全体学生、一批图书等。

7. 联系(Relationship)

在现实世界中,事物内部以及事物之间是有联系的,这些联系在信息世界中反映为实体(型)内部的联系和实体(型)之间的联系。实体内部的联系通常是指组成实体的各属性之间的联系;实体之间的联系通常是指不同实体集之间的联系。

两个实体型之间的联系可以分为 3 类。

1) 一对一联系(One-to-One Relationship)

如果对于实体集 A 中的每一个实体,实体集 B 中至多存在一个实体与之联系;反之亦然,则称实体集 A 与实体集 B 之间存在一对一联系,记作 $1:1$。

例如,学校中一个班级只有一个正班长,而一个班长只在一个班中任职,则班级与班长之间存在一对一联系,如图 1.1(a)所示;电影院中观众与座位之间、乘车旅客与车票之间等都存在一对一的联系。

2) 一对多联系(One-to-Many Relationship)

如果对于实体集 A 中的每一个实体,实体集 B 中存在多个实体与之联系;反之,对于实体集 B 中的每一个实体,实体集 A 中至多只存在一个实体与之联系,则称实体集 A 与实体集 B 之间存在一对多的联系,记作 $1:n$。

例如,一个班里有很多学生,一个学生只能在一个班里注册,则班级与学生之间存在一对多联系;一个部门有许多职工,而一个职工只能在一个部门就职(不存在兼职情况),部门和职工之间存在一对多联系,如图 1.1(b)所示。

3) 多对多联系(Many-to-Many Relationship)

如果对于实体集 A 中的每一个实体,实体集 B 中存在多个实体与之联系;反之,对于实体集 B 中的每一个实体,实体集 A 中也存在多个实体与之联系,则称实体集 A 与实体集 B 之间存在多对多联系,记作 $m:n$。

例如,一个学生可以选修多门课程,一门课程可同时由多个学生选修,则课程和学生之间存在多对多联系,如图 1.1(c)所示;一个药厂可生产多种药品,一种药品可由多个药厂生产,则药厂和药品之间存在多对多联系。

两个以上的实体集之间也存在着一对一、一对多、多对多的联系。

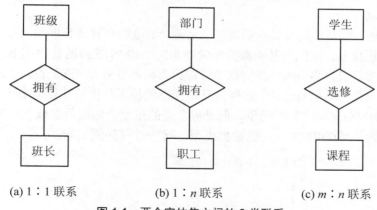

(a) 1∶1 联系   (b) 1∶n 联系   (c) m∶n 联系

图 1.1 两个实体集之间的 3 类联系

例如,对于课程、教师和参考书 3 个实体型,如果一门课程可以有若干位教师讲授,使用若干本参考书,而每一位教师只讲授一门课程,每一本参考书只供一门课程使用,则课程与教师、参考书之间的联系是一对多的,如图 1.2 所示。

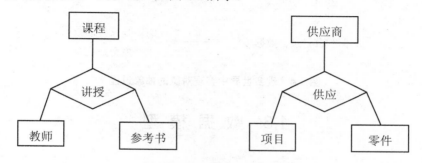

图 1.2 多实体集之间的联系

在两个以上的多实体集之间,当一个实体集与其他实体集之间均存在多对多联系而其他实体集之间没有联系时,这种联系称为多实体集间的多对多的联系。

例如,有 3 个实体集:供应商、项目、零件,一个供应商可以供给多个项目多种零件,而每个项目可以使用多个供应商供应的零件,每种零件可由不同的供应商供给,可以看出供应商、项目、零件三者之间存在多对多的联系,如图 1.2 所示。

同一实体集内部的各实体也可以存在一对一、一对多、多对多的联系。

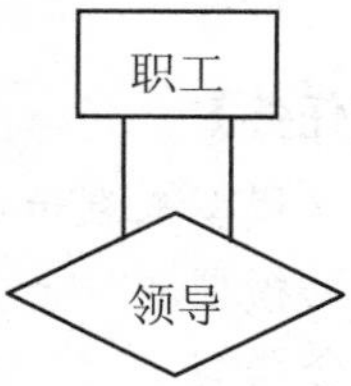

例如,职工实体集内部具有领导与被领导的联系,即某一职工(干部)"领导"若干名职工,而一个职工仅被另外一个职工直接领导,因此这是一对多的联系,如图 1.3 所示。

图 1.3 同一实体集内的一对多联系

1.2.3 数据世界

数据世界又称机器世界。信息世界的信息在机器世界中以数据形式存储,在这里,每一个实体用记录表示,相应于实体的属性用数据项(又称字段)来表示,现实世界中的事物及其联系用数据模型来表示。

由此可以看出，客观事物及其联系是信息之源，是组织和管理数据的出发点。为了把现实世界中的具体事物抽象、组织为某一数据库管理系统(DBMS)支持的数据模型，人们常常首先将现实世界抽象为信息世界，然后将信息世界转换为机器世界。也就是说，首先把现实世界中的客观对象抽象为某一种信息结构，这种信息结构不依赖于具体的计算机系统，不是某一个数据库管理系统(DBMS)支持的数据模型，而是概念级的模型，然后再把概念模型转换为计算机上某一数据库管理系统(DBMS)支持的数据模型，这一过程如图 1.4 所示。

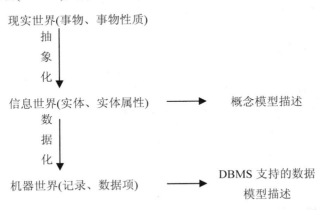

图 1.4　现实世界中客观对象的抽象过程

1.3　数　据　模　型

【任务分析】

设计人员已经理解如何将客观存在的事物转换为计算机存储的数据，接下来需要做的工作是选择一种数据在计算机中的组织模式。在计算机中，处理的数据需要选择什么组织形式才能最有效、方便和快捷，并能保证数据的正确性、一致性呢？那么，供设计人员选择的数据结构有哪些？

【课堂任务】

使用数据模型来表示和处理计算机中的数据，即为数据选择一种数据组织模式。

- 数据模型
- 概念模型
- 关系模型
- 关系模型的完整性约束

模型是对现实世界特征的模拟和抽象，数据模型也是一种模型，在数据库技术中，用数据模型对现实世界数据特征进行抽象，来描述数据库的结构与语义。

1.3.1　数据模型分类

目前广泛使用的数据模型有两种：概念数据模型和结构数据模型。

1. 概念数据模型

概念数据模型简称为概念模型，它表示实体类型及实体间的联系，是独立于计算机系统的模型。概念模型用于建立信息世界的数据模型，强调其语义表达功能，要求概念简单、清晰，易于用户理解，它是现实世界的第一层抽象，是用户和数据库设计人员之间进行交流的工具。

2. 结构数据模型

结构数据模型简称为数据模型，它是直接面向数据库的逻辑结构，是现实世界的第二层抽象。数据模型涉及计算机系统和数据库管理系统，例如层次模型、网状模型、关系模型等。数据模型有严格的形式化定义，以便于在计算机系统中实现。

1.3.2　概念模型的表示方法

概念模型是对信息世界的建模，它应当能够全面、准确地描述信息世界，是信息世界的基本概念。概念模型的表示方法很多，其中最为著名和使用最为广泛的是 P.P.Chen 于 1976 年提出的 E-R(Entity-Relationship)模型。

E-R 模型是直接从现实世界中抽象出实体类型及实体间的联系，是对现实世界的一种抽象，它的主要成分是实体、联系和属性。E-R 模型的图形表示称为 E-R 图。设计 E-R 图的方法称为 E-R 方法。利用 E-R 模型进行数据库的概念设计，可以分为 3 步：首先设计局部 E-R 模型；然后把各个局部 E-R 模型综合成一个全局 E-R 模型；最后对全局 E-R 模型进行优化，得到最终的 E-R 模型。

E-R 图通用的表示方式如下。

(1) 用矩形框表示实体型，在框内写上实体名。

(2) 用椭圆形框表示实体的属性，并用无向边把实体和属性连接起来。

(3) 用菱形框表示实体间的联系，在菱形框内写上联系名，用无向边分别把菱形框与有关实体连接起来，在无向边旁注明联系的类型。如果实体间的联系也有属性，则把属性和菱形框也用无向边连接起来。

下面是学生班级与学生、课程与学生之间的 E-R 图，如图 1.5 与图 1.6 所示。

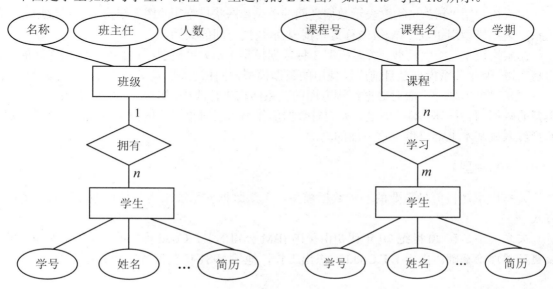

图 1.5　班级与学生的 E-R 图　　　　　图 1.6　课程与学生的 E-R 图

E-R 模型有两个明显的优点：接近于人的思维，容易理解；与计算机无关，用户容易接受。

E-R 方法是抽象和描述现实世界的有力工具。用 E-R 图表示的概念模型与数据模型相互独立，是各种数据模型的共同基础，因而比数据模型更一般、更抽象、更接近现实世界。

1.3.3　数据模型的要素和种类

数据模型是严格定义的一组概念的集合，这些概念精确地描述了系统的静态特征(数据结构)、动态特征(数据操作)和数据约束条件，这是数据模型的三要素。

1. 数据模型的三要素

1) 数据结构

数据结构用于描述系统的静态特征，是所研究的对象类型的集合，这些对象是数据库的组成部分，包括两个方面。

(1) 数据本身：数据的类型、内容和性质等。例如关系模型中的域、属性、关系等。

(2) 数据之间的联系：数据之间是如何相互关联的。例如关系模型中的主码、外码联系等。

2) 数据操作

数据操作是对数据库中的各种对象(型)的实例(值)允许执行的操作集合。数据操作包括操作对象及有关的操作规则，主要有检索和更新(包括插入、删除和修改)两类。

3) 数据约束条件

数据约束条件是一组完整性规则的集合。完整性规则是给定数据模型中的数据及其联系所具有的制约和依存规则，用以限定符合数据模型的数据库状态及其状态的变化，以保证数据的正确、有效、相容。

2. 常见的数据模型

数据模型是数据库系统的一个关键概念，数据模型不同，相应的数据库系统就完全不同，任何一个数据库管理系统都是基于某种数据模型的。数据库管理系统所支持的数据模型分为 4 种：层次模型、网状模型、关系模型和关系对象模型。

层次模型用"树"结构来表示数据之间的关系，网状模型用"图"结构来表示数据之间的关系，关系模型用"表"结构(或称关系)来表示数据之间的关系。

在层次模型、网状模型、关系模型 3 种数据模型中，关系模型结构简单，数据之间的关系容易实现，因此关系模型是目前广泛使用的数据模型，并且关系数据库也是目前流行的数据库。

关系对象模型一方面对数据结构方面的关系结构进行改进，如 Oracle 8 就提供了关系对象模型的数据结构描述；另一方面，人们对数据操作引入了对象操作的概念和手段，今天的数据库管理系统基本上都提供了这方面的功能。

1.3.4　关系模型

关系模型是目前最重要的一种数据模型，关系数据库系统采用关系模型作为数据的组织方式。

关系模型是在 20 世纪 70 年代初由美国 IBM 公司的 E.F.Codd 提出的，为数据库技术的发展奠定了理论基础。由于 E.F.Codd 的杰出工作，他于 1981 年获得 ACM 图灵奖。

1. 关系模型的数据结构

关系模型与以往的模型不同，它是建立在严格的数据概念基础上的。关系模型中数据的逻辑结构是一张二维表，它由行和列组成。下面分别介绍关系模型中的相关术语。

1) 关系(Relation)

一个关系就是一张二维表，见表 1-1。

表 1-1　学生学籍表

学号	姓名	年龄	性别	所在系
2007X1201	李小双	18	女	信息系
2007D1204	张小玉	20	女	电子系
2007J1206	王大鹏	19	男	计算机系
…	…	…	…	…

2) 元组(Tuple)

元组也称记录，关系表中的每行对应一个元组，组成元组的元素称为分量。数据库中的一个实体或实体之间的一个联系均使用一个元组来表示。例如，表 1-1 中有多个元组，分别对应多个学生，"2007X1201，李小双，18，女，信息系"是一个元组，由 5 个分量组成。

3) 属性(Attribute)

表中的一列即为一个属性，给每个属性取一个名称为属性名，表 1-1 中有 5 个属性(学号，姓名，年龄，性别，所在系)。

属性具有型和值两层含义：属性的型指属性名和属性值域；属性的值是指属性具体的取值。

关系中的属性名具有标识列的作用，所以在同一个关系中的属性名(列名)不能相同。一个关系中通常有个多个属性，属性用于表示实体的特征。

4) 域(Domain)

属性的取值范围，如表 1-1 中的性别属性的域是男、女，大学生的年龄属性域可以设置为 10～30 等。

5) 分量(Component)

元组中的一个属性值，如表 1-1 中的"李小双"、"男"等都是分量。

6) 候选码(Candidate key)

若关系中的某一属性或属性组的值能唯一标识一个元组(从这个属性组中去除任何一个属性，都不再具有这样的性质了)，则称该属性或属性组为候选码(Candidate key)，候选码简称为码。

7) 主码(Primary key)

若一个关系中有多个候选码，则选定其中一个为主码。例如，表 1-1 中的候选码之一是"学号"属性。假设表 1-1 中没有重名的学生，则学生的"姓名"也是该关系的候选码。在该关系中，应当选择"学号"属性作为主码。

8) 全码(All-key)

在最简单的情况下，候选码只包含一个属性；在最极端的情况下，关系模式的所有属性是这个关系模式的候选码，称为全码。全码是候选码的特例。

例如，设有以下关系：

学生选课(学号，课程)

其中的"学号"和"课程"相互独立，属性间不存在依赖关系，它的码就是全码。

9) 主属性(Prime Attribute)和非主属性(Non-prime Attribute)

在关系中，候选码中的属性称为主属性，不包含在任何候选码中的属性称为非主属性。

10) 关系模式(Relation Schema)

关系的描述称为关系模式，它可以形式化地表示为 $R(U，D，Dom，F)$。

其中，R 为关系名；U 为组成该关系的属性的集合；D 为属性组 U 中的属性所来自的域；Dom 为属性向域的映像集合；F 为属性间数据依赖关系的集合。

关系模式通常可以简记为 $R(U)$ 或 $R(A_1，A_2，\cdots，A_n)$。

其中 R 为关系名，$A_1，A_2，\cdots，A_n$ 为属性名。而域名及属性向域的映像常直接称为属性的类型及长度。例如，关系学生学籍表的关系模式可以表示为：学生学籍表(学号，姓名，年龄，性别，所在系)。

关系是关系模式在某一时刻的状态或内容。关系模式是静态的、稳定的，而关系是动态的、随时间不断变化的，因为关系操作在不断地更新着数据库中的数据。

2. 关系的性质

(1) 同一属性的数据具有同质性，即每一列中的分量是同一类型的数据，它们来自同一个域。

(2) 同一关系的属性名具有不可重复性，即同一关系中不同属性的数据可出自同一个域，但不同的属性要给予不同的属性名。

(3) 关系中列的位置具有顺序无关性，即列的次序可以任意交换、重新组织。

(4) 关系具有元组无冗余性，即关系中的任意两个元组不能完全相同。

(5) 关系中元组的位置具有顺序无关性，即元组的顺序可以任意交换。

(6) 关系中每个分量必须取原子值，即每个分量都必须是不可分的数据项。

关系模型要求关系必须是规范化的，即要求关系模式必须满足一定的规范条件，这些规范条件中最基本的一条就是关系的每个分量必须是一个不可分割的数据项。规范化的关系简称范式(Normal Form)。例如，表 1-2 中的成绩分为 C 语言和 VB 语言两门课的成绩，这种组合数据项不符合关系规范化的要求，这样的关系在数据库中是不允许存在的，该表正确的设计格式见表 1-3。

表 1-2　非规范化的关系结构

姓名	所在系	成绩	
		C 语言	VB 语言
李武	计算机	95	90
马鸣	信息工程	85	92

表 1-3　修改后的关系结构

姓名	所在系	C 成绩	VB 成绩
李武	计算机	95	90
马鸣	信息工程	85	92

1.3.5　关系的完整性

关系模型的完整性规则是对关系的某种约束条件。关系模型中允许定义 3 类完整性约束：实体完整性、参照完整性和用户自定义的完整性。其中实体完整性和参照完整性是关系模型必须满足的完整性约束条件，称为两个不变性，应该由关系系统自动支持；用户自定义的完整性是应用领域需要遵循的约束条件，体现了具体领域中的语义约束。

1. 实体完整性(Entity Integrity)

规则 1.1　实体完整性规则　若属性 A 是基本关系 R 的主属性，则属性 A 不能取空值。

例如，学生关系"学生(学号，姓名，性别，专业号，年龄)"中，"学号"为主码，则"学号"不能取空值。

实体完整性规则规定基本关系的所有主属性都不能取空值，而不仅是指主码不能取空值。

例如，学生选课关系"选修(学号，课程号，成绩)"中，"学号、课程号"为主码，则"学号"和"课程号"两个属性都不能取空值。

对于实体完整性规则说明如下。

(1) 实体完整性规则是针对基本关系而言的。一个基本表通常对应信息世界的一个实体集，例如学生关系对应于学生的集合。

(2) 信息世界中的实体是可区分的，即它们具有某种唯一性标识。

(3) 关系模型中以主码作为唯一性标识。

(4) 候选码中的属性即主属性不能取空值。所谓空值就是"不知道"或"不确定"的值，如果主属性取空值，就说明存在某个不可标识的实体，即存在不可区分的实体，这与第(2)点相矛盾，因此这个规则称为实体完整性规则。

2. 参照完整性(Referential Integrity)

在信息世界中，实体之间往往存在着某种联系，在关系模型中实体及实体间的联系都是用关系来描述的，这样就自然存在着关系与关系间的引用。先来看下面 3 个例子。

【例 1-1】　学生关系和专业关系表示如下，其中主码用下划线标识。

学生(<u>学号</u>，姓名，性别，专业号，年龄)

专业(<u>专业号</u>，专业名)

这两个关系之间存在着属性的引用，即学生关系引用了专业关系的主码"专业号"。显然，学生关系中的"专业号"值必须是确实存在的专业的专业号，即专业关系中有该专业的记录，也就是说，学生关系中的某个属性的取值需要参照专业关系的属性来取值。

【例 1-2】　学生、课程、学生与课程之间的多对多联系选修可以用如下 3 个关系表示。

学生(<u>学号</u>，姓名，性别，专业号，年龄)

课程(<u>课程号</u>，课程名，学分)

选修(<u>学号</u>，<u>课程号</u>，成绩)

这 3 个关系之间也存在着属性的引用，即选修关系引用了学生关系的主码"学号"和课程关系的主码"课程号"。同样，选修关系中的"学号"值必须是确实存在的学生的学号，即学生关系中有该学生的记录；选修关系中的"课程号"值也必须是确实存在的课程的课程号，即课程关系中有该课程的记录。也就是说，选修关系中某些属性的取值需要参照其他关系的属性来取值。

不仅两个或两个以上的关系间可以存在引用关系，同一关系内部属性间也可能存在引用关系。

【例 1-3】 在关系"学生(学号，姓名，性别，专业号，年龄，班长)"中，"学号"属性是主码，"班长"属性表示该学生所在班级的班长的学号，它引用了本关系"学号"属性，即"班长"必须是确实存在的学生的学号。

设 F 是基本关系 R 的一个或一组属性，但不是关系 R 的主码。如果 F 与基本关系 S 的主码 Ks 相对应，则称 F 是基本关系 R 的外码(Foreign Key)，并称基本关系 R 为参照关系(Referencing Relation)，基本关系 S 为被参照关系(Referenced Relation)或目标关系(Target Relation)。关系 R 和关系 S 有可能是同一关系。

显然，被参照关系 S 的主码 Ks 和参照关系 R 的外码 F 必须定义在同一个(或一组)域上。

在例 1-1 中，学生关系的"专业号"属性与专业关系的主码"专业号"相对应，因此"专业号"属性是学生关系的外码。这里专业关系是被参照关系，学生关系为参照关系。

在例 1-2 中，选修关系的"学号"属性与学生关系的主码"学号"相对应，"课程号"属性与课程关系的主码"课程号"相对应，因此"学号"和"课程号"属性是选修关系的外码。这里学生关系和课程关系均为被参照关系，选修关系为参照关系。

在例 1-3 中，"班长"属性与本身的主码"学号"属性相对应，因此"班长"是外码。学生关系既是参照关系也是被参照关系。

需要指出的是，外码并不一定要与相应的主码同名。但在实际应用中，为了便于识别，当外码与相应的主码属于不同关系时，则给它们取相同的名字。

参照完整性规则定义了外码与主码之间的引用规则。

规则 1.2　参照完整性规则　若属性(或属性组)F 是基本关系 R 的外码，它与基本关系 S 的主码 Ks 相对应(基本关系 R 和 S 有可能是同一关系)，则对于 R 中每个元组在 F 上的值必须为以下值之一。

(1) 或者取空值(F 的每个属性值均为空值)。

(2) 或者等于 S 中某个元组的主码值。

在例 1-1 中学生关系中每个元组的"专业号"属性只能取下面两类值。

(1) 空值，表示尚未给该学生分配专业。

(2) 非空值，这时该值必须是专业关系中某个元组的"专业号"值，表示该学生不可能分配到一个不存在的专业中，即被参照关系"专业"中一定存在一个元组，它的主码值等于该参照关系"学生"中的外码值。

在例 1-2 中按照参照完整性规则，"学号"和"课程号"属性也可以取两类值：空值或被参照关系中已经存在的值。但由于"学号"和"课程号"是选修关系中的主属性，按照实体完整性规则，它们均不能取空值，所以选修关系中的"学号"和"课程号"属性实际上只能取相应被参照关系中已经存在的主码值。

在参照完整性规则中，关系 R 与关系 S 可以是同一个关系。在例 1-3 中，按照参照完整性规则，"班长"属性可以取两类值。

(1) 空值，表示该学生所在班级尚未选出班长。

(2) 非空值，该值必须是本关系中某个元组的学号值。

3. 用户自定义的完整性(User-defined Integrity)

用户自定义的完整性就是针对某一具体关系数据库的约束条件,它反映某一具体应用所涉及的数据必须满足的语义要求。例如某个属性必须取唯一值、属性值之间应满足一定的函数关系、某属性的取值范围在 0～100 之间等。

例如,性别只能取"男"或"女";学生的成绩必须在 0～100 之间。

1.4　关 系 代 数

【任务分析】

在计算机上存储数据的目的是为了使用数据,当选择好了数据的组织形式后,接下来的任务是明确怎样使用数据。

【课堂任务】

本节要理解对关系模型中的数据进行的操作有哪些。

● 什么是关系代数
● 传统的集合运算
● 关系的选择、投影及连接操作

关系代数是一种抽象的查询语言,是关系数据操纵语言的一种传统表达方式,它用关系的运算来表达查询。

运算对象、运算符、运算结果是运算的三大要素。关系代数的运算对象是关系,运算结果亦为关系。关系代数中使用的运算符包括 4 类:集合运算符、专门的关系运算符、比较运算符和逻辑运算符,见表 1-4。

表 1-4　关系代数运算符

运算符		含义	运算符		含义
集合运算符	∪	并	比较运算符	>	大于
	−	差		≥	大于等于
	∩	交		<	小于
	×	广义笛卡儿积		≤	小于等于
				=	等于
				≠	不等于
专门的关系运算符	σ	选择	逻辑运算符	¬	非
	π	投影		∧	与
	∞	连接		∨	或
	÷	除			

关系代数的运算按运算符的不同可分为传统的集合运算和专门的关系运算两类。

其中,传统的集合运算将关系看成元组的集合,其运算是从关系的"水平"方向即行的角度进行的,而专门的关系运算不仅涉及行而且涉及列。比较运算符和逻辑运算符是用来辅助专门的关系运算进行操作的。

1.4.1 传统的集合运算

传统的集合运算是二目运算,包括并、交、差、广义笛卡儿积 4 种运算。

设关系 R 和关系 S 具有相同的目 n(即两个关系都具有 n 个属性),且相应的属性取自同一个域,则可以定义并、差、交、广义笛卡儿积运算如下。

1. 并(Union)

关系 R 与关系 S 的并记作:

$$R \cup S = \{t \mid t \in R \vee t \in S\}, \quad t \text{ 是元组变量}$$

其结果关系仍为 n 目关系,由属于 R 或属于 S 的元组组成。

2. 差(Difference)

关系 R 与关系 S 的差记作:

$$R - S = \{t \mid t \in R \wedge t \notin S\}, \quad t \text{ 是元组变量}$$

其结果关系仍为 n 目关系,由属于 R 而不属于 S 的所有元组组成。

3. 交(Intersection)

关系 R 与关系 S 的交记作:

$$R \cap S = \{t \mid t \in R \wedge t \in S\}, \quad t \text{ 是元组变量}$$

其结果关系仍为 n 目关系,由既属于 R 又属于 S 的元组组成。关系的交可以用差来表示,即

$$R \cap S = R - (R - S)$$

4. 广义笛卡儿积(Extended Cartesian Product)

两个分别为 n 目和 m 目的关系 R 和 S 的广义笛卡儿积是一个 $(n+m)$ 列的元组的集合。元组的前 n 列是关系 R 的一个元组,后 m 列是关系 S 的一个元组。若 R 有 k_1 个元组,S 有 k_2 个元组,则关系 R 和关系 S 的广义笛卡儿积有 $k_1 \times k_2$ 个元组。记作:

$$R \times S = \{\widehat{t_r t_s} \mid t_r \in R \wedge t_s \in S\}$$

例如,关系 R、S 见表 1-5(a)、(b),表 1-5 则 $R \cup S$、$R \cap S$、$R - S$、$R \times S$ 分别见表 1-5(c)~表 1-5(f)。

表 1-5 传统的集合运算

A	B	C
a_1	b_1	c_1
a_1	b_2	c_2
a_2	b_2	c_1

(a) R

A	B	C
a_1	b_2	c_2
a_1	b_3	c_2
a_2	b_2	c_1

(b) S

A	B	C
a_1	b_1	c_1
a_1	b_2	c_2
a_2	b_2	c_1
a_1	b_3	c_2

(c) $R \cup S$

A	B	C
a_1	b_2	c_2
a_2	b_2	c_1

(d) $R \cap S$

续表

A	B	C
a_1	b_1	c_1

(e) $R-S$

R.A	R.B	R.C	S.A	S.B	S.C
a_1	b_1	c_1	a_1	b_2	c_2
a_1	b_1	c_1	a_1	b_3	c_2
a_1	b_1	c_1	a_2	b_2	c_1
a_1	b_2	c_2	a_1	b_2	c_2
a_1	b_2	c_2	a_1	b_3	c_2
a_1	b_2	c_2	a_2	b_2	c_1
a_2	b_2	c_1	a_1	b_2	c_2
a_2	b_2	c_1	a_1	b_3	c_2
a_2	b_2	c_1	a_2	b_2	c_1

(f) $R \times S$

1.4.2　专门的关系运算

专门的关系运算包括选择、投影、连接、除等。

为了叙述上的方便，先引入几个记号。

(1) 设关系模式为 $R(A_1, A_2, \cdots, A_n)$，它的一个关系设为 R，$t \in R$ 表示 t 是 R 的一个元组，$t[A_i]$ 表示元组 t 中相应于属性 A_i 上的一个分量。

(2) 若 $A=\{A_{i1}, A_{i2}, \cdots, A_{ik}\}$，其中 $A_{i1}, A_{i2}, \cdots, A_{ik}$ 是 $A_1, A_2, \cdots, A_n$ 中的一部分，则 A 称为属性列或域列。$t[A]=(t[A_{i1}], t[A_{i2}], \cdots, t[A_{ik}])$ 表示元组 t 在属性列 A 上诸分量的集合。$\overline{A}$ 表示 $\{A_1, A_2, \cdots, A_n)$ 中去掉 $\{A_{i1}, A_{i2}, \cdots, A_{ik}\}$ 后剩余的属性组。

(3) R 为 n 目关系，S 为 m 目关系。$t_r \in R$，$t_s \in S$，$\widehat{t_r t_s}$ 称为元组的连接，它是一个 $n+m$ 列的元组，前 n 个分量为 R 中的一个 n 元组，后 m 个分量为 S 中的一个 m 元组。

(4) 给定一个关系 $R(X, Z)$，X 和 Z 为属性组。定义当 $t[X]=x$ 时，x 在 R 中的象集为：

$$Z_x=\{t[Z] | t \in R, \ t[X]=x\}$$

它表示 R 中属性组 X 上值为 x 的诸元组在 Z 上分量的集合。

1. 选择(Selection)

选择又称为限制(Restriction)，它是在关系 R 中选择满足给定条件的诸元组，记作：

$$\sigma_F(R)=\{t | t \in R \wedge F(t)='真'\}$$

其中，F 表示选择条件，它是一个逻辑表达式，取逻辑值为"真"或"假"。逻辑表达式 F 的基本形式为：

$$X_1 \theta Y_1 [\Phi X_2 \theta Y_2 \cdots]$$

其中，θ 表示比较运算符，它可以是 >、$\geqslant$、<、$\leqslant$、=或 $\neq$；X_1、Y_1 是属性名、常量或简单函数，属性名也可以用它的序号(如 1，2，$\cdots$)来代替；Φ 表示逻辑运算符，它可以是 ¬(非)、∧(与)或∨(或)；[ ]表示任选项，即[ ]中的部分可要可不要；$\cdots$ 表示上述格式可以重复下去。

选择运算实际上是从关系 R 中选取使逻辑表达式 F 为真的元组，这是从行的角度进行的运算。

设有一个学生-课程数据库见表 1-6，它包括以下内容。

学生关系 Student(说明：sno 表示学号，sname 表示姓名，ssex 表示性别，sage 表示年龄，

Sdept 表示所在系)

课程关系 course(说明：cno 表示课程号，cname 表示课程名)

选修关系 score(说明：sno 表示学号，cno 表示课程号，degree 表示成绩)

其关系模式如下。

Student(sno，sname，ssex，sage，sdept)

Course(cno，cname)

Score(sno，cno，degree)

表 1-6　学生-课程关系数据库

sno	sname	ssex	sage	sdept
000101	李晨	男	18	信息系
000102	王博	女	19	数学系
010101	刘思思	女	18	信息系
010102	王国美	女	20	物理系
020101	范伟	男	19	数学系

(a) student

cno	cname
C_1	数学
C_2	英语
C_3	计算机
C_4	制图

(b) course

sno	cno	degree
000101	C_1	90
000101	C_2	87
000101	C_3	72
010101	C_1	85
010101	C_2	42
020101	C_3	70

(c) score

【例 1-4】　查询数学系学生的信息。

$\sigma_{Sdept='数学系'}(Student)$

或

$\sigma_{5='数学系'}(Student)$

结果见表 1-7。

表 1-7　查询数学系学生的信息结果

sno	sname	ssex	sage	sdept
000102	王博	女	19	数学系
020101	范伟	男	19	数学系

【例 1-5】　查询年龄小于 20 岁的学生的信息。

$\sigma_{Sage<20}(Student)$

或

$\sigma_{4<20}(Student)$

结果见表 1-8。

表 1-8　查询年龄小于 20 岁的学生的信息结果

sno	sname	ssex	sage	sdept
000101	李晨	男	18	信息系
000102	王博	女	19	数学系
010101	刘思思	女	18	信息系
020101	范伟	男	19	数学系

2. 投影(Projection)

关系 R 上的投影是从 R 中选择出若干属性列组成新的关系，记作：

$$\pi_A(R)=\{t[A]|t\in R\}$$

其中 A 为 R 中的属性列。

投影操作是从列的角度进行的运算。投影之后不仅取消了原关系中的某些列，而且还可能取消某些元组，因为取消了某些属性列后，就可能出现重复元组，关系操作将自动取消相同的元组。

【例 1-6】　查询学生的学号和姓名。

$\pi_{Sno, Sname}(Student)$

或

$\pi_{1, 2}(Student)$

结果见表 1-9。

表 1-9　查询学生的学号和姓名结果

sno	sname	sno	sname
000101	李晨	010102	王国美
000102	王博	020101	范伟
010101	刘思思		

【例 1-7】　查询学生关系 Student 中都有哪些系，即查询学生关系 Student 在所在系属性上的投影。

$\pi_{Sdept}(Student)$

或

$\pi_5(Student)$

结果见表 1-10。

表 1-10　查询学生所在系结果

sdept
信息系
数学系
物理系

3. 连接(Join)

连接也称为 θ 连接，它是从两个关系的笛卡儿积中选取属性间满足一定条件的元组，记作：

$$R\underset{A\theta B}{\infty}S=\{\widehat{t_r t_s}\,|\,t_r\in R\wedge t_s\in S\wedge t_r[A]\theta t_s[B]\}$$

其中 A 和 B 分别为 R 和 S 上数目相等且可比的属性组，θ 是比较运算符。连接运算是从 R 和 S 的笛卡儿积 $R\times S$ 中选取(R 关系)在 A 属性组上的值与(S 关系)在 B 属性组上的值满足比较关系 θ 的元组。

连接运算中有两种最为重要也最为常用的连接：一种是等值连接；另一种是自然连接。

(1) 等值连接：θ 为 "=" 的连接运算称为等值连接，它是从关系 R 与 S 的笛卡儿积中选取 A、B 属性值相等的那些元组，等值连接为：

$$R \underset{A=B}{\infty} S = \{\widehat{t_r t_s} \mid t_r \in R \wedge t_s \in S \wedge t_r[A] = t_s[B]\}$$

(2) 自然连接：是一种特殊的等值连接，它要求两个关系中进行比较的分量必须是相同的属性组，并且在结果中把重复的属性列去掉，即若 R 和 S 具有相同的属性组 B，则自然连接可记作：

$$R \infty S = \{\widehat{t_r t_s} \mid t_r \in R \wedge t_s \in S \wedge t_r[A] = t_s[B]\}$$

一般的连接操作是从行的角度进行运算的，但自然连接还需要取消重复列，所以自然连接是同时从行和列的角度进行运算的。

【例 1-8】 设关系 R、S 分别见表 1-11(a)和表 1-11(b)，一般连接 $C<E$ 的结果见表 1-11(c)，等值连接 $R.B=S.B$ 的结果见表 1-11(d)，自然连接的结果见表 1-11(e)。

表 1-11 连接运算举例

A	B	C
a_1	b_1	5
a_1	b_2	6
a_2	b_3	8
a_2	b_4	12

(a) R

B	E
b_1	3
b_2	7
b_3	10
b_3	2
b_5	2

(b) S

A	R.B	C	S.B	E
a_1	b_1	5	b_2	7
a_1	b_1	5	b_3	10
a_1	b_2	6	b_2	7
a_1	b_2	6	b_3	10
a_2	b_3	8	b_3	10

(c) $R \underset{C<E}{\infty} S$ (一般连接)

A	R.B	C	S.B	E
a_1	b_1	5	b_1	3
a_1	b_2	6	b_2	7
a_2	b_3	8	b_3	10
a_2	b_3	8	b_3	2

(d) $R \underset{R.B=S.B}{\infty} S$ (等值连接)

续表

A	B	C	E
a_1	b_1	5	3
a_1	b_2	6	7
a_2	b_3	8	10
a_2	b_3	8	2

(e) $R \infty S$(自然连接)

4. 除(Division)

给定一个关系 $R(X，Z)$，X 和 Z 为属性组。定义当 $t[X]=x$ 时，x 在 R 中的象集为：

$$Z_x=\{t[Z]|t\in R，t[X]=x\}$$

它表示 R 中属性组 X 上值为 x 的诸元组在 Z 上分量的集合。

给定关系 $R(X，Y)$ 和 $S(Y，Z)$，其中 X、Y、Z 可以为单个属性或属性组，关系 R 中的 Y 与关系 S 中的 Y 可以有不同的属性名，但必须出自相同的域。R 与 S 的除运算得到一个新的关系 $P(X)$，P 是 R 中满足下列条件的元组在 X 属性列上的投影：元组在 X 上分量值 x 的象集 Y_x 包含 S 在 Y 上投影的集合，记作：

$$R \div S=\{t_r[X] \mid t_r \in R \wedge Y_x \pi y(S) \subseteq Y_x\}$$

其中 Y_x 为 x 在 R 中的象集，$x=t_r[X]$。

除操作是同时从行和列的角度进行的运算。除操作适合于包含"对于所有的/全部的"语句的查询操作。

【例 1-9】　设关系 R、S 分别见表 1-12(a)、表 1-12(b)，$R \div S$ 的结果见表 1-12(c)。在关系 R 中，A 可以取 4 个值 $\{a_1，a_2，a_3，a_4\}$。其中：

a_1 的象集为 $\{(b_1，c_2)，(b_2，c_3)，(b_2，c_1)\}$。

a_2 的象集为 $\{(b_3，c_5)，(b_2，c_3)\}$。

a_3 的象集为 $\{(b_4，c_4)\}$。

a_4 的象集为 $\{(b_6，c_4)\}$。

S 在 $(B，C)$ 上的投影为 $\{(b_1，c_2)，(b_2，c_3)，(b_2，c_1)\}$。

显然只有 a_1 的象集 $(B，C)_{a_1}$ 包含 S 在 $(B，C)$ 属性组上的投影，所以 $R \div S=\{a_1\}$。

表 1-12　除运算举例

A	B	C
a_1	b_1	c_2
a_2	b_3	c_5
a_3	b_4	c_4
a_1	b_2	c_3
a_4	b_6	c_4
a_2	b_2	c_3
a_1	b_2	c_1

(a) R

B	C	D
b_1	c_2	d_1
b_2	c_1	d_1
b_2	c_3	d_2

(b) S

A
a_1

(c) $R \div S$

5. 关系代数操作举例(强化训练)

在关系代数中,关系代数运算经过有限次复合后形成的式子称为关系代数表达式。对关系数据库中数据的查询操作可以写成一个关系代数表达式,或者说,写成一个关系代数表达式就表示已经完成了查询操作。以下给出利用关系代数进行查询的例子。

设学生-课程数据库中有 3 个关系。

学生关系:S(Sno,Sname,Ssex,Sage)

课程关系:C(Cno,Cname,Teacher)

学习关系:SC(Sno,Cno,Degree)

(1) 查询学习课程号为 C3 号课程的学生学号和成绩。

$$\pi_{Sno,\ Degree}(\sigma_{Cno='C3'}(SC))$$

(2) 查询学习课程号为 C4 课程的学生学号和姓名。

$$\pi_{Sno,\ Sname}(\sigma_{Cno='C4'}(S\infty SC))$$

(3) 查询学习课程名为 maths 的学生学号和姓名。

$$\pi_{Sno,\ Sname}(\sigma_{Cname='maths'}(S\infty SC\infty C))$$

(4) 查询学习课程号为 C1 或 C3 课程的学生学号。

$$\pi_{Sno}(\sigma_{Cno='C1'\vee\ Cno='C3'}(SC))$$

(5) 查询不学习课程号为 C2 的学生的姓名和年龄。

$$\pi_{Sname,\ Sage}(S)-\pi_{Sname,\ Sage}(\sigma_{Cno='C2'}(S\infty SC))$$

(6) 查询学习全部课程的学生姓名。

$$\pi_{Sname}(S\infty(\pi_{Sno,\ Cno}(SC)\div\pi_{Cno}(C)))$$

(7) 查询所学课程包括 200701 所学课程的学生学号。

$$\pi_{Sno,\ Cno}(SC)\div\pi_{Cno}(\sigma_{Sno='200701'}(SC))$$

1.5 数据库系统的组成和结构

【任务分析】

设计人员现在的任务是要明确数据模型怎样在计算机上实现,同时要理解与之相关的基本概念。

【课堂任务】

如何在计算机上实现对数据的管理,本节的任务是明确数据在计算机上的存在形式。

● 数据库相关概念
● 数据库系统的体系结构

1.5.1 数据库相关概念

1. 数据库

数据库(Data Base,DB)是长期存放在计算机内、有组织的、可共享的相关数据的集合,它将数据按一定的数据模型组织、描述和存储,具有较小的冗余度、较高的数据独立性和易扩展性、可被各类用户共享等特点。

2. 数据库管理系统

数据库管理系统(Data Base Management System，DBMS)是位于用户与操作系统(OS)之间的一层数据管理软件，它为用户或应用程序提供访问数据库的方法，包括数据库的创建、查询、更新及各种数据控制，它是数据库系统的核心。数据库管理系统一般由计算机软件公司提供，目前比较流行的 DBMS 有 Visual FoxPro、Access、Sybase、SQL Server、Oracle 等。

数据库管理系统的主要功能包括以下几个方面。

1) 数据定义功能

DBMS 提供数据定义语言(Data Definition Language，DDL)，用户通过它可以方便地对数据库中的数据对象进行定义。

2) 数据操纵功能

DBMS 还提供数据操纵语言(Data Manipulation Language，DML)，用户可以使用 DML 操纵数据实现对数据库的基本操作，如查询、插入、删除和修改等。

3) 数据库的运行管理

数据库在创建、运用和维护时由 DBMS 统一管理、统一控制，以保证数据的安全性、完整性、多用户对数据的并发使用及发生故障后的系统恢复。

4) 数据库的创建和维护功能

数据库的创建和维护功能包括数据库初始数据的输入、转换功能，数据库的转储、恢复功能，数据库的组织功能和性能监视、分析功能等。这些功能通常是由一些实用程序完成的。

3. 数据库应用系统

凡使用数据库技术管理其数据的系统都称为数据库应用系统(Data Base Application System)。数据库应用系统的应用非常广泛，它可以用于事务管理、计算机辅助设计、计算机图形分析和处理及人工智能等系统中。

4. 数据库系统

数据库系统(Data Base System，DBS)是指在计算机系统中引入数据库后的系统，它由计算机硬件、数据库、数据库管理系统(及其开发工具)、数据库应用系统、数据库用户构成。

数据库用户包括数据库管理员、系统分析员、数据库设计人员及应用程序开发人员和终端用户。

数据库管理员(Data Base Administrator，DBA)是高级用户，他的任务是对使用中的数据库进行整体维护和改进，负责数据库系统的正常运行，他是数据库系统的专职管理和维护人。

系统分析员负责应用系统的需求分析和规范说明，要和用户及 DBA 结合，确定系统的硬件软件配置，并参与数据库系统的概要设计；数据库设计人员负责数据库中数据的确定、数据库各级模式的设计；应用程序开发人员负责设计和编写应用程序的程序模块，并进行调试和安装。

终端用户是数据库的使用者，主要是使用数据，并对数据进行增加、删除、修改、查询、统计等操作，方式有两种，使用系统提供的操作命令或程序开发人员提供的应用程序。在数据库系统中，各组成部分的层次关系如图 1.7 所示。

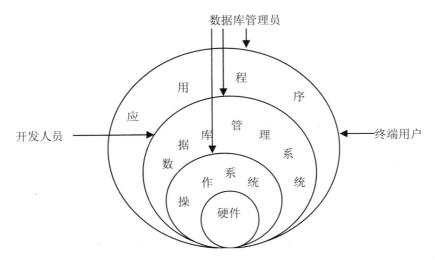

图 1.7   数据库系统层次示意图

1.5.2   数据库系统的体系结构

数据库的体系结构分为三级模式和两级映像，如图 1.8 所示。

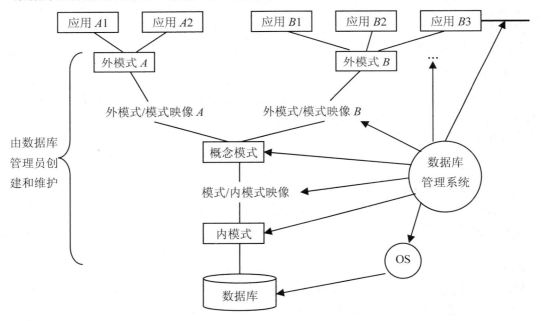

图 1.8   数据库的体系结构

数据库的三级模式结构是数据 3 个抽象级别，它把数据的具体组织留给 DBMS 去处理，用户只要抽象地处理数据，而不必关心数据在计算机中的表示和存储，这样就减轻了用户使用系统的负担。

三级结构之间差别往往很大，为了实现这 3 个抽象级别的联系和转换，DBMS 在三级结构之间提供了两级映像(Mapping)：外模式/模式映像，模式/内模式映像。

正是这两级映像保证了数据库系统中的数据能够具有较高的逻辑独立性和物理独立性。

1. 模式

模式(Schema)也称概念模式(Conceptual Schema)或逻辑模式，是对数据库中全部数据的逻辑结构和特征的描述，是所有用户的公共数据视图。它是数据库系统模式结构的中间层，既不涉及数据的物理存储细节和硬件环境，也不涉及具体的应用程序及所使用的应用开发工具和高级程序设计语言。

模式实际上是数据库数据在概念级上的视图，一个数据库只有一个模式。模式通常以某种数据模型为基础，统一综合地考虑了所有用户的需求，并将这些需求有机地结合成一个逻辑整体。定义模式时不仅要定义数据的逻辑结构，例如数据记录由哪些数据项构成，数据项的名称、类型、取值范围等，而且还要定义数据项之间的联系，定义不同记录之间的联系，以及定义与数据有关的完整性、安全性等要求。

完整性包括数据的正确性、有效性和相容性。数据库系统应提供有效的措施，以保证数据处于约束范围内。

安全性主要指保密性。不是任何人都可以存取数据库中的数据，也不是每个合法用户可以存取的数据范围都相同，一般采用口令和密码的方式对用户进行验证。

数据库管理系统提供模式描述语言(Schema Data Definition Language，模式DDL)来定义模式。

2. 外模式

外模式(External Schema)也称子模式(Subschema)或用户模式，它是对数据库用户(包括程序员和最终用户)能够看见和使用的局部数据的逻辑结构和特征的描述，即个别用户涉及的数据的逻辑结构。

外模式通常是模式的子集，一个数据库可以有多个外模式。外模式是根据用户自己对数据的需要，从局部的角度进行设计，因此如果不同的用户在应用需求、看待数据的方式、对数据保密的要求等方面存在差异，则其外模式描述也不同。一方面即使是模式中的同一数据在外模式中的结构、类型、长度、保密级别等都可以不同。另一方面，同一外模式也可以为某一用户的多个应用系统所使用，但一个应用程序只能使用一个外模式。

外模式是保证数据库安全性的一个有效措施，每个用户只能看见或访问所对应的外模式中的数据，数据库中的其余数据是不可见的。

数据库管理系统提供外模式描述语言(外模式DDL)来定义外模式。

3. 内模式

内模式(Internal Schema)也称存储模式(Storage Schema)或物理模式，一个数据库只有一个内模式。内模式是对数据物理结构和存储方式的描述，是数据在数据库内部的表示方式。例如，记录的存储方式是顺序存储、按照B树结构存储还是按hash方法存储；索引按照什么方式组织；数据是否压缩存储，是否加密；数据的存储记录结构有何规定等。

内模式的设计目标是将系统的模式(全局逻辑结构)组织成最优的物理模式，以提高数据的存取效率，改善系统的性能指标。

数据库管理系统提供内模式描述语言(内模式DDL)来定义内模式。

4. 外模式/模式映像

模式描述的是数据的全局逻辑结构，外模式描述的是数据的局部逻辑结构，对应于同一个模式可以有任意多个外模式。对于每个外模式，数据库系统都有一个外模式/模式映像，它定义了该外模式与模式之间的对应关系。这些映像定义通常包含在各自外模式的描述中。

5. 模式/内模式映像

数据库中只有一个模式，也只有一个内模式，所以模式/内模式映像是唯一的，它定义了数据库全局逻辑结构与存储结构之间的对应关系。例如，说明逻辑记录和字段在内部是如何表示的。该映像定义通常包含在模式描述中。

6. 两级数据独立性

数据独立性(Data Independence)是指应用程序和数据库的数据结构之间相互独立，不受影响。

1) 逻辑数据独立性

当模式改变时(如增加新的关系、新的属性、改变属性的数据类型等)，由数据库管理员对各个外模式/模式映像作相应改变，可以使外模式保持不变。应用程序是依据数据的外模式编写的，因而应用程序不必修改，保证了数据与程序的逻辑独立性，简称逻辑数据独立性。

2) 物理数据独立性

当数据库的存储结构改变了(如选用了另一种存储结构)，由数据库管理员对模式/内模式映像作相应改变，可以保证模式保持不变，因而应用程序也不必改变。保证了数据与程序的物理独立性，简称物理数据独立性。

特定的应用程序是在外模式描述的数据结构上编制的，它依赖于特定的外模式，与数据库的模式和存储结构相独立。不同的应用程序可以共用同一外模式。数据库的两级映像保证了数据库外模式的稳定性，从而从底层保证了应用程序的稳定性，除非应用需求本身发生变化，否则应用程序一般不需要修改。

数据与程序之间的独立性，使数据的定义和描述可以从应用程序中分离出去。另外，由于数据的存取由 DBMS 管理，用户不必考虑存取路径等细节，从而简化了应用程序的编写，大大减少了对应用程序的维护及修改工作。

习　　题

1. 选择题

(1) 现实世界中客观存在并能相互区别的事物称为(　　)。

　　A. 实体　　　　　　B. 实体集　　　　　　C. 字段　　　　　　D. 记录

(2) 下列实体类型的联系中，属于一对一联系的是(　　)。

　　A. 教研室对教师的所属联系　　　　　　B. 父亲对孩子的亲生联系

　　C. 省对省会的所属联系　　　　　　　　D. 供应商与工程项目的供货联系

(3) 采用二维表格结构表达实体类型及实体间联系的数据模型是(　　)。

　　A. 层次模型　　　B. 网状模型　　　　C. 关系模型　　　D. 实体联系模型

(4) 数据库(DB)、DBMS、DBS 三者之间的关系(　　)。

　　A. DB 包括 DBMS 和 DBS　　　　　　　B. DBS 包括 DB 和 DBMS

　　C. DBMS 包括 DB 和 DBS　　　　　　　D. DBS 与 DB 和 DBMS 无关

(5) 数据库系统中，用(　　)描述全部数据的整体逻辑结构。

    A．外模式　　　　　　B．存储模式　　　　　　C．内模式　　　　　　D．概念模式

(6) 逻辑数据独立性是指(　　)。

    A．概念模式改变，外模式和应用程序不变

    B．概念模式改变，内模式不变

    C．内模式改变，概念模式不变

    D．内模式改变，外模式和应用程序不变

(7) 物理数据独立性是指(　　)。

    A．概念模式改变，外模式和应用程序不变

    B．概念模式改变，内模式不变

    C．内模式改变，概念模式不变

    D．内模式改变，外模式和应用程序不变

(8) 设关系 R 和 S 的元组个数分别为 100 和 300，关系 T 是 R 与 S 的笛卡儿积，则 T 的元组个数为(　　)。

    A．400　　　　　　B．10000　　　　　　C．30000　　　　　　D．90000

(9) 设关系 R 和 S 具有相同的目，且它们相对应的属性的值取自同一个域，则 $R-(R-S)$ 等于(　　)。

    A．$R \cup S$　　　　　　B．$R \cap S$　　　　　　C．$R \times S$　　　　　　D．$R \div S$

(10) 在关系代数中，(　　)操作称为从两个关系的笛卡儿积中选取它们属性间满足一定条件的元组。

    A．投影　　　　　　B．选择　　　　　　C．自然连接　　　　D．θ 连接

(11) 关系数据模型的 3 个要素是(　　)。

    A．关系数据结构、关系操作集合和关系规范化理论

    B．关系数据结构、关系规范化理论和关系的完整性约束

    C．关系规范化理论、关系操作集合和关系的完整性约束

    D．关系数据结构、关系操作集合和关系的完整性约束

(12) 在关系代数的连接操作中，哪一种连接操作需要取消重复列？(　　)

    A．自然连接　　　B．笛卡儿积　　　　C．等值连接　　　D．θ 连接

(13) 设属性 A 是关系 R 的主属性，则属性 A 不能取空值(NULL)，这是(　　)。

    A．实体完整性规则　　　　　　　　　　B．参照完整性规则

    C．用户定义完整性规则　　　　　　　　D．域完整性规则

(14) 如果在一个关系中，存在多个属性(或属性组)都能用来唯一标识该关系的元组，且其任何子集都不具有这一特性，则这些属性(或属性组)被称为该关系的(　　)。

    A．候选码　　　　　B．主码　　　　　　C．外码　　　　　　D．连接码

2. 填空题

(1) _____是指数据库的物理结构改变时，尽量不影响整体逻辑结构、用户的逻辑结构以及应用程序。

(2) 用户与操作系统之间的数据管理软件是_____。

(3) 现实世界的事物反映到人的头脑中经过思维加工成数据，这一过程要经过 3 个领域，

依次是_____、_____和_____。

(4) 能唯一标识实体的属性集，称为_____。

(5) 两个不同实体集的实体间有_____、_____和_____3 种联系。

(6) 表示实体类型和实体间联系的模型，称为_____，最著名、最为常用的概念模型是_____。

(7) 数据独立性分成_____独立性和_____独立性两级。

(8) DBS 中最重要的软件是_____；最重要的用户是_____。

(9) 设有关系模式 $R(A，B，C)$ 和 $S(E，A，F)$，若 $R.A$ 是 R 的主码，$S.A$ 是 S 的外码，则 $S.A$ 的值或者等于 R 中某个元组的主码值，或者取空值(NULL)，这是_____完整性规则。

(10) 在关系代数中，从两个关系的笛卡儿积中选取它们的属性或属性组间满足一定条件的元组的操作称为_____连接。

3. 简答题

(1) 什么是数据模型？数据模型的作用及三要素是什么？

(2) 试述数据库系统三级模式结构及其优点。

(3) 什么是数据库的逻辑独立性？什么是数据库的物理独立性？为什么数据库系统具有数据与程序的独立性？

(4) 数据库系统由哪几部分组成？

(5) DBA 的职责是什么？系统程序员、数据库设计员、应用程序员的职责是什么？

第2章 设计数据库

学习目标：

- 数据库设计的步骤和方法
- 怎样收集数据
- 建立 E-R 模型
- 将 E-R 模型转换为关系模式
- 关系模式可能的存在的问题及规范化

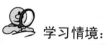

学习情境：

在掌握了数据库的基本概念后，怎样把学生信息进行收集，并将收集的数据规范化，形成数据库的结构模式。

2.1 数据库设计概述

设计人员在进行数据库设计时，应首先了解数据库设计的基本步骤。

【课堂任务】
本节要了解数据库设计的基本步骤。

按照规范化设计的方法，考虑数据库及其应用系统开发的全过程，将数据库的设计分为以下 6 个设计阶段(如图 2.1 所示)：需求分析、概念设计、逻辑设计、物理设计、数据库实施、数据库运行和维护。

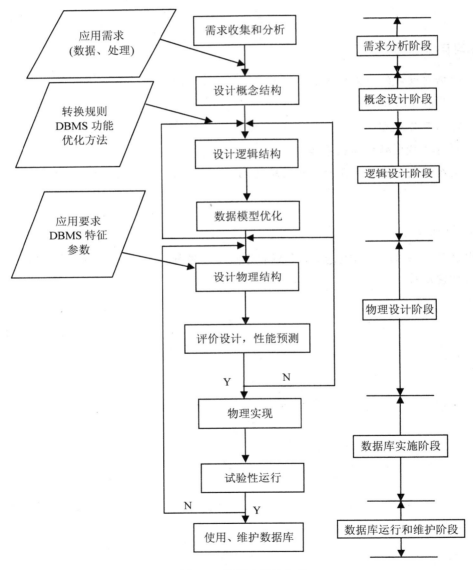

图 2.1　数据库设计步骤

在数据库设计中，前两个阶段是面向用户的应用需求，面向具体的问题，中间两个阶段是面向数据库管理系统，最后两个阶段是面向具体的实现方法。前 4 个阶段可统称为"分析和设计阶段"，后面两个阶段统称为"实现和运行阶段"。

在进行数据库设计之前，首先必须选择参加设计的人员，包括系统分析人员、数据库设计人员和程序员、用户和数据库管理员。系统分析人员和数据库设计人员是数据库设计的核心人员，他们将自始至终参加数据库的设计，他们的水平决定了数据库系统的质量。用户和数据库管理员在数据库设计中也是举足轻重的人物，他们主要参加需求分析和数据库的运行维护，他们的积极参与不但能加快数据库的设计，而且是决定数据库设计质量的重要因素。程序员则在系统实施阶段参与进来，负责编写程序和配置软硬件环境。

如果所设计的数据库应用系统比较复杂，还应该考虑是否需要使用数据库设计工具和CASE 工具以提高数据库设计质量并减少设计工作量，以及考虑选用何种工具。

数据库设计的 6 个阶段具体说明如下。

1. 需求分析阶段

需求分析就是根据用户的需求收集数据，是设计数据库的起点。需求分析的结果是否准确反映用户的实际需求，将直接影响到后面各个阶段的设计，并影响到设计结果是否合理和实用。

2. 概念结构设计阶段

概念结构设计是整个数据库设计的关键，它通过对用户的需求进行综合、归纳与抽象，形成一个独立于具体 DBMS 的概念模型。

3. 逻辑结构设计阶段

逻辑结构设计是指将概念模型转换成某个 DBMS 所支持的数据模型，并对其进行优化。

4. 数据库物理设计阶段

数据库物理设计是指为逻辑数据模型选取一个最适合应用环境的物理结构(包括存储结构和存取方法)。

5. 数据库实施阶段

在数据库实施阶段，设计人员运用 DBMS 提供的数据语言及其宿主语言，根据逻辑设计和物理设计的结果创建数据库(此项工作在第 3 章具体实现)，编制与调试应用程序，组织数据入库，并进行试运行。

6. 数据库运行与维护阶段

数据库运行与维护是指对数据库应用系统正式投入运行后，在数据库系统运行过程中必须不断地对其进行评价、调整与修改。

提示： 设计一个完善的数据库应用系统是不可能一蹴而就的，它往往是上述 6 个阶段的不断反复。

2.2 需 求 分 析

【任务分析】

设计人员在理解了数据库的理论基础后,现在开始进行学生信息管理系统数据库设计的第一步,即将学生信息管理中的数据收集起来,那么收集的步骤及方法是什么?

【课堂任务】

本节要理解收集数据的步骤和方法。

● 需求分析的任务及目标
● 需求分析的步骤及方法

2.2.1 需求分析的任务及目标

在创建数据库前,首先应该做的一件事情是,找出数据库系统中必须要保存的信息是什么,以及应当怎样保存那些信息(例如,信息的长度、用数字或文本的形式保存等)。要完成这一任务,需要进行数据收集。数据收集可以涉及:与作为系统所有者的人士进行交谈,以及与要使用系统的用户进行交谈。

需求分析的任务就是收集数据,要尽可能多地收集关于数据库要存储的数据以及将来如何使用这些数据的信息,确保收集到数据库需要存储的全部信息。

设计人员通过对客户和最终用户的详尽调查以及设计人员的亲自体验,充分了解原系统或手工处理工作存在的问题,正确理解用户在数据管理中的数据需求和完整性要求,例如,数据库需要存储哪些数据、用户如何使用这些数据、这些数据有哪些约束等。因此客户和最终用户必须参与到对数据和业务的调查、分析和反馈的工作中,客户和最终用户必须确认是否考虑了业务的所有需求,以及由业务需求转换的数据库需求是否正确。

在收集数据的初始阶段,应尽可能多地收集数据,包括各种单据、凭证、表格、工作记录、工作任务描述、会议记录、组织结构及其职能、经营目标等。在收集到的大量信息中,有一些信息对设计工作是有用的,而有一些可能没有用处,设计人员经过与用户进行多次的交流和沟通,才能最后确定用户的实际需求。在与用户进行讨论和沟通时,要进行详细的记录。明确下面一些问题将有助于帮助实现数据库设计目标。

(1) 有多少数据,数据的来源在哪里,是否有已存在的数据资源?

(2) 必须保存哪些数据,数据是字符、数字或日期?

(3) 谁使用数据,如何使用?

(4) 数据是否经常修改,如何修改和什么时候修改?

(5) 某个数据是否依赖于另一个数据或被其他数据引用?

(6) 某个信息是否要唯一?

(7) 哪些数据是组织内部的和哪些是外部数据?

(8) 哪些业务活动与数据有关,数据如何支持业务活动?

(9) 数据访问的频度和增长的幅度如何?

(10) 谁可以访问数据，如何保护数据。

2.2.2　需求分析的方法

进行需求分析首先是调查清楚用户的实际需求，与用户达成共识，然后分析与表达这些需求。

调查用户需求的具体步骤如下。

(1) 调查组织机构情况。包括了解该组织的部门组成情况、各部门的职责等，为分析信息流程做准备。

(2) 调查各部门的业务活动情况。包括了解各个部门输入和使用什么数据，如何加工处理这些数据，输出什么信息，输出到什么部门，输出结果的格式是什么，这是调查的重点。

(3) 在熟悉了业务的基础上，协助用户明确对新系统的各种要求，包括信息要求、处理要求、完全性与完整性要求，这是调查的又一个重点。

(4) 确定新系统的边界。对前面调查的结果进行初步分析，确定哪些功能由计算机完成或将来准备让计算机完成，哪些活动由人工完成。由计算机完成的功能就是新系统应该实现的功能。

在调查过程中，可以根据不同的问题和条件使用不同的调查方法。常用的调查方法如下。

(1) 跟班作业。通过亲身参加业务工作来了解业务活动的情况。通过这种方法可以比较准确地了解用户的需求，但比较耗费时间。

(2) 开调查会。通过与用户座谈来了解业务活动情况及用户需求。座谈时，参加者和用户之间可以相互启发。

(3) 请专人介绍。

(4) 询问。对某些调查中的问题，可以找专人询问。

(5) 问卷调查。设计调查表请用户填写。如果调查表设计得合理，这种方法是很有效的，也易于为用户所接受。

(6) 查阅记录。查阅与原系统有关的数据记录。

2.3　概念结构设计

【任务分析】

设计人员完成了数据库设计的第一步，收集到了与学生信息管理系统相关的数据，下一步的工作是将收集到的学生信息管理的数据进行分析，找出它们之间的联系，并用 E-R 图来表示。

【课堂任务】

本节要理解 E-R 图的设计方法。

● 设计局部 E-R 模型
● 设计全局 E-R 模型
● 消除合并局部 E-R 图存在的冲突

概念结构设计是将需求分析得到的用户需求抽象为信息结构即概念模型的过程，它是整个数据库设计的关键。只有将需求分析阶段所得到的系统应用需求抽象为信息世界的结构，才能更好地、更准确地转化为机器世界中的数据模型，并用适当的 DBMS 实现这些需求。

2.3.1 概念结构设计的方法和步骤

1. 概念结构设计的方法

概念结构设计的方法通常有以下 4 种。

(1) 自顶向下。首先定义全局概念结构的框架，然后逐步细化。

(2) 自底向上。首先定义各局部应用的概念结构，然后将它们集成起来，得到全局概念结构。

(3) 逐步扩张。首先定义最重要的核心概念结构，然后向外扩充，以滚雪球的方式逐步生成其他概念结构，直至总体概念结构。

(4) 混合策略。将自顶向下和自底向上的方法相结合，用自顶向下策略设计一个全局概念结构的框架，以它为框架自底向上设计各局部概念结构。

其中最常采用的策略是混合策略，即自顶向下进行需求分析，然后再自底向上设计概念结构，其方法如图 2.2 所示。

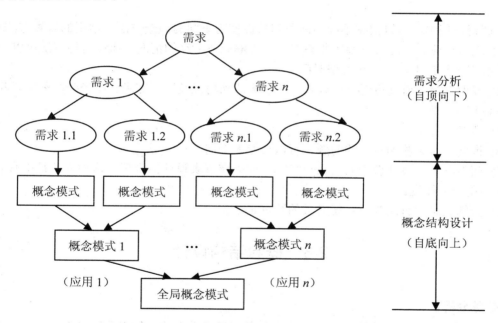

图 2.2 自顶向下分析需求与自底向上概念结构设计

2. 概念结构设计的步骤

按照图 2.2 所示的自顶向下需求分析与自底向上概念结构设计的方法，概念结构的设计可分为以下两步。

(1) 进行数据抽象，设计局部 E-R 模型。

(2) 集成各局部 E-R 模型，形成全局 E-R 模型，其步骤如图 2.3 所示。

2.3.2 局部 E-R 模型设计

设计局部 E-R 图首先需要根据系统的具体情况，在多层的数据流图中选择一个适当层次的数据流图,让这组图中的每一部分对应一个局部应用,然后以这一层次的数据流图为出发点,设计分 E-R 图。将各局部应用涉及的数据分别从数据字典中抽取出来,参照数据流图,确定各局部应用中的实体、实体的属性、标识实体的码、实体之间的联系及其类型(1∶1,1∶n,$m∶n$)。

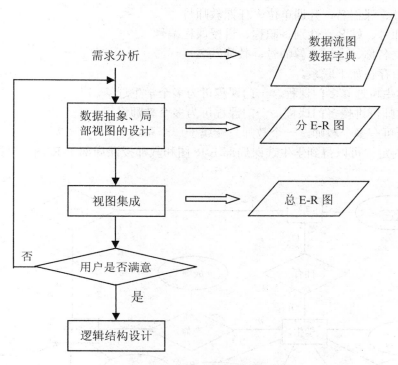

图 2.3　概念结构设计的步骤

实际上实体和属性是相对而言的。同一事物在一种应用环境中作为"属性",在另一种应用环境中就有可能作为"实体"。

例如,如图 2.4 所示,大学中的"系",在某种应用环境中,只是作为"学生"实体的一个属性,表明一个学生属于哪个系;而在另一种环境中,由于需要考虑一个系的系主任、教师人数、学生人数、办公地点等,它需要作为实体。

图 2.4　"系"由属性上升为实体的示意图

因此,为了解决这个问题,应当遵循两条基本准则。

(1) 属性不能再具有需要描述的性质,即属性必须是不可分的数据项,不能再由另一些属性组成。

(2) 属性不能与其他实体具有联系。联系只发生在实体之间。

符合上述两条特性的事物一般作为属性对待。为了简化 E-R 图的处理，现实世界中的事物凡能够作为属性对待的，应尽量作为属性。

【例 2-1】 设有如下实体。

学生：学号、系名称、姓名、性别、年龄、选修课程名

课程：编号、课程名、开课单位、任课教师号

教师：教师号、姓名、性别、职称、讲授课程编号

单位：单位名称、电话、教师号、教师姓名

上述实体中存在如下联系。

(1) 一个学生可选修多门课程，一门课程可为多个学生选修。

(2) 一个教师可讲授多门课程，一门课程可为多个教师讲授。

(3) 一个系可有多个教师，一个教师只能属于一个系。

根据上述约定，可以得到学生选课局部 E-R 图和教师授课局部 E-R 图，分别如图 2.5 和图 2.6 所示。

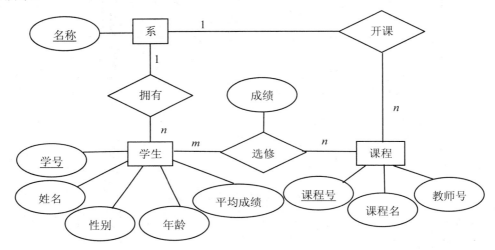

图 2.5 学生选课局部 E-R 图

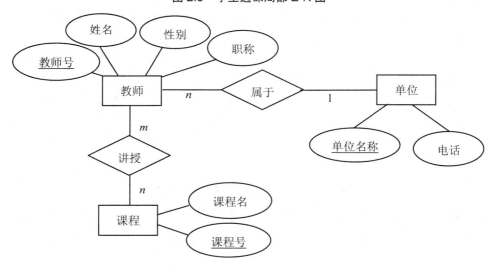

图 2.6 教师授课局部 E-R 图

2.3.3　全局 E-R 模型设计

各个局部 E-R 图建立好后，还需要对它们进行合并，集成为一个整体的概念数据结构即全局 E-R 图。局部 E-R 图的集成有两种方法。

(1) 多元集成法，也叫做一次集成，一次性将多个局部 E-R 图合并为一个全局 E-R 图，如图 2.7(a)所示。

(2) 二元集成法，也叫做逐步集成，首先集成两个重要的局部 E-R 图，然后用累加的方法逐步将一个新的 E-R 图集成进来，如图 2.7(b)所示。

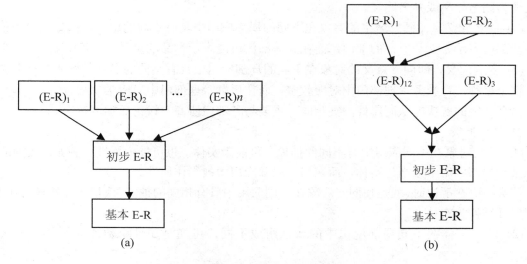

图 2.7　局部 E-R 图集成的两种方法

在实际应用中，可以根据系统复杂性选择这两种方案。如果局部图比较简单，可以采用一次集成法。在一般情况下，采用逐步集成法，即每次只综合两个图，这样可降低难度。无论使用哪一种方法，E-R 图集成均分为如下两个步骤。

(1) 合并，消除各局部 E-R 图之间的冲突，生成初步 E-R 图。

(2) 优化，消除不必要的冗余，生成基本 E-R 图。

1. 合并分 E-R 图，生成初步 E-R 图

这个步骤将所有的局部 E-R 图综合成全局概念结构。全局概念结构不仅要支持所有的局部 E-R 模型，而且必须合理地表示一个完整、一致的数据库概念结构。

由于各个局部应用所面向的问题不同，并且通常由不同的设计人员进行局部 E-R 图设计，因此，各局部 E-R 图不可避免地会有许多不一致的地方，通常把这种现象称为冲突。

因此当合并局部 E-R 图时，并不是简单地将各个 E-R 图画到一起，而是必须消除各个局部 E-R 图中的不一致，使合并后的全局概念结构不仅支持所有的局部 E-R 模型，而且必须是一个能为全系统中所有用户共同理解和接受的统一的概念模型。合并局部 E-R 图的关键就是合理消除各局部 E-R 图中的冲突。

E-R 图中的冲突有 3 种：属性冲突、命名冲突和结构冲突。

1) 属性冲突

属性冲突又分为属性值域冲突和属性的取值单位冲突。

(1) 属性值域冲突。即属性值的类型、取值范围或取值集合不同。例如，学生的学号通常用数字表示，这样有些部门就将其定义为数值型，而有些部门则将其定义为字符型。

(2) 属性的取值单位冲突。比如零件的重量，有的以千克为单位，有的则以克为单位。

属性冲突属于用户业务上的约定，必须与用户协商后解决。

2) 命名冲突

命名不一致可能发生在实体名、属性名或联系名之间，其中属性的命名冲突最为常见。一般表现为同名异义或异名同义。

(1) 同名异义，即同一名字的对象在不同的局部应用中具有不同的意义。例如，"单位"在某些部门表示为人员所在的部门，而在某些部门可能表示物品的重量、长度等属性。

(2) 异名同义，即同一意义的对象在不同的局部应用中具有不同的名称。例如，对于"房间"这个名称，在教务管理部门中对应教室，而在后勤管理部门中对应学生宿舍。

命名冲突的解决方法同属性冲突相同，需要与各部门协商、讨论后加以解决。

3) 结构冲突

(1) 同一对象在不同应用中有不同的抽象，可能为实体，也可能为属性。例如，教师的职称在某一局部应用中被当作实体，而在另一局部应用中被当作属性。

这类冲突在解决时，就是使同一对象在不同应用中具有相同的抽象，或把实体转换为属性，或把属性转换为实体。

(2) 同一实体在不同局部应用中的属性组成不同，可能是属性个数或属性的排列次序不同。

解决办法是，合并后的实体的属性组成为各局部 E-R 图中的同名实体属性的并集，然后再适当调整属性的排列次序。

(3) 实体之间的联系在不同局部应用中呈现不同的类型。例如，局部应用 X 中 E_1 与 E_2 可能是一对一联系，而在另一局部应用 Y 中可能是一对多或多对多联系，也可能是在 E_1、E_2、E_3 三者之间有联系。

解决方法：根据应用语义对实体联系的类型进行综合或调整。

下面以例 2-1 中已画出的两个局部 E-R 图(图 2.5、图 2.6)为例，来说明如何消除各局部 E-R 图之间的冲突，并进行局部 E-R 模型的合并，从而生成初步 E-R 图。

首先，这两个局部 E-R 图中存在着命名冲突，学生选课局部 E-R 图中的实体"系"与教师任课局部 E-R 图中的实体"单位"都是指系，即所谓异名同义，合并后统一改为"系"，这样属性"名称"和"单位名称"即可统一为"系名"。

其次，还存在着结构冲突，实体"系"和实体"单位"在两个局部 E-R 图中的属性组成不同，合并后这两个实体的属性组成为各局部 E-R 图中的同名实体属性的并集。解决上述冲突后，合并两个局部 E-R 图，就能生成初步的全局 E-R 图。

2. 消除不必要的冗余，生成基本 E-R 图

在初步的 E-R 图中，可能存在冗余的数据和冗余的实体之间的联系。冗余的数据是指可由基本数据导出的数据，冗余的联系是指可由其他的联系导出的联系。冗余的存在容易破坏数

据库的完整性，给数据库的维护增加困难，应该消除。当然，不是所有的冗余数据和冗余联系都必须消除，有时为了提高某些应用的效率，不得不以冗余信息作为代价。设计数据库概念模型时，哪些冗余信息必须消除，哪些冗余信息允许存在，需要根据用户的整体需求来确定。把消除了冗余的初步 E-R 图称为基本 E-R 图。

通常采用分析的方法消除冗余。数据字典是分析冗余数据的依据，还可以通过数据流图分析出冗余的联系。

如在图 2.5 和图 2.6 所示的初步 E-R 图中，"课程"实体中的属性"教师号"可由"讲授"这个教师与课程之间的联系导出，而学生的平均成绩可由"选修"联系中的属性"成绩"计算出来，所以"课程"实体中的"教师号"与"学生"实体中的"平均成绩"均属于冗余数据。

另外，"系"和"课程"之间的联系"开课"，可以由"系"和"教师"之间的"属于"联系与"教师"和"课程"之间的"讲授"联系推导出来，所以"开课"属于冗余联系。

这样，图 2.5 和图 2.6 的初步 E-R 图在消除冗余数据和冗余联系后，便可得到基本的 E-R 模型，如图 2.8 所示。

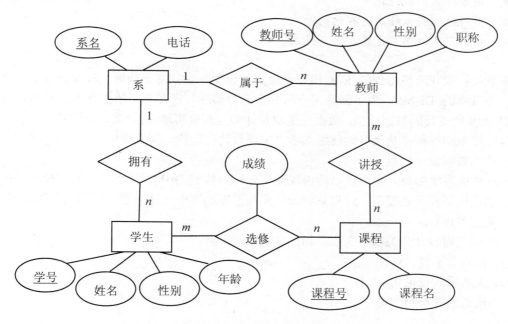

图 2.8　优化后的基本 E-R 图

最终得到的基本 E-R 模型是企业的概念模型，它代表了用户的数据要求，是沟通"要求"和"设计"的桥梁，它决定数据库的总体逻辑结构，是成功创建数据库的关键。如果设计不好，就不能充分发挥数据库的功能，无法满足用户的处理要求。

提示：用户和数据库人员必须对这一模型反复讨论，在用户确认这一模型已正确无误地反映了他们的要求之后，才能进入下一阶段的设计工作。

2.4 逻辑结构设计

【任务分析】

　　设计人员用 E-R 方法表示了数据和数据之间的联系。这种表示方法不能直接在计算机上实现，为了创建用户所要求的数据库，需要把概念模型转换为某个具体的 DBMS 所支持的数据模型。设计人员使用关系数据库存储学生信息管理的数据，因此按照转换规则将 E-R 模型转换成关系模式(表)，并将关系模式进行规范化，保证关系模式达到 3NF。

【课堂任务】

　　本节要掌握将 E-R 模型转换为关系模式的原则及关系模式的规范化。

- E-R 模型转换为关系模式的原则
- 关系模式的规范化
- 非规范化关系模式存在的问题
- 第一范式、第二范式、第三范式

　　概念结构设计阶段得到的 E-R 模型是用户的模型，它独立于任何一种数据模型，独立于任何一个具体的 DBMS。为了创建用户所要求的数据库，需要把上述概念模型转换为某个具体的 DBMS 所支持的数据模型。数据库逻辑设计的过程是将概念结构转换成特定 DBMS 所支持的数据模型的过程。从此开始便进入了"实现设计"阶段，需要考虑到具体的 DBMS 的性能、具体的数据模型特点。

　　E-R 图所表示的概念模型可以转换成任何一种具体的 DBMS 所支持的数据模型，如网状模型、层次模型和关系模型。这里只讨论关系数据库的逻辑设计问题，所以只介绍 E-R 图如何向关系模型进行转换。

　　一般的逻辑设计分为以下 3 步，如图 2.9 所示。

　　(1) 初始关系模式设计。

　　(2) 关系模式规范化。

　　(3) 模式的评价与改进。

2.4.1 初始关系模式设计

1. 转换原则

　　概念设计中得到的 E-R 图是由实体、属性和联系组成的，而关系数据库逻辑设计的结果是一组关系模式的集合。所以将 E-R 图转换为关系模型实际上就是将实体、属性和联系转换成关系模式。在转换中要遵循以下规则。

　　规则 2.1　实体类型的转换：将每个实体类型转换成一个关系模式，实体的属性即为关系的属性，实体的标识符即为关系模式的码。

　　规则 2.2　联系类型的转换：根据不同的联系类型做不同的处理。

　　规则 2.2.1　若实体间联系是 1∶1，可以在两个实体类型转换成的两个关系模式中任意一个关系模式中加入另一个关系模式的码和联系类型的属性。

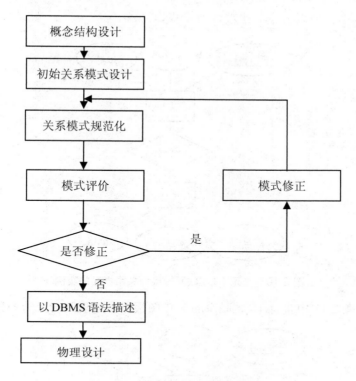

图 2.9　关系数据库的逻辑设计

规则 2.2.2　若实体间的联系是 1：n，则在 n 端实体类型转换成的关系模式中加入 1 端实体类型的码和联系类型的属性。

规则 2.2.3　若实体间联系是 m：n，则将联系类型也转换成关系模式，其属性为两端实体类型的码加上联系类型的属性，而码为两端实体码的组合。

规则 2.2.4　3 个或 3 个以上的实体间的一个多元联系，不管联系类型是何种方法，总是将多元联系类型转换成一个关系模式，其属性为与该联系相连的各实体的码及联系本身的属性，其码为各实体码的组合。

规则 2.2.5　具有相同码的关系可合并。

2. 实例

【例 2-2】　将图 2.10 中含有 1：1 联系的 E-R 图根据上述规则转换为关系模式。

该例包含两个实体，实体间存在着 1：1 的联系，根据规则 2.1 和规则 2.2.1 可转换为如下关系模式(带下划线的属性为码)。

方案一："负责"与"职工"两关系模式合并，转换后的关系模式如下。

职工(<u>职工号</u>，姓名，年龄，产品号)

产品(<u>产品号</u>，产品名，价格)

方案二："负责"与"产品"两关系模式合并，转换后的关系模式如下。

职工(<u>职工号</u>，姓名，年龄)

产品(<u>产品号</u>，产品名，价格，职工号)

将上面两个方案进行比较，方案一中，由于并不是每个职工都负责产品，就会造成产品号属性的 NULL 值较多，所以方案二比较合理一些。

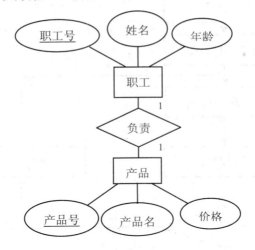

图 2.10　二元 1∶1 联系转换为关系模式的实例

【例 2-3】　将图 2.11 中含有 1∶n 联系的 E-R 图根据上述规则转换为关系模式。

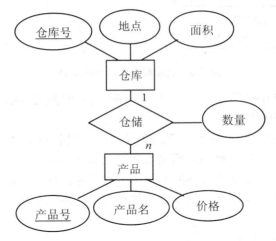

图 2.11　二元 1∶n 联系转换为关系模式的实例

该例包含两个实体，实体间存在着 1∶n 的联系，根据规则 2.1 和规则 2.2.2 可转换为如下关系模式(带下划线的属性为码)。

仓库(<u>仓库号</u>，地点，面积)

产品(<u>产品号</u>，产品名，价格，仓库号，数量)

【例 2-4】　将图 2.12 中含有同实体集 1∶n 联系的 E-R 图根据上述规则转换为关系模式。

该例只有一个实体，实体集内部存在着 1∶n 的联系，根据规则 2.1 和规则 2.2.2 可转换为如下关系模式(带下划线的属性为码)。

职工(<u>职工号</u>，姓名，年龄，领导工号)

其中，"领导工号"就是领导的"职工号"，由于同一关系中不能有相同的属性名，故将领导的"职工号"改为"领导工号"。

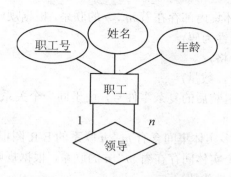

图 2.12　实体集内部 1：n 联系转换为关系模式的实例

【例 2-5】　将图 2.13 中含有 m：n 联系的 E-R 图根据规则转换为关系模式。

该例包含两个实体，实体间存在着 m：n 的联系，根据规则 2.1 和规则 2.2.3 可转换为如下关系模式(带下划线的属性为码)。

商店(<u>店号</u>，店名，店址，店经理)

商品(<u>商品号</u>，商品名，单价，产地)

经营(<u>店号</u>，<u>商品号</u>，月销售量)

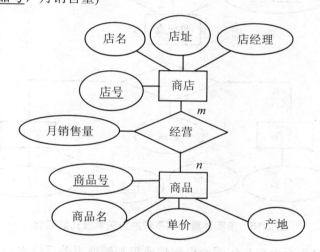

图 2.13　二元 m：n 联系转换为关系模式实例

【例 2-6】　将图 2.14 中同实体集间含有 m：n 联系的 E-R 图根据规则转换为关系模式。

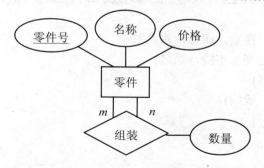

图 2.14　同一实体集内 m：n 联系为关系模式的实例

该例只有一个实体，实体集内部存在着 $m:n$ 的联系，根据规则 2.1 和规则 2.2.3 可转换为如下关系模式(带下划线的属性为码)。

零件(<u>零件号</u>，名称，价格)

组装(<u>组装件号</u>，<u>零件号</u>，数量)

其中，"组装件号"为组装后的复杂零件号，由于同一个关系中不允许存在同属性名，因而改为"组装件号"。

【例 2-7】 将图 2.15 中多实体集间含有 $m:n$ 联系的 E-R 图根据规则转换为关系模式。

该例包含 3 个实体，3 个实体间存在着 $m:n$ 的联系，根据规则 2.1 和规则 2.2.4 可转换为如下关系模式(带下划线的属性为码)。

供应商(<u>供应商号</u>，供应商名，地址)

零件(<u>零件号</u>，零件名，单价)

产品(<u>产品号</u>，产品名，型号)

供应(<u>供应商号</u>，<u>零件号</u>，<u>产品号</u>，数量)

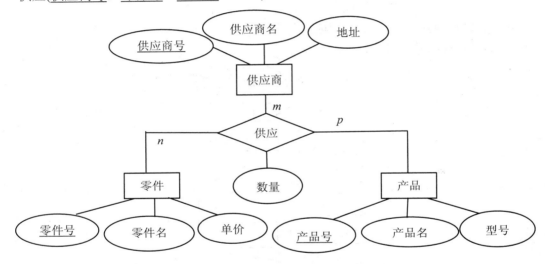

图 2.15   多实体集间联系转换为关系模式的实例

【例 2-8】 将图 2.8 所示的 E-R 图，根据转换规则转换为关系模式。

在图 2.8 所示的 E-R 图中，包含 4 个实体，实体间存在两个 $1:n$ 的联系和两个 $m:n$ 的联系，根据规则 2.1 和规则 2.2.2、规则 2.2.3 转换为如下关系模式(带下划线的属性为码)。

系(<u>系名</u>，电话)

教师(<u>教师号</u>，姓名，性别，职称，系名)

学生(<u>学号</u>，姓名，性别，年龄，系名)

课程(<u>课程号</u>，课程名)

选修(<u>学号</u>，<u>课程号</u>，成绩)

讲授(<u>教师号</u>，<u>课程号</u>)

2.4.2   关系模式的规范化

数据库逻辑设计的结果不是唯一的。为了进一步提高数据库应用系统的性能，还应该根据应用需要适当地修改、调整数据模型的结构，这就是数据模型的优化。关系数据模型的优化通常以规范化理论为指导。关系模式设计的好坏将直接影响到数据库设计的成败。将关系模式规范化，使之达到较高的范式是设计好关系模式的唯一途径，否则，设计的关系数据库会产生一系列的问题。

1. 存在的问题及解决方法

1) 存在的问题

下面以一个实例说明如果一个关系没有经过规范化可能会出现的问题。

例如，要设计一个教学管理数据库，希望从该数据库中得到学生学号、姓名、年龄、性别、系别、系主任姓名、学生学习的课程名和该课程的成绩信息。若将此信息要求设计为一个关系，则关系模式如下。

$$S(sno，sname，sage，ssex，sdept，mname，cname，score)$$

该关系模式中各属性之间的关系为：一个系有若干个学生，但一个学生只属于一个系；一个系只能有一名系主任，但一个系主任可以同时兼几个系的系主任；一个学生可以选修多门课程，每门课程可被若干个学生选修；每个学生学习的每门课程都有一个成绩。

可以看出，此关系模式的码为(sno，cname)。仅从关系模式上看，该关系模式已经包括了需要的信息，如果按此关系模式建立关系，并对它进行深入分析，就会发现其中的问题。关系模式 S 的实例见表 2-1。

表 2-1　关系模式 S 的实例

sno	sname	sage	ssex	sdept	mname	cname	score
20060101	孙小强	20	男	计算机系	王中联	C 语言程序设计	78
20060101	孙小强	20	男	计算机系	王中联	数据结构	84
20060101	孙小强	20	男	计算机系	王中联	数据库原理及应用	68
20060101	孙小强	20	男	计算机系	王中联	数字电路	90
20060102	李红	19	女	计算机系	王中联	C 语言程序设计	92
20060102	李红	19	女	计算机系	王中联	数据结构	77
20060102	李红	19	女	计算机系	王中联	数据库原理及应用	83
20060102	李红	19	女	计算机系	王中联	数字电路	79
20060201	张利平	18	男	电子系	张超亮	高等数学	80
20060201	张利平	18	男	电子系	张超亮	机械制图	83
20060201	张利平	18	男	电子系	张超亮	自动控制	73
20060201	张利平	18	男	电子系	张超亮	电工基础	92

从表 2-1 中的数据情况可以看出，该关系存在以下问题。

(1) 数据冗余太大。每个系名和系主任的名字存储的次数等于该系学生人数乘以每个学生选修的课程门数，系名和系主任数据重复量太大。

(2) 插入异常。一个新系没有招生时，或系里有学生但没有选修课程，系名和系主任名无法插入到数据库中。因为在这个关系模式中码是(sno，cname)，这时没有学生而使得学号无值，或学生没有选课而使得课程名无值。但在一个关系中，码属性不能为空值，因此关系数据库无法操作，导致插入异常。

(3) 删除异常。当某系的学生全部毕业而又没有招新生时，删除学生信息的同时，系及系主任名的信息随之删除，但这个系依然存在，而在数据库中却无法找到该系的信息，即出现了删除异常。

(4) 更新异常。若某系换系主任，数据库中该系的学生记录应全部修改。如果稍有不慎，某些记录漏改了，则造成数据的不一致，即出现了更新异常。

为什么会发生插入异常和删除异常？原因是该关系模式中属性与属性之间存在不好的数据依赖。一个"好"的关系模式应当不会发生插入和删除异常，冗余度要尽可能少。

2) 解决方法

对于存在问题的关系模式，可以通过模式分解的方法使之规范化。

例如将上述关系模式分解成 3 个关系模式。

S(sno，sname，sage，ssex，sdept)

SC(sno，cname，score)

DEPT(sdept，mname)

这样分解后，3 个关系模式都不会发生插入异常、删除异常的问题，数据的冗余也得到了控制，数据的更新也变得简单。

"分解"是解决冗余的主要方法，也是规范化的一条原则，"关系模式有冗余问题，就分解它"。

提示：上述关系模式的分解方案是否就是最佳的，也不是绝对的。如果要查询某位学生所在系的系主任名，就要对两个关系做连接操作，而连接的代价也是很大的。一个关系模式的数据依赖会有哪些不好的性质，如何改造一个模式，这就是规范化理论所讨论的问题。

2. 函数依赖基本概念

1) 规范化

规范化是指用形式更为简洁、结构更加规范的关系模式取代原有关系模式的过程。

2) 关系模式对数据的要求

关系模式必须满足一定的完整性约束条件以达到现实世界对数据的要求。完整性约束条件主要包括以下两个方面。

(1) 对属性取值范围的限定。

(2) 属性值间的相互联系(主要体现在值的相等与否)，这种联系称为数据依赖。

3) 属性间的联系

第 1 章讲到客观世界的事物间存在着错综复杂的联系，实体间的联系有两类：一类是实体与实体之间的联系；另一类是实体内部各属性间的联系。这里主要讨论第二类联系。

属性间的联系可分为 3 类。

(1) 一对一联系(1∶1)。以学生关系模式 S(sno，sname，sage，ssex，sdept，mname，cname，score)为例，如果学生无重名，则属性 sno 和 sname 之间是一对一联系，一个学号唯一地决定一个姓名，一个姓名也唯一地决定一个学号。

设 X、Y 是关系 R 的两个属性(集)。如果对于 X 中的任一具体值，Y 中至多有一值与之对应；反之亦然，则称 X、Y 两属性间是一对一联系。

(2) 一对多联系(1∶n)。在学生关系模式 S 中，属性 sdept 和 sno 之间是一对多联系，即一个系对应多个学号(如计算机系可对应 20060101、20060102 等)，但一个学号却只对应一个系(如 20060101 只能对应计算机系)。同样，mname 和 sno、sno 和 score 之间都是一对多联系。

设 X、Y 是关系 R 的两个属性(集)。如果对于 X 中的任一具体值，Y 中至多有一个值与之对应，而 Y 中的一个值却可以和 X 中的 n 个值 $(n \geqslant 0)$ 相对应，则称 Y 对 X 是一对多联系。

(3) 多对多联系 $(m:n)$。在学生关系模式 S 中，cname 和 score 两属性间是多对多联系。一门课程对应多个成绩，而一个成绩也可以在多门课程中出现。sno 和 cname、sno 和 score 之间也是多对多联系。

设 X、Y 是关系 R 的两个属性(集)。如果对于 X 中的任一具体值，Y 中有 $m(m \geqslant 0)$ 个值与之对应，而 Y 中的一个值也可以和 X 中的 n 个值 $(n \geqslant 0)$ 相对应，则称 Y 对 X 是多对多联系。

上述属性间的 3 种联系实际上是属性值之间相互依赖又相互制约的反映，称为属性间的数据依赖。

4) 数据依赖

数据依赖是指通过一个关系中属性间值的相等与否体现出来的数据间的相互关系，是现实世界属性间相互联系的抽象，是数据内在的性质。

数据依赖共有 3 种：函数依赖(Functional Dependency，FD)、多值依赖(MultiValued Dependency，MVD)和连接依赖(Join Dependency，JD)，其中最重要的是函数依赖和多值依赖。

5) 函数依赖

在数据依赖中，函数依赖是最基本、最重要的一种依赖，它是属性之间的一种联系，假设给定一个属性的值，就可以唯一确定(查找到)另一个属性的值。例如，知道某一学生的学号，可以唯一地查询到其对应的系别，如果这种情况成立，就可以说系别函数依赖于学号。这种唯一性并非指只有一个记录，而是指任何记录。

定义 1： 设有关系模式 $R(U)$，X 和 Y 均为 $U=\{A1, A2, \cdots, An\}$ 的子集，r 是 R 的任一具体关系，r 中不可能存在两个元组在 X 上的属性值相等，而在 Y 上的属性值不等(也就是说，如果对于 r 中的任意两个元组 t 和 s，只要有 $t[X]=s[X]$，就有 $t[Y]=s[Y]$)，则称 X 函数决定 Y，或称 Y 函数依赖于 X，记作 $X{\rightarrow}Y$，其中 X 叫做决定因素(Determinant)，Y 叫做依赖因素(Dependent)。

这里的 $t[X]$ 表示元组 t 在属性集 X 上的值，$s[X]$ 表示元组 s 在属性集 X 上的值。FD 是对关系模式 R 的一切可能的当前值 r 的定义，不是针对某个特定关系的。通俗地说，在当前值 r 的两个不同元组中，如果 X 值相同，就一定要求 Y 值也相同，或者说，对于 X 的每个具体值，都有 Y 唯一的具体值与之对应。

下面介绍一些相关的术语与记号。

(1) $X{\rightarrow}Y$，但 $Y \nsubseteq X$，则称 $X{\rightarrow}Y$ 是非平凡的函数依赖。

(2) $X{\rightarrow}Y$，但 $Y \subseteq X$，则称 $X{\rightarrow}Y$ 是平凡的函数依赖。因为平凡的函数依赖总是成立的，所以若不特别声明，本书后面提到的函数依赖，都不包含平凡的函数依赖。

(3) 若 $X{\rightarrow}Y$，$Y{\rightarrow}X$，则称 $X{\leftrightarrow}Y$。

(4) 若 Y 不函数依赖于 X，则记作 $X \nrightarrow Y$。

定义 2： 在关系模式 $R(U)$ 中，如果 $X{\rightarrow}Y$，并且对于 X 的任何一个真子集 X'，都有 $X' \nrightarrow Y$，则称 Y 对 X 完全函数依赖，记作 $X \xrightarrow{f} Y$。

若 $X{\rightarrow}Y$，如果存在 X 的某一真子集 X' $(X' \subseteq X)$，使 $X' \rightarrow Y$，则称 Y 对 X 部分函数依赖，记作 $X \xrightarrow{p} Y$。

定义 3: 在关系模式 $R(U)$ 中，X、Y、Z 是 R 的 3 个不同的属性或属性组，如果 $X \to Y(Y \nsubseteq X$, Y 不是 X 的子集)，且 $Y \nrightarrow X$，$Y \to Z$，则称 Z 对 X 传递函数依赖，记作 $X \xrightarrow{\text{传递}} Z$。

加上条件 $Y \nrightarrow X$，是因为如果 $Y \to X$，则 $X \leftrightarrow Y$，实际上是 $X \to Z$，是直接函数依赖而不是传递函数依赖。

6) 属性间联系决定函数依赖

前面讨论的属性间的 3 种联系，并不是每种联系中都存在函数依赖。

(1) 1:1 联系: 如果两属性集 X、Y 之间是 1:1 联系，则存在函数依赖: $X \leftrightarrow Y$。如学生关系模式 S 中，如果不允许学生重名，则有: sno $\leftrightarrow$ sname。

(2) 1:n 联系: 如果两属性集 X、Y 之间是 n:1 联系，则存在函数依赖: $X \to Y$，即多方决定一方。如 sno $\to$ sdept、sno $\to$ sage、sno $\to$ mname 等。

(3) m:n 联系: 如果两属性集 X、Y 之间是 m:n 联系，则不存在函数依赖。如 sno 和 cname 之间、cname 和 score 之间就是如此。

【例 2-9】 设有关系模式 S(sno, sname, sage, ssex, sdept, mname, cname, score)，判断以下函数依赖的对错。

(1) sno $\to$ sname, sno $\to$ ssex, (sno, cname) $\to$ score。

(2) cname $\to$ sno, sdept $\to$ cname, sno $\to$ cname。

在(1)中，sno 和 sname 之间存在一对一或一对多的联系，sno 和 ssex、(sno, cname)和 score 之间存在一对多联系，所以这些函数依赖是存在的。

在(2)中，因为 sno 和 cname、sdept 和 cname 之间都是多对多联系，因此它们之间是不存在函数依赖的。

【例 2-10】 设有关系模式: 学生课程(学号, 姓名, 课程号, 课程名称, 成绩, 教师, 教师年龄)，在该关系模式中，成绩要由学号和课程号共同确定，教师决定教师年龄。所以此关系模式中包含了以下函数依赖关系。

学号 $\to$ 姓名(每个学号只能有一个学生姓名与之对应)，

课程号 $\to$ 课程名称(每个课程号只能对应一个课程名称)，

(学号, 课程号) $\to$ 成绩(每个学生学习一门课只能有一个成绩)，

教师 $\to$ 教师年龄(每一个教师只能有一个年龄)。

注意: 属性间的函数依赖不是指关系模式 R 的某个或某些关系满足上述限定条件，而是指 R 的一切关系都要满足定义中的限定。只要有一个具体关系 r 违反了定义中的条件，就破坏了函数依赖，使函数依赖不成立。

识别函数依赖是理解数据语义的一个组成部分，依赖是关于现实世界的断言，它不能被证明，决定关系模式中函数依赖的唯一方法是仔细考察属性的含义。

3. 范式

利用规范化理论，使关系模式的函数依赖集满足特定的要求，满足特定要求的关系模式称为范式。

关系按其规范化程度从低到高可分为 5 级范式(Normal Form)，分别称为 1NF、2NF、3NF(BCNF)、4NF、5NF。规范化程度较高者必是较低者的子集，即

$$5NF \subseteq 4NF \subseteq BCNF \subseteq 3NF \subseteq 2NF \subseteq 1NF$$

一个低一级范式的关系模式,通过模式分解可以转换成若干个高一级范式的关系模式的集合,这个过程称为规范化。

1) 第一范式(1NF)

定义 4: 如果关系模式 R 中不包含多值属性(每个属性必须是不可分的数据项),则 R 满足第一范式(First Normal Form),记作 $R \in 1NF$。

1NF 是规范化的最低要求,是关系模式要遵循的最基本的范式,不满足 1NF 的关系是非规范化的关系。

关系模式如果仅仅满足 1NF 是不够的。尽管学生关系模式 S 满足 1NF,但它仍然会出现插入异常、删除异常、更新异常及数据冗余等问题,只有对关系模式继续规范化,使之满足更高的范式,才能得到高性能的关系模式。

2) 第二范式(2NF)

定义 5: 如果关系模式 $R(U,F) \in 1NF$,且 R 中的每个非主属性完全函数依赖于 R 的某个候选码,则 R 满足第二范式(Second Normal Form),记作 $R \in 2NF$。

【例 2-11】 关系模式 S-L-C(U,F)

$U=\{$SNO,SDEPT,SLOC,CNO,SCORE$\}$,其中,SNO 是学号,SDEPT 是学生所在系,SLOC 是学生的宿舍(住处),CNO 是课程号,SCORE 是成绩。

该关系模式的码=(SNO,CNO)

函数依赖集 $F=\{$(SNO,CNO)→SCORE,SNO→SDEPT,SNO→SLOC,SDEPT→SLOC$\}$

非主属性=$\{$SDEPT,SLOC,SCORE$\}$

非主属性对码的部分函数依赖=$\{$(SNO,CNO)$\xrightarrow{P}$SDEPT,(SNO,CNO)$\xrightarrow{P}$SLOC$\}$

显然,该关系模式不满足 2NF。

不满足 2NF 的关系模式,会产生以下几个问题。

(1) 插入异常。插入一个新学生,若该生没有选课,则 CNO 为空,但码不能为空,所以不能插入。

(2) 删除异常。某学生只选择了一门课,现在该门课要删除,则该学生的基本信息也将删除。

(3) 更新异常。某个学生要从一个系转到另一个系,若该生选修了 K 门课,必须修改的该学生相关的字段值为 $2K$ 个(系别、住处),一旦有遗漏,将破坏数据的一致性。

造成以上问题的原因是 SDEPT、SLOC 部分函数依赖于码。

解决的办法是用投影分解把关系模式分解为多个关系模式。

投影分解是把非主属性及决定因素分解出来构成新的关系,决定因素在原关系中保持,函数依赖关系相应分开转化(将关系模式中部分依赖的属性去掉,将部分依赖的属性单独组成一个新的模式)。

上述关系模式分解的结果如下。

S-C(SNO,CNO,SCORE)

码=$\{$(SNO,CNO)$\}$ $F=\{$(SNO,CNO)→SCORE$\}$

S-L(SNO,SDEPT,SLOC)

码=$\{$SNO$\}$ $F=\{$SNO→SDEPT,SNO→SLOC,SDEPT→SLOC$\}$

经过模式分解,两个关系模式中的非主属性对码都是完全函数依赖,所以它们都满足 2NF。

3) 第三范式(3NF)

定义 6：如果关系模式 $R(U, F) \in 2NF$，且每个非主属性都不传递函数依赖于任何候选码，则 R 满足第三范式(Third Normal Form)，记作 $R \in 3NF$。

在例 2-11 中，关系 S-L(SNO，SDEPT，SLOC)，SNO→SDEPT，SDEPT→SLOC，SLOC 传递函数依赖于码 SNO，所以 S-L 不满足 3NF。

解决的方法同样是将 S-L 进行投影分解，如果如下。

$$S\text{-}D(SNO，SDEPT) \quad 码=\{SNO\} \quad F=\{SNO→SDEPT\}$$
$$D\text{-}L(SDEPT，SLOC) 码=\{SDEPT\} \quad F=\{SDEPT→SLOC\}$$

分解后的关系模式中不再存在传递函数依赖，即关系模式 S-D 和 D-L 都满足 3NF。

3NF 是一个可用的关系模式应满足的最低范式，也就是说，一个关系模式如果不满足 3NF，实际上它是不能使用的。

4) BCNF

BCNF(Boyce Codd Normal Form)是由 Boyce 和 Codd 提出的，比上述的 3NF 又进了一步，通常认为 BCNF 是修正的第三范式，有时也称为扩充的第三范式。

定义 7：关系模式 $R(U, F) \in 1NF$，若 $X→Y$ 且 $Y \nsubseteq X$ 时，X 必含有码，则 $R(U, F) \in BCNF$。

也就是说，关系模式 $R(U, F)$ 中，若每个决定因素都包含码，则 $R(U, F) \in BCNF$。

由 BCNF 的定义可以得出结论，一个满足 BCNF 的关系模式有以下特点。

(1) 所有非主属性对每一个码都是完全函数依赖。

(2) 所有的主属性对每一个不包含它的码也是完全函数依赖。

(3) 没有任何属性完全函数依赖于非码的任何一组属性。

【例 2-12】 设关系模式 SC(U, F)，其中，U={SNO，CNO，SCORE}
$$F=\{(SNO，CNO)→SCORE\}$$

SC 的候选码为(SNO，CNO)，决定因素中包含码，没有属性对码传递依赖或部分依赖，所以 SC∈ BCNF。

【例 2-13】 设关系模式 STJ(S，T，J)，其中，S：学生，T：教师，J：课程。每位教师只教一门课，每门课有若干教师，某一学生选定某门课，就对应一位固定的教师。

由语义可得到如下的函数依赖：
$$(S，J)→T, (S，T)→J, T→J$$

该关系模式的候选码为(S，J)、(S，T)。

因为该关系模式中的所有属性都是主属性，所以 STJ∈3NF，但 STJ∉ BCNF，因为 T 是决定因素，但 T 不包含码。

不属于 BCNF 的关系模式，仍然存在数据冗余问题。如例 2-13 中的关系模式 STJ，如果有 100 个学生选定某一门课，则教师与该课程的关系就会重复存储 100 次。STJ 可分解为如下两个满足 BCNF 的关系模式，以消除此种冗余。

TJ(T，J)

ST(S，T)

2.5　数据库的物理设计

【任务分析】

设计人员得到了规范化的关系模式后,下一步的工作是考虑数据库在存储设备的存储方法及优化策略,如采取什么存储结构、存取方法和存放位置,以提高数据存取的效率和空间的利用率。设计人员进行数据库的物理设计时,要确定数据的存放位置和存储结构,包括确定关系、索引、聚簇、日志、备份等的存储安排和存储结构;确定系统配置等。

【课堂任务】

本节要理解物理设计的目的及内容。

- 存取方法的选择
- 存储结构的确定

数据库在物理设备上的存储结构与存取方法称为数据库的物理结构,它依赖于给定的计算机系统。为一个给定的逻辑数据模型选取一个最适合应用要求的物理结构的过程,称为数据库的物理设计。

物理设计的目的是为了有效地实现逻辑模式,确定所采取的存储策略。此阶段是以逻辑设计的结果作为输入,并结合具体 DBMS 的特点与存储设备特性进行设计,选定数据库在物理设备上的存储结构和存取方法。

数据库的物理设计可分为两步。

(1) 确定数据库的物理结构,在关系数据库中主要指存储结构和存取方法。

(2) 对物理结构进行评价,评价的重点是时间和空间效率。

如果评价结果满足原设计要求,则可进入到物理实施阶段,否则,就需要重新设计或修改物理结构,有时甚至要返回逻辑设计阶段修改数据模型。

2.5.1　关系模式存取方法选择

数据库系统是多用户共享的系统,对同一个关系要建立多条存取路径才能满足多用户的多种应用要求。物理设计的任务之一就是要确定选择哪些存取方法,即建立哪些存取路径。存取方法是快速存取数据库中数据的技术。数据库管理系统一般都提供多种存取方法,常用的存取方法有 3 类:第一类是索引方法;第二类是聚簇(Cluster)方法;第三类是 HASH 方法。

1. 索引存取方法的选择

在关系数据库中,索引是一个单独的、物理的数据结构,它是某个表中一列或若干列的集合和相应指向表中物理标识这些值的数据页的逻辑指针清单。索引可以提高数据的访问速度,可以确保数据的唯一性。

所谓索引存取方法就是根据应用要求确定对关系的哪些属性列来建立索引、哪些属性列建立组合索引、哪些索引要设计为唯一索引等。

(1) 如果一个(或一组)属性经常在查询条件中出现,则考虑在这个(或这组)属性上建立索引

(或组合索引)。

(2) 如果一个属性经常作为最大值或最小值等聚集函数的参数,则考虑在这个属性上建立索引。

(3) 如果一个(或一组)属性经常在连接操作的连接条件中出现,则考虑在这个(或这组)属性上建立索引。

关系上定义的索引数并不是越多越好,因为系统为维护索引要付出代价,并且查找索引也要付出代价。例如,若一个关系的更新频率很高,这个关系上定义的索引数就不能太多。因为更新一个关系时,必须对这个关系上有关的索引做相应的修改。

2. 聚簇存取方法的选择

为了提高某个属性或属性组的查询速度,把这个或这些属性(称为聚簇码)上具有相同值的元组集中存放在连续的物理块称为聚簇。

创建聚簇可以大大提高按聚簇码进行查询的效率。例如,要查询信息系的所有学生名单,若信息系有 500 名学生,在极端情况下,这 500 名学生所对应的数据元组分布在 500 个不同的物理块上,尽管可以按系名建立索引,由索引找到信息系学生的元组标识,但由元组标识去访问数据块时就要存取 500 个物理块,执行 500 次 I/O 操作。如果在按系名这个属性上建立聚簇,则同一系的学生元组将集中存放,这将显著地减少访问磁盘的次数。

设计聚簇的规则如下。

(1) 凡符合下列条件之一,可以考虑建立聚簇。

① 对经常在一起进行连接操作的关系可以建立聚簇。

② 如果一个关系的一组属性经常出现在相等比较条件中,则该关系可建立聚簇。

③ 如果一个关系的一个或一组属性上的值的重复率很高,即对应每个聚簇码值的平均元组数不是太少,则可以建立聚簇。如果元组数太少,聚簇的效果不明显。

(2) 凡存在下列条件之一,应考虑不建立聚簇。

① 需要经常对全表进行扫描的关系。

② 在某属性列上的更新操作远多于查询和连接操作的关系。

使用聚簇需要注意的问题如下。

(1) 一个关系最多只能加入一个聚簇。

(2) 聚簇对于某些特定应用可以明显地提高性能,但建立聚簇和维护聚簇的开销很大。

(3) 在一个关系上建立聚簇,将导致关系中的元组移动其物理存储位置,并使此关系上的原有索引无效,必须重建。

(4) 当一个元组的聚簇码值改变时,该元组的存储也要做相应的移动,所以聚簇码值要相对稳定,以减少修改聚簇码值所引起的维护开销。

因此,通过聚簇码进行访问或连接是关系的主要应用,与聚簇码无关的其他访问很少或者是次要时,可以使用聚簇。当 SQL 语句中包含有与聚簇码有关的 ORDER BY、GROUP BY、UNION、DISTINCT 等子句或短语时,使用聚簇特别有利,可以省去对结果集的排序操作;否则很可能会适得其反。

3. HASH 存取方法的选择

有些数据库管理系统提供了 HASH 存取方法。选择 HASH 存取方法的规则如下。

如果一个关系的属性主要出现在等值连接条件中或主要出现在相等比较选择条件中,并且满足下列两个条件之一时，则此关系可以选择 HASH 存取方法。

(1) 如果一个关系的大小可预知，并且不变。

(2) 如果关系的大小动态改变，并且所选用的 DBMS 提供了动态 HASH 存取方法。

2.5.2　确定数据库的存储结构

确定数据库的物理结构主要是指确定数据的存放位置和存储结构，包括确定关系、索引、聚簇、日志、备份等的存储安排和存储结构；确定系统配置等。

提示：确定数据的存放位置和存储结构要综合考虑存取时间、存储空间利用率和维护代价 3 方面的因素。这 3 个方面常常相互矛盾，因此在实际应用中，需要进行全方位的权衡，选择一个折中的方案。

1. 确定数据的存放位置

为了提高系统性能，应该根据实际应用情况将数据库中数据的易变部分和稳定部分、常存取部分和存取频率较低部分分开存放。有多个磁盘的计算机可以采用下面几种存取位置的分配方案。

(1) 将表和该表的索引放在不同的磁盘上，在查询时，由于两个磁盘驱动器并行操作，提高了物理 I/O 读/写的效率。

(2) 将比较大的表分别放在两个磁盘上，以加快存取速度，这在多用户环境下特别有效。

(3) 将日志文件与数据库的对象(表、索引等)放在不同的磁盘上，以改进系统的性能。

(4) 对于经常存取或存取时间要求高的对象(如表、索引)应放在高速存储器(如硬盘)上；对于存取频率小或存取时间要求低的对象(如数据库的数据备份和日志文件备份等，只在故障恢复时才使用)，如果数据量很大，可以存放在低速存储设备上。

2. 确定系统配置

DBMS 产品一般都提供了一些系统配置变量、存储分配参数，以供设计人员和 DBA 对数据库进行物理优化。在初始情况下，系统都为这些变量赋予了合理的默认值。这些初始值并不一定适合每种应用环境，在进行物理设计时，需要重新对这些变量赋值，以改善系统的性能。

系统配置变量很多，例如，同时使用数据库的用户数、同时打开数据库的对象数、内存分配参数、缓冲区分配参数(使用的缓冲区长度、个数)、存储分配参数、物理块的大小、物理块装填因子、时间片大小、数据库的大小、锁的数目等。这些参数值会影响存取时间和存储空间的分配，因此在进行物理设计时就要根据应用环境来确定这些参数值，以使系统性能最佳。

3. 数据库的实施和维护

完成数据库的物理设计之后，设计人员就要用关系数据库管理系统提供的数据定义语言和其他实用程序将数据库逻辑设计和物理设计的结果严格地描述出来，成为 DBMS 可以接受的代码，再经过调试产生目标模式，然后就可以组织数据入库了，这就是数据库实施阶段。

1) 数据的载入

数据库实施阶段包括两项重要的工作：一项是数据载入；另一项是应用程序的编码和调试。

在一般数据库系统中，数据量都很大，而且数据来源于部门中的各个不同的单位，数据的组织方式、结构和格式都与新设计的数据库系统有相当的差距。组织数据录入就是将各类源数据从各个局部应用中抽取出来，输入计算机，再分类转换，最后综合成新设计的数据库结构的形式，输入数据库。所以这样的数据转换、组织入库的工作是相当费力费时的工作。

由于各个不同的应用环境差异很大，不可能有通用的转换器，DBMS 产品也不提供通用的转换工具。为提高数据输入工作的效率和质量，应该针对具体的应用环境设计一个数据录入子系统，由计算机来完成数据入库的任务。

由于要入库的数据在原来系统中的格式结构与新系统中的不完全一样，有的差别可能比较大，不仅向计算机输入数据时发生错误，而且在转换过程中也有可能出错。因此在源数据入库之前要采用多种方法对它们进行检查，以防止不正确的数据入库，这部分的工作在整个数据输入子系统中是非常重要的。

数据库应用程序的设计应该与数据库设计同时进行，因此在组织数据入库的同时还要调试应用程序。应用程序的设计、编码和调试的方法、步骤在程序设计语言中有详细讲解，这里就不赘述了。

2) 数据库试运行

在部分数据输入到数据库后，就可以开始对数据库系统进行联合调试，这称为数据库试运行。

这一阶段要实际运行数据库应用程序，执行对数据库的各种操作，测试应用程序的功能是否满足设计要求。如果不满足，则要对应用程序部分进行修改、调整，直到达到设计要求为止。

在数据库试运行时，还要测试系统的性能指标，分析其是否达到了设计目标。在对数据库进行物理设计时已初步确定了系统的物理参数值，但在一般的情况下，设计时的考虑在许多方面只是近似的估计，和实际系统运行总有一定的差距，因此必须在试运行阶段实际测量和评价系统性能指标。事实上，有些参数的最佳值往往是经过运行调试后找到的。如果测试的结果与设计的目标不符，则要返回物理设计阶段，重新调整物理结构，修改系统参数，某些情况下甚至要返回逻辑设计阶段，修改逻辑结构。

这里要特别强调两点。第一，由于数据入库的工作量实在太大，费时又费力，如果试运行后还要修改物理结构甚至逻辑结构，会导致数据重新入库。因此应分期分批地组织数据入库，先输入小批量数据供调试用，待试运行基本合格后，再大批量输入数据，逐步增加数据量，逐步完成运行评价。

第二，在数据库试运行阶段，由于系统还不稳定，硬、软件故障随时都可能发生，并且系统的操作人员对新系统还不熟悉，误操作也不可避免，因此必须首先调试运行 DBMS 的恢复功能，做好数据库的转储和恢复工作。一旦故障发生，能使数据库尽快恢复，尽量减少对数据库的破坏。

3) 数据库的运行与维护

数据库试运行合格后，数据库开发工作就基本完成了，即可正式投入运行了。但是，由于应用环境在不断变化，在数据库运行过程中物理存储也会不断变化，对数据库设计进行评价、调整、修改等维护工作是一项长期的任务，也是设计工作的继续和提高。

在数据库运行阶段，对数据库经常性的维护工作主要是由 DBA 完成的，它包括以下几方面。

(1) 数据库的转储和恢复。数据库的转储和恢复是系统正式运行后最重要的维护工作之一。DBA 要针对不同的应用要求制定不同的转储计划，以保证一旦发生故障能尽快将数据库恢复到某种一致的状态，并尽可能减少对数据库的破坏。

(2) 数据库的安全性、完整性控制。在数据库运行过程中，由于应用环境的变化，对安全性的要求也会发生变化。比如有的数据原来是机密的，现在可以公开查询了，而新加入的数据又可能是机密的。系统中用户的级别也会改变。这些都需要 DBA 根据实际情况修改原有的安全性控制。同样，数据库的完整性约束条件也会变化，也需要 DBA 不断修改，以满足用户的要求。

(3) 数据库性能的监督、分析和改进。在数据库运行过程中，监督系统运行，分析监测数据，找出改进系统性能的方法是 DBA 的又一重要任务。DBA 应仔细分析这些数据，判断当前系统运行状况是否最佳，应当做哪些改进。例如，调整系统物理参数，或对数据库的运行状况进行重组织或重构造等。

(4) 数据库的重组织与重构造。数据库运行一段时间后，由于记录不断增、删、改，会使数据库的物理存储情况变坏，降低了数据的存取效率，数据库性能下降，这时 DBA 就要对数据库进行重组织或部分重组织(只对频繁增、删的表进行重组织)。DBMS 一般都提供数据重组织用的实用程序。在重组织的过程中，按原设计要求重新安排存储位置、回收垃圾、减少指针链等，以提高系统的性能。

数据库的重组织并不修改原设计的逻辑结构和物理结构，而数据库的重构造则不同，它是指部分修改数据库的模式和内模式。

2.6　任务实现

【任务分析】

设计学生信息管理数据库。

【课堂任务】

通过上面的学习，设计人员已经了解了关系数据库设计的全过程，即设计关系数据库包括下面几个步骤。

● 收集数据
● 创建 E-R 模型
● 创建数据库关系模型
● 规范化数据
● 确定数据存储结构及存取方法

2.6.1　收集数据

为了收集数据库需要的信息，设计人员与学生管理人员和系统的操作者进行了交谈，从最初的谈论中，记录了如下要点。

(1) 数据库要存储每位学生的基本信息、各系部的基本信息、各班级的基本信息、教师基本信息、教师授课基本信息和学生宿舍基本信息。

(2) 管理人员可以通过数据库管理各系部、各班、各教师、全院学生的基本信息。

(3) 按工作的要求查询数据，如浏览某系部、某班级、某年级、某专业等学生基本信息。

(4) 根据要求实现对各种数据的统计，如学生人数，应届毕业生人数，某系、某专业、某班级男女生人数，各系部教师人数，退、休学人数等。

(5) 能实现对学生学习成绩的管理(录入、修改、查询、统计、打印)。

(6) 能实现对学生住宿信息的管理，如查询某学生的宿舍楼号、房间号及床位号等。

(7) 能实现历届毕业生的信息管理，如查询某毕业生的详细信息。

(8) 数据库系统的操作人员可以查询数据，而管理人员可以修改数据。

(9) 使用关系数据库模型。

上述列表中的信息没有固定的顺序，并且有一些信息也可能有重复，或者遗漏了某些重要的信息，这里收集到的信息在后面的设计工作中要与用户进行反复查对，以确保收集到了关于数据库的完整和准确的信息。对于比较大的系统，可能需要数次会议，每一次会议会针对系统的一部分进行讨论和研究，即便如此，对于每一部分，可能还要花费数次会议反复讨论。此外，还可以通过分发调查表、安排相关人员的面谈，或者亲临现场观察业务活动的实际进行过程等方式收集数据。所有这一切，都是为了尽可能多地收集关于数据库以及如何使用数据库的信息。

完成了收集数据任务，设计人员就可以进入数据库设计的下一步：概念设计，即创建 E-R 模型。

2.6.2 创建 E-R 模型

1. 进行数据抽象，设计局部 E-R 模型

设计人员在对收集到的大量信息进行分析、整理后，确定了数据库系统中应该存储如下一些信息：学生基本信息；系部基本信息；班级基本信息；教师基本信息；课程基本信息；学生学习成绩信息；学生综合素质成绩信息；毕业生基本信息；宿舍基本信息；系统用户信息。

设计人员根据这些信息抽象出系统将要使用的实体：学生、系部、班级、课程、教师、宿舍，定义实体之间的联系以及描述这些实体的属性，最后用 E-R 图表示这些实体和实体之间的联系。

学生实体的属性：学号，姓名，性别，出生日期，身份证号，家庭住址，联系电话，邮政编码，政治面貌，简历，是否退学，是否休学。码是学号。

系部实体的属性：系号，系名，系主任，办公室，电话。码是系号。

班级实体的属性：班级号，班级名称，专业，班级人数，入学年份，教室，班主任，班长。码是班级号。

课程实体的属性：课程号，课程名，学期。码是课程号+学期。

教师实体的属性：教师号，姓名，性别，出生日期，所在系别，职称。码是教师号。

宿舍实体的属性：楼号，房间号，住宿性别，床位数。码是楼号+房间号。

实体与实体之间的联系为：一个系拥有多个学生，每个学生只能属于一个系；一个班级拥有多个学生，每个学生只能属于一个班级；一个系拥有多名教师，一位教师只能属于一个系；一个学生只在一个宿舍里住宿，一个宿舍里可容纳多名学生；一个学生可学习多门课程，一门课程可由多名学生学习；一位教师可承担多门课程的教授任务，一门课程可由多位教师讲授。因此，系部实体和班级实体的联系是一对多联系；系部实体和教师实体是一对多联系；班级实体和学生实体是一对多联系；学生实体和课程实体是多对多联系；课程实体和教师实体多对多联系；宿舍实体和学生实体是一对多联系。

根据上述抽象，可以得到学生选课、教师授课、学生住宿、学生班级等局部 E-R 图，如

图 2.16～图 2.19 所示。

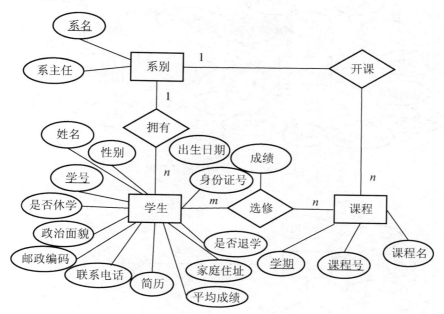

图 2.16　学生选课局部 E-R 图

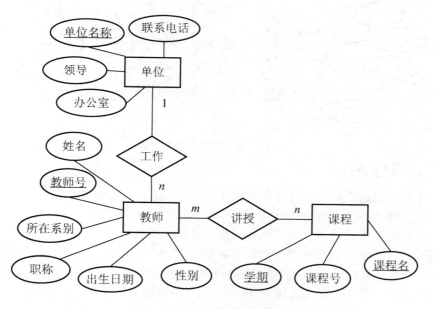

图 2.17　教师授课局部 E-R 图

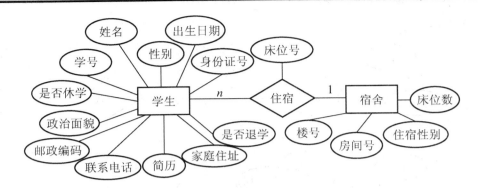

图 2.18　学生住宿局部 E-R 图

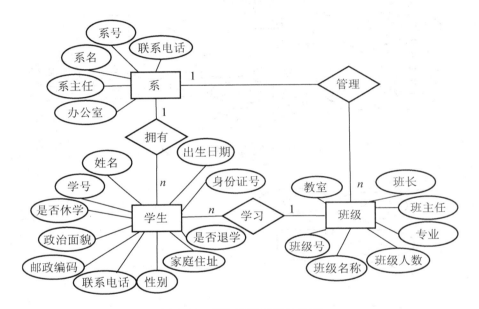

图 2.19　学生班级局部 E-R 图

2. 全局 E-R 模型设计

各个局部 E-R 图建立好后，接下来的工作是对它们进行合并，集成为一个全局 E-R 图。

1) 合并局部 E-R 图，生成初步 E-R 图

合并局部 E-R 图的关键是合理消除各局部 E-R 图中的冲突。

学生选课局部 E-R 图和教师授课局部 E-R 图中"系"的命名存在冲突，学生选课 E-R 图中的"系"命名为"系别"，教师授课局部 E-R 图中"系"命名为"单位"；同时两局部 E-R 图中存在结构冲突，学生选课局部 E-R 图中"系"的属性有"系名，系主任"，教师授课局部 E-R 图中"系"的属性有"单位名称、领导、办公室、联系电话"。

学生选课局部 E-R 图、学生住宿局部 E-R 图和学生班级局部 E-R 图中同一个"学生"实体的属性组成不同，属性的个数和排列次序均不同。

2) 消除不必要的冗余，生成全局 E-R 图

学生选课局部 E-R 图中，"系别"和"课程"之间的联系"开课"，可以由"系"和"教师"之间的"工作"联系与"教师"和"课程"之间的"讲授"联系推导出来，所以"开课"属于冗余联系。

学生选课局部 E-R 图中"学生"实体的属性"平均成绩"可由"选修"联系中的属性"成绩"计算出来,所以"学生"实体中的"平均成绩"属于冗余数据。

教师授课局部 E-R 图中的"所在系别"属性和与之有联系的系别实体所反映的信息是一致的,因此该属性为冗余数据。

最后,在消除冗余数据和冗余联系后,得到了该管理系统的全局 E-R 图,如图 2.20 所示。

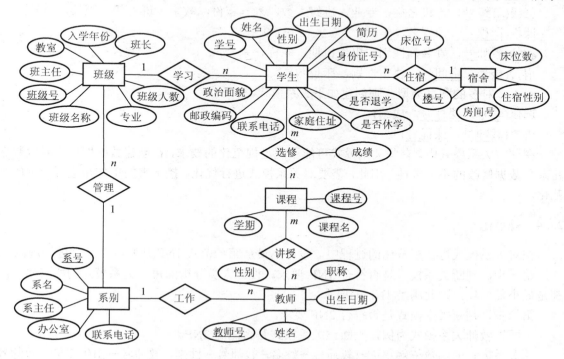

图 2.20　学生信息管理系统的全局 E-R 图

完成了数据的需求分析,得到描述业务需求的 E-R 模型后,接下来的工作是建立数据库的关系模式。

2.6.3　设计关系模式

根据设计要求,学生信息管理数据库采用关系数据模型,按照转换规则将 E-R 图转换成关系模式(表)。

第一步,处理 E-R 图中的实体。E-R 图中共有 6 个实体,每个实体转成一个表,实体的属性转换为表的列,实体的码转换为表的主码。得到 6 个关系模式如下。

学生(<u>学号</u>,姓名,性别,出生日期,身份证号,家庭住址,联系电话,邮政编码,政治面貌,简历,是否退学,是否休学)

系(<u>系号</u>,系名,系主任,办公室,电话)

班级(<u>班级号</u>,班级名称,专业,班级人数,入学年份,教室,班主任,班长)

课程(<u>课程号</u>,课程名,<u>学期</u>)

教师(<u>教师号</u>,姓名,性别,出生日期,职称)

宿舍(<u>楼号</u>,<u>房间号</u>,住宿性别,床位数)

第二步,处理 E-R 图中的联系。在 E-R 图中共有两种联系类型:一对多的联系和多对多的联系。设计人员在经过讨论后决定，对于一对多的联系类型，不创建单独的表，而是通过添加外码的方式建立数据之间的联系。转换后得到关系模式如下。

学生(<u>学号</u>，姓名，性别，出生日期，身份证号，家庭住址，联系电话，邮政编码，政治面貌，简历，是否退学，是否休学，楼号，房间号，床位号，班级号)

系(<u>系号</u>，系名，系主任，办公室，电话)

班级(<u>班级号</u>，班级名称，专业，班级人数，入学年份，教室，班主任，班长，系号)

课程(<u>课程号</u>，课程名，<u>学期</u>)

教师(<u>教师号</u>，姓名，性别，出生日期，职称，系号)

宿舍(<u>楼号</u>，<u>房间号</u>，住宿性别，床位数)

对于多对多的联系类型，则创建如下关系模式。

选修(<u>学号</u>，<u>课程号</u>，成绩)

讲授(<u>教师号</u>，<u>课程号</u>)

在这些关系模式中，有些关系模式可能不满足规范化的要求，在创建数据库后会导致数据冗余和数据修改的不一致性。因此，需要对关系模式进行优化。接下来的工作是进行数据的规范化。

2.6.4 规范化

在对关系模式进行规范化的过程中，设计人员从第一范式 1NF 开始，一步步进行规范。

第一步，判断关系模式是否符合 1NF 要求。设计人员分析的每个关系模式的所有属性，都是最小数据项，因此满足 1NF 的要求。

第二步，判断关系模式是否符合 2NF 要求。

下面以教师关系模式为例，判断该关系模式是否满足 2NF。

该关系模式的函数依赖集 F={教师号→姓名，教师号→性别，教师号→出生日期，教师号→职称，教师号→系号}

该关系模式的码为教师号，不存在非主属性对码的部分函数依赖，因此该关系模式达到 2NF。

设计人员查看了第一步之后的所有关系模式,每个关系模式中的所有非主属性都是由主码决定的，因此是满足 2NF 的。

第三步，判断关系模式是否符合 3NF 要求。

设计人员查看了第二步之后的所有表，每个表中的所有非主属性都只依赖于码，因此满足 3NF。

经过分析、设计和判断，得到的最终关系模式如下。

学生(<u>学号</u>，姓名，性别，出生日期，身份证号，家庭住址，联系电话，邮政编码，政治面貌，简历，是否退学，是否休学，楼号，房间号，床位号，班级号)

系(<u>系号</u>，系名，系主任，办公室，电话)

班级(<u>班级号</u>，班级名称，专业，班级人数，入学年份，教室，班主任，班长，系号)

课程(<u>课程号</u>，课程名，<u>学期</u>)

教师(<u>教师号</u>，姓名，性别，出生日期，职称，系号)

宿舍(<u>楼号</u>，<u>房间号</u>，住宿性别，床位数)

选修(<u>学号</u>，<u>课程号</u>，成绩)

讲授(教师编号，课程号)

　　学生信息管理数据库的逻辑模型设计已经完成，下一步的工作转向物理设计，此时要开始考虑数据库的存储结构及存取方法。具体设计内容见后面章节。

2.7　课堂实践：设计数据库

1.　实践目的

(1) 熟悉数据库设计的步骤和任务。

(2) 掌握数据库设计的基本技术。

(3) 独立设计一个小型关系数据库。

2.　实践内容

1) "医院病房管理系统"数据库的设计

某医院病房计算机管理中需要如下信息。

科室：科室名，科室地址，科电话，医生姓名，科室主任。

病房：病房号，床位号，所属科室名。

医生：姓名，职称，所属科室名，年龄，工作证号。

病人：病历号，姓名，性别，诊断，主管医生，病房号。

　　其中，一个科室有若干个病房、多个医生，一个病房只能属于一个科室，一个医生只属于一个科室，但可负责多个病人的诊治，一个病人的主管医生只有一个。

2) "订单管理系统"数据库的设计

　　设某单位销售产品所需管理的信息有：订单号，客户号，客户名，客户地址，产品号，产品名，产品价格，订购数量，订购日期。一个客户可以有多个订单，一个订单可以订多种产品。

3) "课程安排管理系统"数据库的设计

　　课程安排管理需要对课程、学生、教师和教室进行协调。每个学生最多可以同时选修 5门课程，每门课程必须安排一间教室以便学生可以去上课，一个教室在不同的时间可以被不同的班级使用；一个教师可以教授多个班级的课程，也可以教授同一班级的多门不同的课程，但教师不能在同一时间教授多个班级或多门课程；课程、学生、教师和教室必须匹配。

4) "论坛管理系统"数据库的设计

　　现有一论坛(BBS)，由论坛的用户管理版块，用户可以发新帖，也可以对已发帖跟帖。

　　其中，论坛用户的属性包括：昵称、密码、性别、生日、电子邮件、状态、注册日期、用户等级、用户积分、备注信息。版块信息包括：版块名称、版主、本版留言、发帖数、点击率。发帖：帖子编号、标题、发帖人、所在版块、发帖时间、发帖表情、状态、正文、点击率、回复数量、最后回复时间。跟帖：帖子编号、标题、发帖人、所在版块、发帖时间、发帖表情、正文、点击率。

3.　实践要求

(1) 分析实验内容中包括的实体，画出 E-R 图。

(2) 将 E-R 图转换为关系模式，并对关系模式进行规范化。

2.8　课　外　拓　展

现有一个关于网络玩具销售系统的项目，要求开发数据库部分。系统所能达到的功能包括以下几个方面。

(1) 客户注册功能。客户在购物之前必须先注册，所以要有客户表来存放客户信息。如客户编号、姓名、性别、年龄、电话、通信地址等。

(2) 顾客可以浏览到库存玩具信息，所以要有一个库存玩具信息表，用来存放玩具编号、名称、类型、价格、所剩数量等信息。

(3) 顾客可以订购自己喜欢的玩具，并可以在未付款之前修改自己的选购信息。商家可以根据顾客是否付款，通过顾客提供的通信地址给顾客邮寄其所订购的玩具。这样就需要有订单表，用来存放订单号、用户号、玩具号、所买个数等信息。

操作内容及要求如下。

(1) 根据案例分析过程提取实体集和它们之间的联系，画出相应的 E-R 图。

(2) 把 E-R 图转换为关系模式。

(3) 将转换后的关系模式规范化为第三范式。

2.9　阅读材料：目前流行的数据库管理系统

目前市面上应用比较广泛的数据库系统有很多，本节对市场占有率很高的几种数据库产品的发展历史、使用特点和发展方向做简单介绍。

1. Fox 系列数据库

Fox 系列数据库在我国的个人计算机数据库应用领域中曾得以非常广泛的应用。

1981 年，dBASEⅡ进入市场不久就成为当时最畅销的软件之一，在其辉煌时期，市场占有率达到 70%。1987 年 2 月，FoxPro Software 公司推出了 FoxBASE+1.0，并于同年 7 月推出了 FoxBASE+2.0 版，由于 FoxBASE+完全兼容 dBASE 系列，而且在运行速度、适应机型以及价格和承诺方面都远胜于 dBASE 软件，因而迅速占领了数据库领域。

1988 年，FoxPro Software 公司推出了 FoxBASE+2.1 版，其速度比 dBASE Ⅲ快 8 倍，紧接着又推出了可以用于 xBASE 数据库的 FoxGraph 绘图软件，使 FoxBASE+系列更具吸引力。

由于 FoxBASE+系列的用户界面不够友好，1987 年 FoxPro 1.0 问世了，它采用了 Macintosh 的图形用户界面，操作上比以前方便了许多，不过仍然没有提供将用户开发的应用程序编译成为.exe 可执行文件的编译工具。

1991 年，含有编译工具软件包的 FoxPro 2.0 问世，其编译工具软件包 Distribution kit 可将用户程序编译成完全独立的应用程序，该版本同时提供了与 C 语言的接口。

FoxPro Software 公司在 1992 年被 Microsoft 公司收购，Microsoft 巨大的资源使 FoxPro 更是如虎添翼。1993 年推出的 FoxPro 2.5 for DOS、FoxPro 2.5/2.6 for Windows 均备受欢迎。FoxPro 2.5/2.6 功能强大，运行速度快，扩充了语言功能，具有用于创造 C 语言库的成套工具；有强有力的屏幕、报表、菜单生成器；有真正的编译器 Distribution kit；引入了 Rushmore 优化技术等。

由于 FoxPro 2.5/2.6 的数据库中是表数据库(简单数据库)，这种表数据库不符合关系数据库理论，因此加大了多用户访问所需编码的工作量。缺乏 SQL 数据库技术所要求的触发检查，用户只能自行编写，没有提供记录级或表级缓冲，并且不支持并发控制的一个关键概念——事务处理。所有这些不足使多用户环境下的数据更新和维护颇感吃力。

1995 年底，Microsoft 公司推出了 Visual FoxPro 3.0，它是基于 Windows 3.x、Windows 95 和 Windows NT 的 32 位关系型数据库管理系统，并逐步深化了面向对象的程序设计技术，界面实现了完全的窗口化，克服了早期版本的许多限制。1997 年 Microsoft 公司又发布了 Visual FoxPro 5.0，它进一步增强了客户/服务器结构，提供 OLE 和 ActiveX 集成，加强了项目管理，提供了数据查询和视图管理、网络和 Internet 支持等功能。

Visual FoxPro 6.0 是 Microsoft 公司开发的与 Visual C++、Visual J++、Visual Basic 等软件系统捆绑销售的关系型数据库管理系统，它在 Visual FoxPro 5.0 的基础上，加大了项目管理器、向导、生成器、查询与视图、OLE 连接、ActiveX 集成、帮助系统制作、数据的导入和导出以及面向对象的程序设计等方面的技术力度。

Visual FoxPro 6.0 与 Windows 98 操作系统以及 Office 办公软件都可以很好地交流，可以制作出更加专业化的发行软件，更加适合制作数据库软件应用程序。

2. Access 数据库

Microsoft Access 是目前最流行的桌面型数据库软件之一，它提供大量的输入、分析和展示数据库的工具，受到了用户的广泛欢迎。

Access 数据库是微软公司主打办公软件 Microsoft Office 中一个极为重要的组成部分。自 1992 年开始销售以来，Access 已经卖出了超过 6000 万份，现在它已经成为世界上最流行的桌面数据库管理系统。后来微软公司通过大量的改进，将 Access 的新版本功能变得更加强大。不管是处理公司的客户订单数据、管理自己的个人通讯录，还是大量科研数据的记录和处理，人们都可以利用它来解决大量数据的管理工作。随着微软公司对 Office 套件的不断升级，Access 数据库软件也相应得到了发展和完善，新的技术如 COM、ActiveX、XML 等网络技术不断地引入到 Access 中。Access 已经不是单一的桌面数据库管理软件，而是综合性的数据库管理及应用集成一体化的系统了。

3. SQL Server 数据库

SQL Server 作为微软公司提供给高端用户的关系数据库管理系统，具有传奇般的发展历史。SQL Server 起源于 Sybase SQL Server，于 1988 年推出了第一个版本，这个版本主要是为 OS/2 平台设计的。Microsoft 公司于 1992 年将 SQL Server 移植到了 Windows NT 平台上。

特别是 Microsoft SQL Server 7.0 的推出，它所做的数据存储和数据库引擎方面的根本性变化，更加确立了 SQL Server 在数据库管理工具中的主导地位。

Microsoft 公司于 2000 年发布了 SQL Server 2000，这个版本在 SQL Server 7.0 版本的基础上在数据库性能、数据可靠性、易用性方面做了重大改进。

在 2005 年，Microsoft 公司发布了 Microsoft SQL Server 2005，该版本可以为各类用户提供完整的数据库解决方案，可以帮助用户建立自己的电子商务体系，增加用户对外界变化的敏捷反应能力，提高用户的市场竞争力。

最新的 SQL Server 2008 版将会提供更安全、更具延展性、更高的管理能力，而成为一个全方位企业资料、数据的管理平台。

4. Oracle 数据库

Oracle 数据库系统是美国 Oracle 公司(甲骨文)提供的以分布式数据库为核心的一组软件产品，是目前最流行的客户/服务器(Client/Server)或 B/S(Browser/Server)体系结构的数据库之一。Oracle 公司是最早开发关系数据库的厂商之一，可以说是当今关系数据库的龙头老大，其产品支持最广泛的操作系统平台，包括 Windows、UNIX、Linux 等主流的操作系统。目前 Oracle 关系数据库产品的市场占有率名列前茅。

Oracle 数据库是目前世界上使用最为广泛的数据库管理系统，作为一个通用的数据库系统，它具有完整的数据管理功能；作为一个关系数据库，它是一个完备关系的产品；作为分布式数据库，它实现了分布式处理功能。但它的所有知识，只要在一种机型上学习了，便能在各种类型的机器上使用。

1998 年 11 月，Oracle 公司发布 Oracle 8i，全面支持 Internet。Oracle 8i 是一个面向 Internet 计算环境的数据库，它改变了信息管理和访问的方式。Oracle 8i 支持 Web 高级应用所需的多媒体数据，支持 Web 繁忙站点不断增长的负载要求。Oracle 8i 是唯一一个拥有集成式 Web 信息管理工具的数据库。Oracle 正在推动 Java 成为下一代应用的标准，它在各个层次，包括 Oracle 8i 服务器内的 Java VM，均支持 Java。Oracle 8i 将强大的新型功能引入到联机事务处理(OLTP)和数据仓库应用之中，还对 Oracle 数据服务器的几乎所有方面给予了增强，全面改进了质量、可用性、性能、可管理性、多媒体数据类型支持和复制功能。

5. MySQL 数据库

如今，包括 SIEMENS 和 Silicon Graphics 这样的国际知名公司也开始把 MySQL 作为其数据库管理系统，这也能说明 MySQL 数据库的优越性和广阔的市场发展前景。

与其他系统相比较，MySQL 数据库可以称得上是目前运行速度最快的 SQL 语言数据库。除了具有许多其他数据库所不具备的功能和选择之外，MySQL 数据库是完全免费的产品，用户可以直接从网上下载数据库，用于个人或商业用途，而不必支付任何费用，人们甚至可以获得 MySQL 服务器的源代码，可以对 MySQL 的开发提出建议等。MySQL 的下载网址是 http://www.mysql.com。

MySQL 数据库是近几年来随着 Linux 操作系统的广泛应用而日益得到广泛应用的。大量的建立在 Linux 操作系统环境下的个人网站，使用 PHP 或者 JSP 作为 CGI(Common Gateway Interface，公共网关接口)的脚本语言，MySQL 数据库由于它的开放性和对于 Linux 先天的优良支持性而得到了广泛采用。而 MySQL AB 公司又相继开发了 MySQL 数据库的 Windows 版本和 UNIX 版本，包括应用于开放式的数据库互联(ODBC)的驱动以及人机界面友好往来的客户端管理软件，MySQL 由此也得到了 Windows 开发平台程序员们的青睐，甚至有人说 MySQL 数据库是最有发展潜力的数据库服务器。

总体来说，MySQL 数据具有以下主要特点。

(1) 同时访问数据库的用户数量不受限制。

(2) 可以保存超过 50000000 条记录。

(3) 是目前市场上现有产品中运行速度最快的数据库系统。

(4) 用户权限设置简单、有效。

如今，包括 SIEMENS 和 Silicon Graphics 这样的国际知名公司也开始将 MySQL 作为其数据库管理系统，这也能说明 MySQL 数据库的优越性和广阔的市场发展前景。

习　题

1. 选择题

(1) E-R 方法的三要素是(　　)。

　　A. 实体、属性、实体集　　　　　　　B. 实体、键、联系

　　C. 实体、属性、联系　　　　　　　　D. 实体、域、候选键

(2) 如果采用关系数据库实现应用，在数据库的逻辑设计阶段需将(　　)转换为关系数据模型。

　　A. E-R 模型　　　　B. 层次模型　　　C. 关系模型　　　D. 网状模型

(3) 概念设计的结果是(　　)。

　　A. 一个与 DBMS 相关的概念模式　　　B. 一个与 DBMS 无关的概念模式

　　C. 数据库系统的公用视图　　　　　　D. 数据库系统的数据词典

(4) 如果采用关系数据库来实现应用，则应在数据库设计的(　　)阶段将关系模式进行规范化处理。

　　A. 需求分析　　　　B. 概念设计　　　C. 逻辑设计　　　D. 物理设计

(5) 在数据库的物理结构中，将具有相同值的元组集中存放在连续的物理块称为(　　)存储方法。

　　A. HASH　　　　　B. B+树索引　　　C. 聚簇　　　　　D. 其他

(6) 在数据库设计中，当合并局部 E-R 图时，学生在某一局部应用中被当作实体，而在另一局部应用中被当作属性，那么这种冲突称为(　　)。

　　A. 属性冲突　　　　B. 命名冲突　　　C. 联系冲突　　　D. 结构冲突

(7) 在数据库设计中，E-R 模型是进行(　　)的一个主要工具。

　　A. 需求分析　　　　B. 概念设计　　　C. 逻辑设计　　　D. 物理设计

(8) 在数据库设计中，学生的学号在某一局部应用中被定义为字符型，而在另一局部应用中被定义为整型，那么这种冲突称为(　　)。

　　A. 属性冲突　　　　B. 命名冲突　　　C. 联系冲突　　　D. 结构冲突

(9) 下列关于数据库运行和维护的叙述中，(　　)是正确的。

　　A. 只要数据库正式投入运行，标志着数据库设计工作的结束

　　B. 数据库的维护工作就是维护数据库系统的正常运行

　　C. 数据库的维护工作就是发现问题，修改问题

　　D. 数据库正式投入运行标志着数据库运行和维护工作的开始

(10) 下面有关 E-R 模型向关系模型转换的叙述中，不正确的是(　　)。

　　A. 一个实体类型转换为一个关系模式

　　B. 一个 1∶1 联系可以转换为一个独立的关系模式合并的关系模式，也可以与联系的任意一端实体所对应

　　C. 一个 1∶n 联系可以转换为一个独立的关系模式合并的关系模式，也可以与联系的任意一端实体所对应

　　D. 一个 $m∶n$ 联系转换为一个关系模式

(11) 在数据库逻辑结构设计中，将 E-R 模型转换为关系模型应遵循相应原则。对于 3 个不同实体集和它们之间的一个多对多联系，最少应转换为多少个关系模式？(   )

　　A．2　　　　　　　B．3　　　　　　　C．4　　　　　　　D．5

(12) 存取方法设计是数据库设计的(   )阶段的任务。

　　A．需求分析　　　　　　　　　　B．概念结构设计

　　C．逻辑结构设计　　　　　　　　D．物理结构设计

(13) 下列关于 E-R 模型的叙述中，哪一条是不正确的？(   )

　　A．在 E-R 图中，实体类型用矩形表示，属性用椭圆形表示，联系类型用菱形表示

　　B．实体类型之间的联系通常可以分为 $1:1$、$1:n$ 和 $m:n$ 这 3 类

　　C．$1:1$ 联系是 $1:n$ 联系的特例，$1:n$ 联系是 $m:n$ 联系的特例

　　D．联系只能存在于两个实体类型之间

(14) 规范化理论是关系数据库进行逻辑设计的理论依据，根据这个理论，关系数据库中的关系必须满足：其每个属性都是(   )。

　　A．互不相关的　　　　　　　　　B．不可分解的

　　C．长度可变的　　　　　　　　　D．互相关联的

(15) 关系数据库规范化是为解决关系数据库中(   )问题而引入的。

　　A．插入、删除和数据冗余　　　　B．提高查询速度

　　C．减少数据操作的复杂性　　　　D．保证数据的安全性和完整性

(16) 规范化过程主要为克服数据库逻辑结构中的插入异常、删除异常以及(   )的缺陷。

　　A．数据的不一致性　　　　　　　B．结构不合理

　　C．冗余度大　　　　　　　　　　D．数据丢失

(17) 关系模型中的关系模式至少是(   )。

　　A．1NF　　　　　B．2NF　　　　　C．3NF　　　　　D．BCNF

(18) 以下哪一条属于关系数据库的规范化理论要解决的问题？(   )

　　A．如何构造合适的数据库逻辑结构

　　B．如何构造合适的数据库物理结构

　　C．如何构造合适的应用程序界面

　　D．如何控制不同用户的数据操作权限

(19) 下列关于关系数据库的规范化理论的叙述中，哪一条是不正确的？(   )

　　A．规范化理论提供了判断关系模式优劣的理论标准

　　B．规范化理论提供了判断关系数据库管理系统优劣的理论标准

　　C．规范化理论对于关系数据库设计具有重要指导意义

　　D．规范化理论对于其他模型的数据库的设计也有重要指导意义

(20) 下列哪一条不是由于关系模式设计不当所引起的问题？(   )

　　A．数据冗余　　　B．插入异常　　　C．删除异常　　　D．丢失修改

(21) 下列关于部分函数依赖的叙述中，哪一条是正确的？(   )

　　A．若 $X{\rightarrow}Y$，且存在属性集 Z，$Z{\cap}Y{\neq}\Phi$，$X{\rightarrow}Z$，则称 Y 对 X 部分函数依赖

　　B．若 $X{\rightarrow}Y$，且存在属性集 Z，$Z{\cap}Y{=}\Phi$，$X{\rightarrow}Z$，则称 Y 对 X 部分函数依赖

　　C．若 $X{\rightarrow}Y$，且存在 X 的真子集 X'，$X'{\nrightarrow}Y$，则称 Y 对 X 部分函数依赖

　　D．若 $X{\rightarrow}Y$，且存在 X 的真子集 X'，$X'{\rightarrow}Y$，则称 Y 对 X 部分函数依赖

(22) 下列关于关系模式的码的叙述中，哪一项是不正确的？（　　）

    A．当候选码多于一个时，选定其中一个作为主码

    B．主码可以是单个属性，也可以是属性组

    C．不包含在主码中的属性称为非主属性

    D．若一个关系模式中的所有属性构成码，则称为全码

(23) 在关系模式中，如果属性 A 和 B 存在 1 对 1 的联系，则（　　）。

    A．$A{\rightarrow}B$　　　　B．$B{\rightarrow}A$　　　　C．$A{\leftrightarrow}B$　　　　D．以上都不是

(24) 候选关键字中的属性称为（　　）。

    A．非主属性　　　B．主属性　　　C．复合属性　　　D．关键属性

(25) 由于关系模式设计不当所引起的插入异常指的是（　　）。

    A．两个事务并发地对同一关系进行插入而造成数据库不一致

    B．由于码值的一部分为空而不能将有用的信息作为一个元组插入到关系中

    C．未经授权的用户对关系进行了插入

    D．插入操作因为违反完整性约束条件而遭到拒绝

(26) 任何一个满足 2NF 但不满足 3NF 的关系模式都存在（　　）。

    A．主属性对候选码的部分依赖　　　B．非主属性对候选码的部分依赖

    C．主属性对候选码的传递依赖　　　D．非主属性对候选码的传递依赖

(27) 在关系模式 R 中，若其函数依赖集中所有候选关键字都是决定因素，则 R 最高范式是（　　）。

    A．1NF　　　　B．2NF　　　　C．3NF　　　　D．BCNF

(28) 关系模式中，满足 2NF 的模式（　　）。

    A．可能是 1NF　　　　　　　B．必定是 1NF

    C．必定是 3NF　　　　　　　D．必定是 BCNF

2．填空题

(1) 数据库设计的 6 个主要阶段是：_____、_____、_____、_____、_____、_____。

(2) 数据库系统的逻辑设计主要是将_____转化成 DBMS 所支持的数据模型。

(3) 如果采用关系数据库来实现应用，则在数据库的逻辑设计阶段需将_____转化为关系模型。

(4) 当将局部 E-R 图集成为全局 E-R 时，如果同一对象在一个局部 E-R 图中作为实体，而在另一个局部 E-R 图中作为属性，则这种现象称为_____冲突。

(5) 在关系模式 R 中，如果 $X{\rightarrow}Y$，且对于 X 的任意真子集 X'，都有 $X'{\nrightarrow}Y$，则称 Y 对 X_____函数依赖。

(6) 在关系 A(S，SN，D)和 B(D，CN，NM)中，A 的主键是 S，B 的主键是 D，则 D 在 A 中称为_____。

(7) 在一个关系 R 中，若每个数据项都是不可分割的，那么 R 一定属于_____。

(8) 如果 $X{\rightarrow}Y$ 且有 Y 是 X 的子集，那么 $X{\rightarrow}Y$ 称为_____。

(9) 用户关系模式 R 中所有的属性都是主属性，则 R 的规范化程度至少达到_____。

3．简答题

（1）数据库的设计过程包括几个主要阶段？每个阶段的主要任务是什么？哪些阶段独立于数据库管理系统？哪些阶段依赖于数据库管理系统？

（2）需求分析阶段的设计目标是什么？调查内容是什么？

（3）什么是数据库的概念结构？试述其特点和设计策略。

（4）什么是 E-R 图？构成 E-R 图的基本要素是什么？

（5）为什么要 E-R 图集成？E-R 图集成的方法是什么？

（6）什么是数据库的逻辑结构设计？试述其设计步骤。

（7）试述 E-R 图转换为关系模型的转换规则。

（8）试述数据库物理设计的内容和步骤。

4．综合题

（1）现有一局部应用，包括两个实体："出版社"和"作者"。这两个实体属多对多的联系，设计适当的属性，画出 E-R 图，再将其转换为关系模型(包括关系名、属性名、码、完整性约束条件)。

（2）设计一个图书馆数据库，此数据库对每个借阅者都保持读者记录，包括：读者号、姓名、地址、性别、年龄、单位。对每本书有：书号、书名、作者、出版社。对每本被借出的书有：读者号、借出的日期、应还日期。要求给出 E-R 图，再将其转换为关系模型。

（3）某公司设计的"人事管理信息系统"，其中涉及职工、部门、岗位、技能、培训课程、奖惩等信息，其 E-R 图如图 2.21 所示。

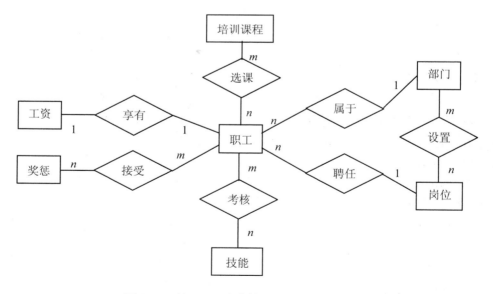

图 2.21　某公司"人事管理信息系统" E-R 图

该 E-R 图有 7 个实体类型，其属性如下。

职工(工号，姓名，性别，年龄，学历)

部门(部门号，部门名称，职能)

岗位(岗位编号，岗位名称，岗位等级)

技能(技能编号，技能名称，技能等级)

奖惩(序号，奖惩标志，项目，奖惩金额)

培训课程(课程号，课程名，教材，学时)

工资(工号，基本工资，级别工资，养老金，失业金，公积金，纳税)

该 E-R 图有 7 个联系类型，其中一个 1∶1 联系，两个 1∶n 联系，4 个 $m∶n$ 联系。联系类型的属性如下。

选课(时间，成绩)

设置(人数)

考核(时间，地点，级别)

接受(奖惩时间)

将该 E-R 图转换成关系模式集。

(4) 某公司设计的"库存销售管理信息系统"对仓位、车间、产品、客户、销售员的信息进行了有效的管理，其 E-R 图如图 2.22 所示。

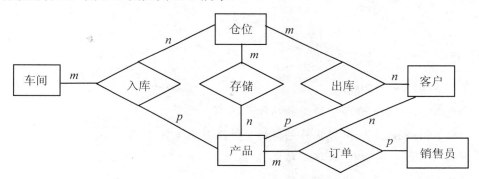

图 2.22　某公司"库存销售管理信息系统"E-R 图

该 E-R 图有 5 个实体类型，其属性如下。

车间(车间号，车间名，主任名)

产品(产品号，产品名，单价)

仓位(仓位号，地址，主任名)

客户(客户号，客户名，联系人，电话，地址，税号，账号)

销售员(销售员号，姓名，性别，学历，业绩)

该 E-R 图有 4 个联系类型，其中 3 个是 $m∶n∶p$，一个是 $m∶n$，属性如下。

入库(入库单号，入库量，入库日期，经手人)

存储(核对日期，核对员，存储量)

出库(出库单号，出库量，出库日期，经手人)

订单(订单号，数量，折扣，总价，订单日期)

将该 E-R 图转换成关系模式集。

第3章　创建数据库

任务要求:

通过数据收集、设计 E-R 图、转换关系模式、对关系模式进行规范化处理,得到了数据库的逻辑结构,下一步工作就是在 SQL Server 2008 数据库管理系统支持下创建和维护学生信息管理数据库。

学习目标:

- 了解 SQL Server 2008
- 熟悉 SQL Server 2008 管理工具功能及使用
- 理解 SQL Server 2008 数据库的数据文件及日志文件
- 理解 SQL Server 2008 数据库对象
- 了解 SQL Server 2008 数据库快照
- 掌握 SQL Server 2008 数据库的创建方法
- 掌握 SQL Server 2008 数据库的修改、分离、附加及删除

学习情境:

训练学生掌握 DBMS 软件的安装方法、步骤及数据库的创建。主要步骤如下。

(1) 安装 SQL Server 2008 DBMS 软件。

(2) 在 SQL Server 中创建学生信息管理数据库(利用 SSMS 工具和 SQL 命令)。

(3) 实现对学生信息管理数据库的维护。

3.1 SQL Server 2008 数据库概述

【任务分析】

设计人员在理解了设计数据库的方法及步骤后，完成了学生信息管理数据库的逻辑结构设计，下一步的工作是要在 SQL Server 2008 中创建和维护数据库，那么首先要了解 SQL Server 2008 数据库管理系统，熟悉其工作环境，掌握 SQL Server 2008 数据库的相关概念，为创建数据库打下基础。

【课堂任务】

本节要熟悉 SQL Server 2008 的工作环境和理解 SQL Server 2008 数据库的相关概念。

- SQL Server 2008 简介
- SQL Server 2008 管理工具功能及使用
- SQL Server 2008 数据库的数据文件及日志文件
- SQL Server 2008 数据库对象
- SQL Server 2008 数据库快照

3.1.1 SQL Server 2008 简介

SQL Server 起源于 Sybase SQL Server，于 1988 年推出了第一个版本，这个版本主要是为 OS/2 平台设计的。Microsoft 公司于 1992 年将 SQL Server 移植到了 Windows NT 平台上。

特别是 Microsoft SQL Server 7.0 的推出，它所做的数据存储和数据库引擎方面的根本性变化，更加确立了 SQL Server 在数据库管理工具中的主导地位。

Microsoft 公司于 2000 年发布了 SQL Server 2000，这个版本在 SQL Server 7.0 版本的基础上，在数据库性能、数据可靠性、易用性方面做了重大改进。

在 2005 年，Microsoft 公司发布了 Microsoft SQL Server 2005，该版本可以为各类用户提供完整的数据库解决方案，可以帮助用户建立自己的电子商务体系，增加用户对外界变化的敏捷反应能力，提高用户的市场竞争力。

最新的 SQL Server 2008 版将会提供更安全、更具延展性、更高的管理能力，从而成为一个全方位企业资料、数据的管理平台。其主要功能说明如下。

1) 保护数据库咨询

SQL Server 2008 本身将提供对整个数据库、数据表与 Log 加密的机制，并且程序存取加密数据库时，完全不需要修改任何程序。

2) 在服务器的管理操作中花费更少的时间

SQL Server 2008 将会采用一种 Policy Based 管理 Framework，来取代现有的 Script 管理，这样在进行例行性管理与操作时可以花更少的时间。DBA 透过 Policy Based 的统一政策，可以同时管理数千台 SQL Server，以达成企业的一致性管理，DBA 可以不必一台一台地对 SQL Server 设定新的组态或管理设定。

3) 增加应用程序稳定性

SQL Server 2008 面对企业重要关键性应用程序时,将会提供比 SQL Server 2005 更高的稳定性,可简化数据库失败复原的工作,甚至将进一步提供加入额外 CPU 或内存而不会影响应用程序的功能。

4) 系统执行效能最佳化与预测功能

SQL Server 2008 将会持续在数据库执行效能与预测功能上投资,不但将进一步强化执行效能,并且加入自动收集数据可执行的资料,将其存储在一个中央资料的容器中,而系统针对这些容器中的资料提供了现成的管理报表,可以让 DBA 管理者比较系统现有的执行效能与先前的历史效能并做出比较报表,让管理者可以进一步做好管理与分析。

3.1.2 SQL Server 2008 管理工具

1. 商业智能开发环境

商业智能开发环境(Business Intelligence Development Studio,BIDS)是用于开发包括 Analysis Services、Integration Services 和 Reportiong Services 项目在内的商业解决方案的主要环境。每个项目类型都提供了用于创建商业智能解决方案所需对象的模板,并提供了用于处理这些对象的各种设计器、工具和向导。图 3.1 所示为使用 BIDS 新建数据库"商业智能项目"时的对话框。

图 3.1 新建数据库【商业智能项目】对话框

用户可以使用 BIDS 设计端到端的商业智能解决方案。这些解决方案可以集成来自 SQL Server 2008 Analysis Services、SQL Server 2008 Integration Services 和 SQL Server Reporting Services 的项目。

2. SQL Server 管理环境

SQL Server 管理环境(SQL Server Management Studio,SSMS)是一个集成环境,用于访问、配置、管理和开发 SQL Server 的所有组件。SSMS 组合了大量图形工具和丰富的脚本编辑器,使各种技术水平的开发人员和管理员都能访问 SQL Server,如图 3.2 所示。

SSMS 将早期版本的 SQL Server 中所包含的企业管理器、查询分析器和 Analysis Manager 功能整合到单一的环境中。此外,SSMS 还可以和 SQL Server 的所有组件协同工作,例如

Reporting Services、Integration Services 和 SQL Server Compact 3.5 SP1。开发人员可以获得熟悉的体验，而数据库管理员可获得功能齐全的单一实用工具，其中包含易于使用的图形工具和丰富的脚本撰写功能。

图 3.2　SSMS 窗口

3. SQL Sever 配置管理器

作为管理工具的 SQL Server 配置管理器(简称为配置管理器)统一包含了 SQL Server 2008 服务、SQL Server 2008 网络配置和 SQL Native Client 配置 3 个工具，供数据库管理人员做服务启动/停止与监控、服务器端支持的网络协议，以及用户用来访问 SQL Server 的网络相关设置等工作。

可以通过在图 3.3 所示的菜单中选择【SQL Server 配置管理器】命令打开它，或者通过在命令提示下输入 sqlservermanager.msc 命令来打开它。

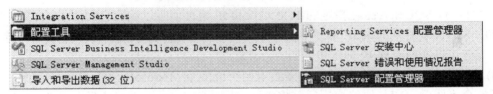

图 3.3　SQL Server 2008 程序组

1) 配置服务

首先打开"SQL Server 配置管理器"，查看列出的与 SQL Server 2008 相关的服务，选择一个并右击选择【属性】命令进行配置。如图 3.4 所示为右击 SQL Server(MSSQLSERVER)打开的属性对话框。在【登录】选项卡中设置服务的登录身份，即使用本地系统账户还是指定的账户。

切换到【服务】选项卡可以设置 SQL Server(MSSQLSERVER)服务的启动模式，可用选项有【自动】、【手动】和【禁用】，用户可以根据需要进行更改。

2) 网络配置

SQL Server 2008 能使用多种协议，包括 Shared Memory、Named Pipes、TCP/IP 和 VIA。所有这些协议都有独立的服务器和客户端配置。通过 SQL Server 网络配置可以为每一个服务器实例独立地设置网络配置。

在图 3.5 中单击选择右侧的【SQL Server 网络配置】节点来配置 SQL Server 服务器中所使

用的协议。方法是右击一个协议名称，选择【属性】命令，在弹出的对话框中进行设置启用或者禁用。如图 3.5 所示为设置 Shared Memory 协议的对话框，其中各协议名称的含义介绍如下。

图 3.4 属性对话框   图 3.5 设置 Shared memory 协议

(1) Shared Memory 协议。Shared Memory 协议仅用于本地连接，如果该协议被启用，任何本地客户都可以使用此协议连接服务器。如果不希望本地客户使用 Shared Memory 协议，则可以禁用它。

(2) Named Pipes 协议。Named Pipes 协议主要用于 Windows 2000 以前版本的操作系统的本地连接及远程连接。启用了 Named Pipes 时，SQL Server 2008 会使用 Named Pipes 网络库通过一个标准的网络地址进行通信。默认的实例是 “\\.\pipe\sql\query”，命名实例是 “\\.\pipe\MSSQL$instacename\sql\query”。另外，如果启用或禁用 Named Pipes，可以通过配置这个协议的属性来改变命名管道的使用。

(3) TCP/IP 协议。TCP/IP 协议是通过本地或远程连接到 SQL Server 的首选协议。使用 TCP/IP 协议时，SQL Server 在指定的 TCP 端口和 IP 地址侦听以响应它的请求。在默认的情况下，SQL Server 会在所有的 IP 地址中侦听 TCP 端口 1433。每个服务中的 IP 地址都能被立即配置，或者可以在所有的 IP 地址中侦听。

(4) VIA 协议。如果同一计算机上安装有两个或多个 Microsoft SQL Server 实例，则 VIA 连接可能会不明确。VIA 协议启用后，将尝试使用 TCP/IP 设置，并侦听端口 0：1433。对于不允许配置端口的 VIA 驱动程序，两个 SQL Server 实例均将侦听同一端口。传入的客户端连接可以是到正确服务器实例的连接，也可以是到不正确服务器实例的连接，还有可能由于端口正在使用而被拒绝连接。因此，建议用户将该协议禁用。

3) 本地客户端协议配置

通过 SQL Native Client(本地客户端协议)配置可以启用或禁用客户端应用程序使用的协议。查看客户端协议配置情况的方法是在图 3.6 所示的窗口中展开【SQL Native Client 10.0 配置】节点，在进入的信息窗格中显示了协议的名称及客户端尝试接到服务器时尝试使用的协议的顺序，如图 3.7 所示。用户还可以查看协议是否已启用或已禁用(状态)并获得有关协议文件的详细信息。

如图 3.6 所示，在默认的情况下 Shared Memory 协议总是首选的本地连接协议。要改变协议顺序，可右击一个协议选择【顺序】命令，在弹出的【客户端协议属性】对话框中进行设置，如图 3.7 所示。从【启用的协议】列表中选择一个协议，然后通过右侧的两个按钮来调整协议向上或向下移动。

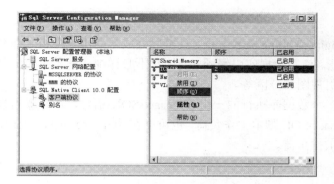 

图 3.6 查看本地客户端协议   图 3.7 【客户端协议属性】对话框

4. Reporting Services 配置管理器

SQL Server 2008 Reporting Services 配置工具程序提供报表服务器配置统一的查看、设置与管理方式。使用此页面可查看目前所连接的报表服务器实例的相关信息。报表服务器数据库存储了报表定义、报表类型、共用数据来源、资源及服务器管理的元数据。报表服务器实例通过 XML 格式设置文件存储对该数据库的连接方式。这些设置在报表服务器安装过程中创建，事后可使用【报表服务器配置管理器】工具程序修改报表服务器安装之后的相关设置。如图 3.8 所示为打开的【Reporting Services 配置管理器】窗口。

图 3.8 【Reporting Services 配置管理器】窗口

5. SQL Server Profiler

SQL Server Profiler 是用于 SQL 跟踪的图形化实时监视工具，用来监视数据库引擎或分析服务的实例。通过它可以捕获关于每个数据库事件的数据，并将其保存到文件或表中供以后分析，例如，死锁的数量、致命的错误、跟踪 Transact-SQL 语句和存储过程。可以把这些监视数据存入表或文件中，并在以后某一时间重新显示这些事件来一步一步地进行分析。

6. 数据库引擎优化顾问

数据库引擎优化顾问(Database Engine Tuning Advisor)工具可以完成帮助用户分析工作负荷、提出创建高效率索引的建议等功能。使用数据库引擎顾问，用户不必详细了解数据库的结构就可以选择和创建最佳的索引、索引视图和分区等。

工作负荷是对将要优化的一个或多个数据库执行的一组 Transact-SQL 语句，用户既可以在 SSMS 中的查询编辑器中创建 Transact-SQL 脚本工作负荷，也可以在 SQL Server Profiler 中的优化模板来创建跟踪文件和跟踪表工作负荷。

7. 命令提示实用工具

除上述的图形化管理工具外，SQL Server 2008 还提供了大量的命令行实用工具，包括 bcp、dtexec、dtutil、osql、rsconfig、sqlcmd、sqlwb 和 tablediff 等，下面对它们进行简要说明。

bcp 实用工具可以在 SQL Server 2008 实例和用户指定格式的数据文件之间进行大容量的数据复制。也就是说，使用 bcp 实用工具可以将大量数据导入到 SQL Server 2008 数据表中，或者将表中的数据导出到数据文件中。

dtexec 实用工具用于配置和执行 SQL Server 2008 Integration Services 包。用户通过 dtexec，可以访问所有 SSIS 包的配置信息和执行功能，这些信息包括连接、属性、变量、日志和进度指示器等。

dtutil 实用工具的作用类似于 dtexec，也是执行与 SSIS 包有关的操作。但是，该工具主要用于管理 SSIS 包，这些管理操作包括验证包的存在性及对包进行复制、移动、删除等操作。

osql 实用工具用来输入和执行 Transact-SQL 语句、系统过程和脚本文件等。该工具通过 ODBC 与服务器进行通信，在 SQL Server 2008 中通过 sqlcmd 来代替 osql。

rsconfig 实用工具是与报表服务相关的工具，可以用来对报表服务连接进行管理。例如，该工具可以在 RSReportServer.config 文件中加密并存储连接和账户，确保报表服务可以安全地运行。

sqlcmd 实用工具提供了在命令提示符窗口中输入 Transact-SQL 语句、系统过程和脚本文件的功能。实际上，该工具是作为 osql 和 isql 的替代工具而新增的，它通过 OLE DB 与服务器进行通信。如图 3.9 所示为 sqlcmd 工具的运行窗口。

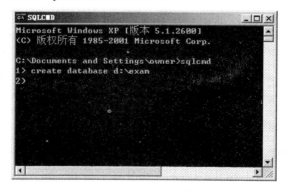

图 3.9　sqlcmd 工具运行窗口

sqlwb 实用工具可以在命令提示符窗口中打开 SSMS，并且可以与服务器建立连接，打开查询、脚本、项目和解决方案等。

tablediff 实用工具用于比较两个表中的数据是否一致，对于排除复制中出现的故障非常有用，用户可以在命令提示窗口中使用该工具执行比较任务。

3.1.3 SQL Server 2008 数据库相关概念

数据库管理的核心任务包括创建、操作和支持数据库。例如，掌握如何设计数据库的大小、规划数据库文件存储的位置、设置和修改数据库的属性及状态等。在 SQL Server 2008 中，数据库是数据和对象的集合，对象用于表示数据并与数据进行交互，如表、视图、存储过程、触发器和约束等都属于数据库对象。

1. 数据库文件和日志

SQL Server 2008 系统是以页为最小物理空间单位来存储的。每一个页的大小是 8KB，即 8192 字节。数据库表中的每一行数据都不能跨页存储，即表中的每一行字节数不能超过 8192 个。但是，由于在每一个页上，系统要占用一部分空间来记录与该页有关的系统信息，所以每页的可用空间是 8060 个字节。每 8 个连接的页组成一个区，则一个区的大小为 64KB。而对于 1MB 的数据库来说就有 16 个区。

每一个 SQL Server 2008 数据库都有一个与它相关联的事务日志。事务日志是对数据库修改的历史记录。SQL Server 2008 用它来确保数据库的完整性。对数据库的所有更改首先写到事务日志，然后应用到数据库。如果数据库更新成功，事务完成并记录为成功。如果数据库更新失败，SQL Server 2008 使用事务日志还原数据库到初始化状态(称为回滚事务)。这两阶段的提交进程使 SQL Server 2008 能在进入事务时发生源故障、服务器无法使用或者其他问题的情况下自动还原数据库。

SQL Server 2008 数据库和事务日志包含在独立的数据库文件中。这意味着每一个数据库至少需要两个关联的存储文件：一个数据文件和一个日志文件，也可以有辅助数据文件。因此，在一个 SQL Server 2008 数据库中可以使用以下 3 种类型的文件来存储信息。

1) 主数据文件

主数据文件包含数据库的启动信息，并指向数据库中的其他文件。用户数据和对象可存储在此文件中，也可以存储在辅助数据文件中。每个数据库只能有一个主数据文件，默认文件扩展名是.mdf。

2) 次要数据文件

次要数据文件是可选的，由用户定义并存储用户数据。通过将每个文件放在不同的磁盘驱动器上，次要数据文件可用于将数据分散到多个磁盘上。另外，如果数据库超过了单个 Windows 文件的最大限制，可以使用次要数据文件，这样，数据库就能继续增长。次要数据文件的默认文件扩展名是.ndf。

3) 事务日志文件

事务日志文件保存用于恢复数据库的日志信息。每个数据库必须至少有一个日志文件，它的默认文件扩展名是.ldf。

提示：虽然 SQL Server 2008 不强制这 3 种类型文件必须使用带 mdf、ndf 和 ldf 扩展名，但使用它们指出文件类型是个良好的文件命名习惯。

为了便于分配和管理，提高系统性能，可以将数据文件集合起来，放到文件组中。文件组是针对数据文件而创建的，是数据库中数据文件的集合。通过创建文件组，可以使不同的数据对象属于不同的文件组。利用文件组可以优化数据存储，并可以将不同的数据库对象存储在不同的文件组以提高输入/输出读写的性能。

例如，可以分别在 3 个磁盘驱动器上创建 3 个文件：sys_School_data1.ndf、sys_School_data2.ndf 和 sys_School_data3.ndf，然后将它们分配给文件组 School_FG。这样，可以明确地在文件组 School_FG 上创建一个表。对表中数据的查询将分散到 3 个磁盘上，从而提高了性能。

提示：创建与使用文件组还需要遵守下列规则。
① 主要数据文件必须存储于主文件组中。
② 与系统相关的数据库对象必须存储于主文件组中。
③ 一个数据文件只能存于一个文件组，而不能同时存于多个文件组。
④ 日志文件是独立的。数据库的数据信息和日志信息不能放在同一个文件组中，而必须是分开存放的。
⑤ 日志文件不能存放在任何文件组中。

2. 系统数据库

所谓系统数据库是指随安装程序一起安装，用于协助 SQL Server 2008 系统共同完成管理操作的数据库，它们是 SQL Server 2008 运行的基础。当首次安装完 SQL Server 2008 后，已经有几个数据库安装并显示出来了，这几个数据库就是 SQL Server 2008 的系统数据库，分别是：master、model、tempdb 和 msdb 数据库。

1) master 数据库

master 数据库是 SQL Server 2008 最重要的数据库，它位于 SQL Server 2008 的核心，如果该数据库被损坏，SQL Server 2008 将无法正常工作。master 数据库中包含如下重要信息：① 所有的登录名或用户 ID 所属的角色；② 所有的系统配置设置(例如，数据排序信息、安全实现、默认语言)；③ 服务器中的数据库的名称及相关信息；④数据库的位置；⑤SQL Server 2008 如何初始化。

2) model 数据库

创建数据库时，总是以一套预定义的标准为模型。例如，若希望所有的数据库都有确定的初始大小，或者都有特定的信息集，那么可以把这些信息放在 model 数据库中，以 model 数据库作为其他数据库的模板数据库。如果想要使所有的数据库都有一个特定的表，可以把该表放在 model 数据库里。

提示：model 数据库是 tempdb 数据库的基础。对 model 数据库的任何改动都将反映在 tempdb 数据库中，所以在决定对 model 数据库有所改变时，必须预先考虑好并多加小心。

3) tempdb 数据库

tempdb 数据库是一个临时性的数据库，存在于 SQL Server 2008 会话期间，一旦 SQL Server 2008 关闭，tempdb 数据库将丢失。当 SQL Server 2008 重新启动时，将重建全新的、空的 tempdb 数据库，以供使用。

tempdb 数据库用作系统的临时存储空间，其主要作用是存储用户建立的临时表和临时存储过程；存储用户说明的全局变量值；为数据排序创建临时表；存储用户利用游标说明所筛选出来的数据等。

4) msdb 数据库

msdb 给 SQL Server 2008 代理(Agent)提供必要的信息来运行作业,是 SQL Server 2008 中另一个十分重要的数据库。许多进程利用 msdb,例如,完成一些调度性的工作,或当创建备份或执行还原时,用 msdb 存储相关任务的信息等。

使用系统数据库的时候需要注意的是,SQL Server 2008 的设计是可以在必要时自动扩展数据库的。这意味着 master、model、tempdb、msdb 和其他关键的数据库将不会在正常的情况下缺少空间。表 3-1 列出了这些系统数据库在 SQL Server 2008 系统中的逻辑名称、物理名称和文件增长比例。

表 3-1 系统数据库

系统数据库	逻辑名称	物理名称	文件增长
master	master	master.mdf	按 10%自动增长,直到磁盘已满
	mastlog	mastlog.1df	按 10%自动增长,直到达到最大值 2TB
model	modeldev	model.mdf	按 10%自动增长,直到磁盘已满
	modellog	modellog.1df	按 10%自动增长,直到达到最大值 2TB
msdb	MSDBData	MSDBData.mdf	按 256KB 自动增长,直到磁盘已满
	MSDBLog	MSDBLog.1df	按 256KB 自动增长,直到达到最大值 2TB
tempdb	tempdev	tempdb.mdf	按 10%自动增长,直到磁盘已满
	templog	templog.1df	按 10%自动增长,直到达到最大值 2TB

3. 常用数据库对象

前面曾介绍过,数据库中存储了表、视图、索引、存储过程、触发器等数据库对象,这些数据库对象存储在系统数据库或用户数据库中,用来保存 SQL Server 数据的基础信息及用户自定义的数据操作等。下面对这些常用数据库对象进行简单介绍。

1) 表

表是数据库中实际存储数据的对象。由于数据库中的其他所有对象都依赖于表,因此可以将表理解为数据库的基本组件。表中存储的数据又可分为字段与记录。字段是表中纵向元素,包含同一类型的信息,例如学生编号、姓名和籍贯等;字段组成记录,记录是表中的横向元素,包含有单个表内所有字段所保存的信息,例如学生表中的一条记录可以包含一个学生的学号、姓名、性别、出生日期等。

2) 视图

视图与表非常相似,也是由字段与记录组成的。与表不同的是,视图不包含任何数据,它总是基于表,用来提供一种浏览数据的不同方式。视图的特点是,其本身并不存储实际数据,因此可以是连接多张数据表的虚表,还可以是使用 WHERE 子句限制返回行的数据查询的结果。并且它是专用的,比数据表更直接面向用户。

3) 存储过程和触发器

存储过程和触发器是两个特殊的数据库对象。在 SQL Server 2008 中,存储过程的存在独立于表,而触发器则与表紧密结合。用户可以使用存储过程来完善应用程序,使应用程序的运行更加有效率;可以使用触发器来实现复杂的业务规则,更加有效地实施数据完整性。

4) 用户和角色

用户是对数据库有存取权限的使用者。角色是指一组数据库用户的集合,与 Windows 中的用户组类似。数据库中的用户组可以根据需要添加,用户如果被加入到某一角色,则将具有该角色的所有权限。

5) 其他数据库对象

下面简单介绍 SQL Server 2008 的其他数据库对象。

(1) 索引:索引提供无须扫描整张表就能实现对数据快速访问的途径,使用索引可以快速访问数据库表的特定信息。

(2) 约束:约束是 SQL Server 实施数据一致性和完整性的方法,是数据库服务器强制的业务逻辑关系。

(3) 规则:用来限制表字段的数据范围,例如限制性别字段只能是"男"或"女"。

(4) 类型:除了系统给定的数据类型外,用户还可以根据自己的需要在系统类型的基础上定义自己的数据类型。

(5) 函数:除了系统提供的函数外,用户还可根据特定的需要定义符合自己要求的函数。

4. 数据库快照简介

数据库快照提供了一种数据库恢复手段,可以使在源数据库损坏后,还原数据库到数据库快照前的状态。这是在 SQL Server 2005 中的新增功能,仅可适用于 SQL Server 2005 企业版或更高版本中,而且不支持在 SQL Server Management Studio 中创建数据库快照,创建数据库快照的唯一方式是 Transact-SQL 语句。

1) 什么是数据库快照

简单地说,快照就是数据库在某一指定时刻的照片。顾名思义,数据库快照(Database Snapshot)就像为数据库照了相片一样。相片实际是照相时被照对象的静态呈现,而数据库快照则提供了源数据库在创建快照时刻的只读、静态视图。一旦为数据库创建了快照,这个数据库快照就是创建快照那个时刻数据库的情况,虽然数据库还在不断变化,但是这个快照不会再改变。

2) 数据库快照的优点

在 Microsoft SQL Server 2008 中,使用数据库快照有以下优点。

(1) 数据库快照非常适用于存档用户仍需要访问的历史数据。

(2) 数据库快照可以在出现用户错误或丢失数据时用来恢复到数据库的一个早期的副本。

(3) 数据库快照在用来产生报表时可以提高性能,因为在一个用户从快照中读取数据期间,其他用户可以继续向原始数据库中写数据,不必等待第一个用户先完成数据读取。

3) 源数据库存在的限制

由于数据库快照最终作用在数据库上,因此在使用有快照的源数据库时,存在以下限制。

(1) 不能对数据库进行删除、分离和还原。

(2) 源数据库的性能受到影响。由于每次更新页时都会对快照执行"写入时复制"操作,导致源数据库上的 I/O 增加。

(3) 不能从源数据库或任何快照中删除文件。

(4) 源数据库必须处于在线状态,除非该数据库在数据库镜像会话中是镜像数据库。

提示:创建数据库快照后,其内容与当前数据库的内容完全相同,数据库快照的扩展名为.snp。

3.2　数据库的创建和维护

【任务分析】

设计人员在了解 SQL Server 2008 数据库管理系统，熟悉其工作环境，掌握 SQL Server 2008 数据库的相关概念后，接下来的工作是怎样把数据库的逻辑结构在 SQL Server 2008 数据库管理系统支持下利用 SSMS 和 Transact-SQL 语句创建并维护数据库。

【课堂任务】

本节要掌握在 SQL Server 2008 的工作环境下创建并维护数据库。

● 　利用 SSMS 创建和维护数据库

● 　利用 Transact-SQL 语句创建和维护数据库

在使用数据库存储数据时，首先要创建数据库。一个数据库必须至少包含一个主数据文件和一个事务日志文件。所以创建数据库就是建立主数据文件和事务日志文件的过程。在 SQL Server 2008 中主要使用两种方法创建数据库：一是在管理工具 SQL Server Management Studio(SSMS)窗口中通过方便的图形化向导创建，二是通过编写 Transact-SQL 语句创建。下面将以创建本书示例数据库"grademanager"为例分别介绍这两种方法。

3.2.1　使用管理工具 SSMS 创建数据库

在管理工具 SSMS 窗口中使用可视化的界面通过提示来创建数据库，这是最简单也是使用最多的方式，非常适合初学者。创建数据库"grademanager"的具体步骤如下。

(1) 从【开始】菜单上选择【程序】|Microsoft SQL Server 2008 命令，打开 SQL Server Management Studio 窗口，并使用 Windows 或 SQL Server 身份验证建立连接。

(2) 在【对象资源管理器】窗格中展开服务器，然后选择【数据库】节点。

(3) 在【数据库】节点上右击，从弹出的快捷菜单中选择【新建数据库】命令，如图 3.10 所示。

图 3.10　选择【新建数据库】命令

(4) 此时会弹出【新建数据库】对话框，在这个对话框中有 3 个页，分别是【常规】、【选项】和【文件组】页。在完成这 3 个选项中的内容之后，就完成了数据库的创建工作，如图 3.11 所示。

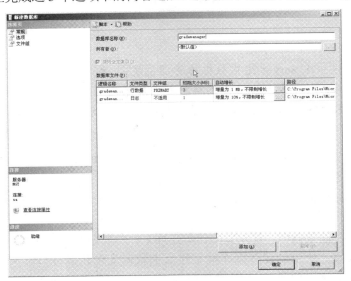

图 3.11　【新建数据库】对话框

(5) 在【数据库名称】文本框中输入数据库名称"grademanager"，再输入该数据库的所有者，这里使用"默认值"，也可以通过单击文本框右边的【浏览】按钮选择所有者。启用【使用全文索引】复选框，表示可以在数据库中使用全文索引进行查询操作。

(6) 在【数据库文件】列表中，包含两行：一行是数据文件，另一行是日志文件。通过单击下面相应按钮可以添加或删除相应的数据文件。该列表中各字段值的含义如下。

① 逻辑名称：指定该文件的文件名，其中数据文件与 SQL Server 2000 不同，在默认情况下不再为用户输入的文件名添加下划线和 Data 字样，相应的文件扩展名并未改变。

② 文件类型：用于区别当前文件是数据文件还是日志文件。

③ 文件组：显示当前数据库文件所属的文件组。一个数据库文件只能存在于一个文件组里。

④ 初始大小：制定该文件的初始容量，在 SQL Server 2008 中数据文件的默认值为 3MB，日志文件的默认值为 1MB。

提示：数据库文件和事务日志文件的初始大小与为 model 数据库指定的默认大小相同，主文件中包含数据库的系统表。

⑤ 自动增长：用于设置在文件的容量不够用时，文件根据何种增长方式自动增长。通过单击【自动增长】列中的省略号按钮，打开更改自动增长设置对话框进行设置。图 3.12 和图 3.13 所示分别为数据文件、日志文件的自动增长设置对话框。

提示：在创建数据库时最好指定文件的最大允许增长的大小，这样做可以防止文件在添加时无限制增大，以至于用尽整个磁盘空间。

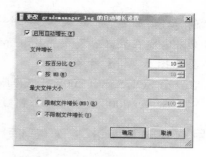

图 3.12　数据文件自动增长设置　　　　图 3.13　日志文件自动增长设置

⑥ 路径：指定存放该文件的目录。在默认情况下，SQL Server 2008 将存放路径设置为 SQL Server 2008 安装目录下的 data 子目录。单击该列中的按钮可以打开【定位文件夹】对话框更改数据库的存储路径。

提示：可以在创建数据库时改变其存储位置，一旦数据库创建以后，存储位置不能被修改。

技巧：在创建大型数据库时，尽量把主数据文件和事务日志文件设置在不同路径下，这样能够提高数据读取的效率。

（7）单击打开【选项】页面，在这里可以定义所创建数据库的排序规则、恢复模式、兼容级别、恢复、游标等其他选项，如图 3.14 所示。

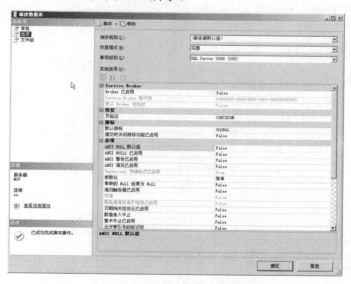

图 3.14　新建数据库【选项】页

警告：更改【兼容级别】为 SQL Server 2008(100)，这样可以保证 SQL Server 2008 以前版本的数据库能够顺利创建数据库关系图。

（8）在【文件组】页中可以设置数据库文件所属于的文件组，还可以通过【添加】按钮或者【删除】按钮更改数据库文件所属的文件组。

（9）完成了以上操作以后，就可以单击【确定】按钮，关闭【新建数据库】对话框。至此，就成功创建了一个数据库，可以在【对象资源管理器】窗格中看到新建的数据库。

提示：① 创建数据库之后，建议创建一个 master 数据的备份。

② 如果需要在数据库节点中显示新创建的数据库，则需要在数据库节点上单击右键，再选择【刷新】命令。

③ 在一个 SQL Server 2008 数据库服务器实例中最多可以创建 32767 个数据库，这表明 SQL Server 2008 足以胜任任何数据库工作。

3.2.2 使用 Transact-SQL 语句创建数据库

SQL Server 2008 使用的 Transact-SQL 是标准 SQL(结构化查询语言)的增强版本，使用它提供的 CREATE DATABASE 语句同样可以完成数据库的创建操作。

提示：虽然使用 SSMS 是创建数据库的一种有效而又容易的方法，但在实际工作中未必总能用它创建数据库。例如，在设计一个应用程序时，开发人员会直接使用 Transact-SQL 在程序代码中创建数据库及其他数据库对象。

在 Transact-SQL 中，用 CREATE DATABASE 命令创建数据库的语法格式如下。

```
CREATE DATABASE database_name
[ON [PRIMARY]
    [(NAME=logical_name,                          '主数据文件
    FILENAME=physical_file_name
    [, FILESIZE= size]
    [, MAXSIZE= maxsize]
    [, FILEGROWTH=growth_increment])
    [, FILEGROUP filegroup_name
[(NAME=logical_name,                              '次数据文件
    FILENAME= physical_file_name
    [, FILESIZE=size]
    [, MAXSIZE=maxsize]
    [, FILEGROWTH=growth_increment])
]
]
]
]
 [LOG ON
(NAME=logical_name,                               '日志文件
    FILENAME=physical_file_name
    [, FILESIZE=size]
    [, MAXSIZE=maxsize]
    [, FILEGROWTH=growth_increment])
]
```

在该语法中，ON 用来创建数据文件，PRIMARY 表示创建的是主数据文件。FILEGROUP 关键字用来创建次文件组，其中还可以创建次数据文件。LOG 关键字用来创建事务日志文件。NAME 为所创建文件的文件名称。FILENAME 指出了各文件存储的路径及文件名称。FILESIZE 定义初始化大小。MAXSIZE 指定了文件的最大容量。FILEGROWTH 指定了文件增长值。

【例 3-1】 省略 CREATE DATABASE 命令中各选项创建一个数据库 exampledbl。

(1) 新建查询。在 SSMS 中使用 Transact-SQL 语句，首先使用工具栏上的【新建查询】按钮，建立一个新的查询。

(2) 在查询窗口中输入 Transact-SQL 语句，如图 3.15 所示。

(3) 执行查询。在工具栏上选择【√】按钮是对 Transact-SQL 语句进行检查，选择【！执行】按钮则执行指定的 Transact-SQL 语句。

执行结果如图 3.15 所示。

新建的数据库具有一个数据文件(exampledb1.mdf)和一个日志文件(exampledbl_log.1df)，这两个文件名为默认的文件名，它们位于该系统默认的文件夹 MSSQL 的 data 文件夹下。

图 3.15　创建数据库 exampledbl

提示：　① 如果在查询语句编辑区域选定了语句，则对指定语句执行检查和执行操作，否则执行所有语句。

　　　　② 在以后章节中的 Transact-SQL 的编写和执行的步骤与此相同。

　　　　③ 用户编写的 Transact-SQL 脚本可以以文件(.sql)形式保存。

【例 3-2】 使用 ON 和 LOG ON 选项创建一个数据库 exampledb2。

命令和执行结果如图 3.16 所示。

图 3.16　创建数据库 exampledb2

新建的数据库具有一个数据文件(exampledb2_data.mdf)和一个日志文件(exampledb2_log.ldf)，存储在 D 盘 data 文件夹下，初始大小分别为 5MB 和 2MB，长度最大分别限制到 10MB 和 5MB，它们每次增量为 1MB。

以上两个实例可以反映某些选项的不同作用，读者自己分析比较，其余选项读者可自行设计实例分析清楚。

【例 3-3】 创建一个数据库 MyDb。

```
CREATE DATABASE MyDb
ON
PRIMARY
(NAME= Mydb,
FILENAME='D:\DATA\Mydb.mdf',
SIZE=1,
MAXSIZE=10,
FILEGROWTH=10%
)
  LOG ON
(NAME=Mydb_log,
FILENAME='D:\DATA\Mydb_log.1df',
SIZE=1,
MAXSIZE=2,
FILEGROWTH=10%
)
```

技巧：如果数据库的大小不断增长，则可以指定其增长方式。如果数据的大小基本不变，为了提高数据的使用效率，通常不指定其自动增长方式。

3.2.3 维护数据库

创建数据库后，在使用的过程中用户可能会根据情况对数据库进行修改。SQL Server 2008 除了允许修改数据库的选项设置以外，还允许对数据库具体的属性进行更改，像修改数据库的名称、大小，以及添加或删除文件和文件组，删除无效数据库等。

1. 修改数据库

修改数据库主要是针对创建的数据库在需求有变化时进行的操作，这些修改可分为数据库的名称、大小及添加辅助数据文件 3 个方面，下面将依次介绍。

1) 修改数据库名称

一般情况下，不建议用户修改创建好的数据库名称。因为，许多应用程序可能已经使用了该数据库的名称。在更改了数据库的名称之后，还需要修改相应的应用程序。

具体的修改方法有很多种，包括 ALTER DATABASE 语句、系统存储过程和图形界面等。

(1) ALTER DATABASE 语句。该语句修改数据库名称时只更改了数据库的逻辑名称，对于该数据库的数据文件和日志文件没有任何影响，语法如下。

```
ALTER DATABASE databaseName MODIFY NAME=newdatabaseName
```

例如，将"grademanager"数据库更名为"学生管理数据库"，语句为：

```
ALTER DATABASE grademanager MODIFY NAME=学生管理数据库
```

(2) sp_renamedb 存储过程。执行这个系统存储过程也可以修改数据库的名称。下面的语句将"grademanager"数据库更名为"学生管理数据库"。

```
EXEC sp_dboption 'grademanager','SINGLE user',True
EXEC sp_renamedb 'grademanager','学生管理数据库'
EXEC sp_dboption '学生管理数据库','SINGLE user',False
```

提示：① 系统存储过程是指存储在数据库内，可由应用程序(或在查询窗口中)调用执行的一
组语句的集合，其目的是用来执行数据库的管理和信息活动。存储过程详细内容可
参阅"存储过程"章节和"SQL Server 联机丛书"。

② 执行存储过程中的 EXEC 关键字可选。

③ 系统存储过程 sp_dboption 可以显示或更改数据库选项，本例中是更改数据库每次
只能有一个用户访问该数据库。修改完数据库名称后，再使数据库被多个用户访问。

④ 不能在 master 或 tempdb 数据库上使用系统存储过程 sp_dboption。

(3) 利用 SSMS。从【对象资源管理器】窗格中右击一个数据库名称节点(如 grademanager)，
选择【重命名】命令后输入新的名称，即可直接改名。

2) 修改数据库大小

修改数据库的大小实际上也就是修改数据文件和日志文件的长度，或者增加/删除文件。
如果数据库中的数据量不断膨胀，就需要扩大数据库的尺寸。增大数据库可以通过 3 种方式。

(1) 设置数据库为自动增长方式，这个在创建数据库时设计。

(2) 直接修改数据文件或日志文件的大小。

(3) 在数据库中增加新的次要数据文件或日志文件。

例如，现在希望将"grademanager"数据库扩大 3MB，则可以通过为该数据库增加一个大
小为 3MB 的数据文件来达到。可在 ALTER DATABASE 语句中 ADD FILE 子句新增一个次要
数据文件实现，语句如下。

```
ALTER DATABASE grademanager
ADD FILE
(
  NAME=grademanager_DATA1,
  FILENAME='E:\database\grademanager_DATA1.ndf',
  SIZE=3MB,
  MAXSIZE=10MB,
  FILEGROWTH=10%
)
```

这里新增数据文件的逻辑名称是"grademanager_DATA1"，其大小是 3MB，最大值是
10MB，并且可以自动增长。

技巧：如果要增加的是日志文件，可以使用 ADD LOG FILE 子句。在一个 ALTER DATABASE
语句中，一次操作可增加多个数据文件或日志文件。多个文件之间使用逗号分隔开。

另一种通过 SSMS 修改数据库存量大小的过程如下。

(1) 在【对象资源管理器】窗格中展开服务器下的【数据库】节点，右击一个数据库名称
节点(如 grademanager)，选择【属性】命令。

(2) 在弹出的【数据库属性】对话框的左侧中单击选择【文件】页。

(3) 在 grademanager 数据文件行的【初始大小】列中，输入想要修改成的值。

(4) 同样在日志文件行的【初始大小】列中，输入想要修改成的值。

(5) 通过单击【自动增长】列中的按钮，在打开的【更改自动增长设置】窗口中可设置自动增长方式及大小。

(6) 修改后，单击【确定】按钮，完成修改数据库的大小。

3) 添加辅助数据文件

上述方法通过对创建数据库指定的主数据文件进行扩展来实现增大数据库容量，一个数据库仅可以包含一个主数据文件，但可以有多个辅助数据文件，因此，也可以通过添加辅助数据文件来满足数据库新的大小。操作方法如下。

(1) 右击"grademanager"数据库，选择【属性】命令，打开其属性对话框的【文件】页。

(2) 单击【添加】按钮，在【数据库文件】列表的【逻辑名称】字段中输入名称"grademanager_DATA1"。

(3) 设置【文件类型】为"行数据"，【文件组】为"PRIMARY"，【初始值大小】为3。

(4) 单击【自动增长】字段中的【浏览】按钮，在弹出的对话框中设置文件按10%进行增长，最大文件大小限制为10MB。

(5) 单击【确定】按钮返回，为新的数据文件选择一个存储路径，再单击【确定】按钮完成添加，效果如图 3.17 所示。

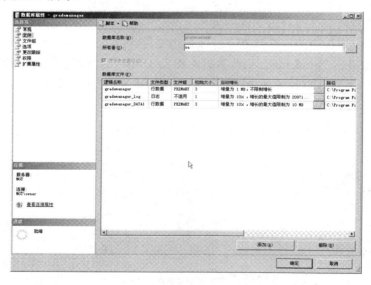

图 3.17 "grademanager"数据库【文件】页

2. 删除数据库

随着数据库数据量的增加，系统的资源消耗越来越多，运行速度也大不如从前。这时，就需要调整数据库。调整方法有很多种，例如，将不再需要的数据库删除，以此释放被占用的磁盘空间和系统消耗。SQL Server 2008 提供了两种方法完成此项任务。

1) 使用 SSMS

(1) 打开 SSMS 窗口，并使用 Windows 或 SQL Server 身份验证建立连接。

(2) 在【对象资源管理器】窗格中展开服务器，然后展开【数据库】节点。

(3) 从展开的数据库节点列表中，右击一个要删除的数据库，从快捷菜单中选择【删除】

命令。

(4) 在弹出的【删除对象】对话框中，单击【确定】按钮，确认删除。删除操作完成后会自动返回 SSMS 窗口。

提示：①　当不再需要数据库或将数据库移到另一个数据库或服务器时，即可删除该数据库。一旦删除数据库，文件及其数据都从服务器上的磁盘中删除，不能再进行检索，只能使用以前的备份。

　　　　②　在数据库删除之后备份 master 数据库，因为删除数据库将更新 master 中的系统表。如果 master 需要还原，则从上次备份 master 之后删除的所有数据库都将仍然在系统表中有引用，因而可能导致出现错误信息。

　　　　③　必须将当前数据库指定为其他数据库，不能删除当前打开的数据库。

2）使用 Transact-SQL 语句

使用 Transact-SQL 语句删除数据库的语法格式如下。

```
DROP DATABASE database_name [,…n]
```

其中，database_name 为要删除的数据库名，[,…n]表示可以有多于一个数据库名。例如，要删除数据库"grademanager"，可使用如下 DROP DATABASE 语句：

```
DROP DATABASE  grademanager
```

警告：使用 DROP DATABASE 删除数据库不会出现确认信息，所以使用这种方法时要小心谨慎。此外，千万不能删除系统数据库，否则会导致 SQL Server 2008 服务器无法使用。

3．查看数据库状态

SQL Server 2008 还提供了很多方法来查看数据库信息。

1）使用目录视图查看数据库基本信息

(1) 使用 sys.database_files 查看有关数据库文件的信息。

(2) 使用 sys.filegroups 查看有关数据库组的信息。

(3) 使用 sys.maste_files 查看数据库文件的基本信息和状态信息。

2）使用系统存储过程

使用 sp_spaceused 存储过程可以显示数据库使用和保留的空间。如图 3.18 所示为查看"grademanager"数据库的空间大小和已经使用的空间等信息。

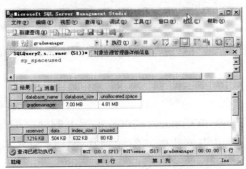

图 3.18　使用 sp_spaceused 存储过程

使用 sp_helpdb 存储过程可以查看所有数据库的基本信息，如图 3.19 所示是查看"grademanager"数据库的信息。

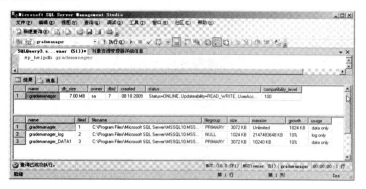

图 3.19　使用 sp_helpdb 存储过程

3) 使用 SSMS

首先在打开的 SSMS 窗口中的【对象资源管理器】窗格中找到数据库的节点(如 **grademanager**)，然后右击并选择【属性】命令，在弹出的【数据库属性-grademanager】对话框中即可查看数据库的基本信息、文件信息、选项信息、文件组信息和权限信息等，如图 3.20 所示。

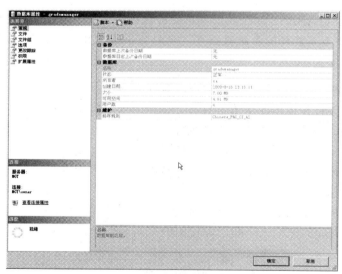

图 3.20　【数据库属性-grademanager】对话框

4. 分离和附加数据库

1) 分离数据库

分离数据库是指将数据库从 SQL Server 2008 实例上删除，但是该数据库的数据文件和日志文件仍然保持不变，这时可以将该数据库附加到其他任何 SQL Server 2008 实例上。

提示： 如果要分离的数据库出现下列情况之一，都将不能分离。

① 已复制并发布数据库。如果进行复制，则数据库必须是未发布的。如果要分离数据

库，必须先通过执行 sp_replicationdboption 存储过程禁用发布后再分离。

② 数据库中存在数据库快照。此时，必须首先删除所有数据库快照，然后才能分离数据库。

③ 数据库处于未知状态。在 SQL Server 2008 中，无法分离可疑和未知状态的数据库，必须将数据设置为紧急模式，才能对其进行分离操作。

(1) 使用系统存储过程。使用 sp_detach_db 存储过程来执行数据库的分离操作。例如，如果希望分离"grademanager"数据库，可以使用如下命令。

```
EXEC sp_detach_db grademanager
```

(2) 使用 SSMS。

① 打开 SSMS 窗口，并使用 Windows 或 SQL Server 身份验证建立连接。

② 在【对象资源管理器】窗格中找到数据库的节点(如 grademanager)，选择【任务】|【分离】命令。

③ 打开【分离数据库】对话框，查看在【数据库名称】列中的数据库名称，验证这是否为要分离的数据库，如图 3.21 所示。

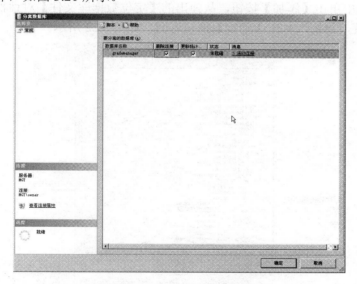

图 3.21　【分离数据库】对话框

④ 默认情况下，分离操作将在分离数据库时保留过期的优化统计信息；若要更新现有的优化统计信息，可启用【更新统计信息】复选框。

⑤ 在【状态】列中如果是"未就绪"，则【消息】列将显示有关数据库的超链接信息。当数据库涉及复制时，【消息】列将显示"Database replicated"。

⑥ 数据库有一个或多个活动连接时，【消息】列将显示"<活动连接数>活动连接"。在可以分离数据列之前，必须启用【删除连接】复选框来断开与所有活动连接的连接。

⑦ 分离数据库准备就绪后，单击【确定】按钮。

2) 附加数据库

附加数据库时，所有数据库文件(.mdf 和.ndf 文件)都必须可用。如果任何数据文件的路径与创建数据库或上次附加数据库时的路径不同，则必须指定文件的当前路径。在附加数据库过程中，如果没有日志文件，系统将创建一个新日志文件。

例如，要将分离后的"grademanager"数据库，附加到指定的 SQL Server 2008 实例中，可以执行下列语句，并且会附加该数据库原有的文件。

```
CREATE DATABASE grademanager
ON
(
  FILENAME='E:\database\grademanager_DAT.mdf'
)
LOG ON
(
  FILENAME='E:\database\grademanager_LOG.ldf'
)
FOR ATTACH
```

附加数据库也可以使用 SSMS 窗口。具体步骤如下。

(1) 首先在【对象资源管理器】窗格中，连接到 SQL Server 2008 数据库引擎，然后展开该实例的【数据库】节点，并右击选择【附加】命令，打开【附加数据库】对话框。

(2) 在对话框中单击【添加】按钮，从弹出的【定位数据库文件】对话框中选择要附加的数据库所在的位置，再依次单击【确定】按钮返回，如图 3.22 所示。

图 3.22 附加数据库

提示：通过分离和附加数据库可以实现 SQL Server 数据库文件存储位置的改变。

5. 数据的导入与导出

在 SQL Server 2008 中提供了数据的导入与导出功能，以使用数据转换服务(DTS)在不同类型的数据源之间导入和导出数据。通过数据导入/导出操作，可以完成在 SQL Server 数据库和其他类型数据库(如 Excel 表格、Access 数据库和 Oracle 数据库)之间数据的转换，从而实现各种不同应用系统之间的数据移植和共享。

1) 数据导出

例如，利用 SSMS 将 grademanager 数据库的数据导出到 Excel 文件 stud.xls 中，具体的操作步骤如下。

(1) 打开 SSMS 窗口，在【对象资源管理器】窗格中展开【数据库】节点。

(2) 右击要进行数据导出的数据库(如 grademanager)，选择【任务】|【导出数据】命令，如图 3.23 所示。

图 3.23 选择【任务】|【导出数据】命令

(3) 打开【欢迎使用 SQL Server 导入和导出向导】对话框，如图 3.24 所示。

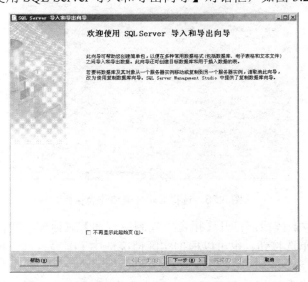

图 3.24 【欢迎使用 SQL Server 导入和导出向导】对话框

(4) 单击【下一步】按钮，打开【选择数据源】对话框，在【数据源】中选择 Microsoft OLE DB Provider for SQL Server，表示将从 SQL Server 导出数据；也可以根据实际情况设置【身份验证】模式和选择【数据库】项目，如图 3.25 所示。

图 3.25   选择 SQL Server 作为数据源

(5) 单击【下一步】按钮，打开【选择目标】对话框，在【目标】中选择 Microsoft Excel，表示将数据导出到 Excel 表中；也可以根据实际情况设置【Excel 文件路径】和选择【Excel 版本】等项目，如图 3.26 所示。

图 3.26   选择 Excel 表格作为目标

(6) 单击【下一步】按钮，打开【指定表复制或查询】对话框，默认选中【复制一个或多个表或视图的数据】单选按钮；也可以根据实际情况选中【编写查询以指定要传输的数据】单选按钮，如图 3.27 所示。

(7) 单击【下一步】按钮，打开【选择源表和源视图】对话框，如图 3.28 所示。选择 grademanager 数据库中的 department 表和 class 表，单击【编辑映射】按钮，可以编辑源数据和目标数据之间的列映射关系，如图 3.29 所示。

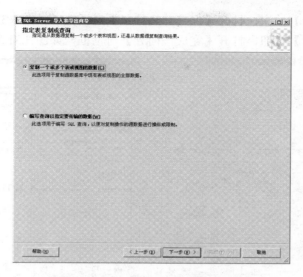

图 3.27　【指定表复制或查询】对话框

图 3.28　【选择源表和源视图】对话框

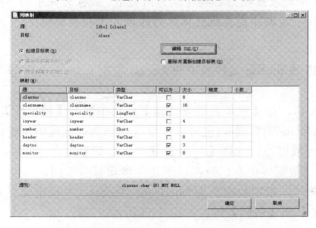

图 3.29　指定源数据和目标数据之间的列映射

(8) 单击【下一步】按钮，打开【保存并运行包】对话框，如图 3.30 所示。

(9) 单击【下一步】按钮，打开【完成该向导】对话框，如图 3.31 所示。

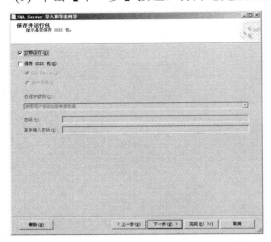

图 3.30　【保存并运行包】对话框

图 3.31　【完成该向导】对话框

(10) 单击【完成】按钮，完成数据导出。在 d:\data 文件夹中生成 stud.xls 文件，该文件的内容如图 3.32 所示。

图 3.32　导出得到的 Excel 文件内容

提示：① SQL Server 中的表或视图都被转换为同一个 Excel 文件中的不同的工作表。

② 从 SQL Server 数据库到其他数据库的转换方法和步骤同上。

2) 数据导入

例如，使用 SSMS 将 d:\data 文件夹中的 Access 数据库 book.mdb 导入到 SQL Server 中，具体的操作步骤如下。

(1) 打开 SSMS 窗口，在【对象资源管理器】窗格中展开【数据库】节点。

(2) 新建名为 bookdata 的数据库(也可以在导入向导执行过程中新建)。

(3) 右击 bookdata 数据库，选择【任务】|【导入数据】命令。

后续步骤基本同"数据导出"，只在以下几个步骤有些不同。

(1) 在选择数据源时，指定数据源为 Microsoft Access，并指定要导入的 Access 数据库的【文件名】、【用户名】和【密码】等，如图 3.33 所示。

图 3.33 选择 Access 作为数据源

(2) 在选择目标时，指定目标为 Microsoft OLE DB Provider for SQL Server，并指定为 SQL Server 数据库的【服务器名称】和【数据库】(可以创建新的数据库)等，如图 3.34 所示。

图 3.34 选择 SQL Server 数据库作为目标

(3) 导入成功后，在 bookdata 数据库中，可以查看到导入的所有表，如图 3.35 所示。

图 3.35 导入得到的 bookdata 数据库中表的情况

3.3　课堂实践：创建和维护数据库

1. 实践目的

(1) 了解 SQL Server 2008 工作环境。

(2) 掌握 SQL Server 2008 数据库的相关概念。

(3) 掌握使用 SSMS 和 Transact-SQL 语句创建数据库的方法。

(4) 掌握数据库的修改、查看、分离、附加和删除等基本操作方法。

2. 实践内容及要求

1) 使用 SSMS 创建数据库

创建学生信息管理数据库 grademanager，要求见表 3-2。

表 3-2　grademanager 数据库参数表

参数	参数值	参数	参数值
存储的数据文件路径	D:\db\grademanager.mdf	存储的日志文件路径	D:\db\grademanager_log.ldf
数据文件初始大小	5MB	日志文件初始大小	2MB
数据文件最大值	20MB	日志文件最大值	15MB
数据文件增长量	原来 10%	日志文件增长量	2MB

2) 查看与修改数据库属性

(1) 在 SSMS 中查看创建后的 grademanager 数据库的状态，查看 grademanager.mdf、grademanager_log.ldf 两个数据库文件所在的文件夹。

(2) 使用 SSMS 更改数据库。更改的参数见表 3-3。

表 3-3　要更改的参数表

参数	参数值	参数	参数值
增加的数据文件路径	D:\grademanager1_data.ndf	增加的日志文件路径	E:\grademanager1_log.ldf
增加的数据文件初始大小	7MB	增加的日志文件初始大小	3MB
增加的数据文件最大值	20MB	增加的日志文件最大值	30MB
增加的数据文件增长量	2MB	增加的日志文件增长量	2MB

(3) 使用 SSMS 分离该数据库，分离后再把该数据库附加到 SQL Server 中。

(4) 使用 SSMS 删除该数据库。

(5) 使用 Transact-SQL 语句创建表 3-2 要求的数据库。

(6) 使用 Transact-SQL 语句修改表 3-3 要求的数据库。

(7) 使用 Transact-SQL 语句删除数据库。

(8) 建立一个 Excel 数据文件，在 Excel 文件中输入某班学生基本信息(包括学号、姓名、性别、班级、联系电话、QQ 号等)，然后把它导入 grademanager 数据库，再把此表从 SQL Server 导出成一个.txt 文件。

3.4　课外拓展

操作内容及要求如下。

(1) 在上一模块课外拓展中数据库设计的基础上，在服务器 D 盘根目录建立一个数据库 GlobalToys，大小设为 2MB。(注意，别忘记日志文件。)

(2) 把数据库 GlobalToys 分离，并把数据库文件复制到另一个位置上，再将其进行附加，并自动收缩此数据库(分别利用所给 3 种方法实现，允许可用空间为 15%)。

(3) 自己随意建立一个 Excel 数据表,把它导入 GlobalToys 数据库,再把此表从 SQL Server 导出成一个.txt 文件。

3.5　阅读材料：SQL Server 2008 数据库安装

在开始安装 SQL Server 2008 之前，应考虑执行一些相关步骤，以减少安装过程中遇到问题的可能性。例如，确定运行 SQL Server 2008 计算机的硬件配置要求，并卸载之前的任何旧版本，了解 SQL Server 2008 可运行的操作系统版本及特点等。

硬件要求如下。

(1) CPU。运行 SQL Server 2008 的 CPU，建议最低要求使用 32 位 1GHz 的处理器，最好使用 64 位 2GHz 及以上的处理器，处理器越快，SQL Server 运行得就越好，由此产生的瓶颈也越少。

(2) 内存。SQL Server 2008 需要的内存至少为 512MB，微软推荐 1GB 或者更大的内存，实际上使用 SQL Server 2008 时，内存的大小应该是推荐大小的两倍。

(3) 硬盘空间。SQL Server 2008 需要比较大的硬盘空间，以满足 SQL Server 2008 自身(SQL Server 自身将占用 1.7GB 以上的硬盘空间)和数据库的扩展。目前的计算机都配备大容量的硬盘，一般都能满足 SQL Server 2008 的需要。

(4) 操作系统。SQL Server 2008 可以运行在 Windows XP 上。从服务器端来看，可以运行在 Windows Server 2003 SP2 及 Windows Server 2008 上,也可以运行在 Windows XP Professional 的 64 位操作系统上以及 Windows Server 2003 和 Windows Server 2008 的 64 位版本上。

另外，SQL Server 2008 同时需要先安装.NET Framework 3.5 版本。

从光盘或网络获取 SQL Server 2008 的安装光盘,然后就可以进行安装。下面以在 Windows XP 平台上安装 SQL Server 2008 的 DVD 版为例，介绍安装步骤如下。

(1) 将安装光盘放入光驱，此时会自动播放打开安装程序的导航界面，若没有打开也可以直接双击"光盘\\Server\splash.hta"文件来运行。

(2) 通过前面介绍知道，SQL Server 2008 需要.NET Framework 3.5 环境。如果没有，会弹出安装对话框，通过启用复选框以接受.NET Framework 3.5 许可协议，再单击【下一步】按钮。

(3) 如图 3.36 所示，从【SQL Server 安装中心】页面的【安装】选项中单击【全新 SQL Server 独立安装或向现有安装添加功能】链接来启动安装程序。

(4) 安装程序首先检查安装 SQL Server 安装程序支持文件时可能发生的问题。必须更正所有失败，安装才能继续，如图 3.37 所示。

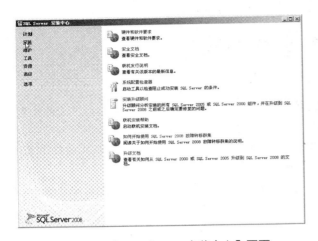

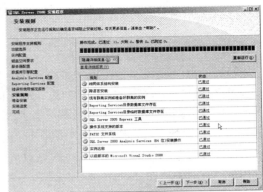

图 3.36 【SQL Server 安装中心】页面   图 3.37 安装程序支持规则

(5) 安装程序支持规则全部通过后，单击【确定】按钮，进入【产品密钥】页面，选择要安装的 SQL Server 2008 版本，并输入正确的产品密钥，如图 3.38 所示。

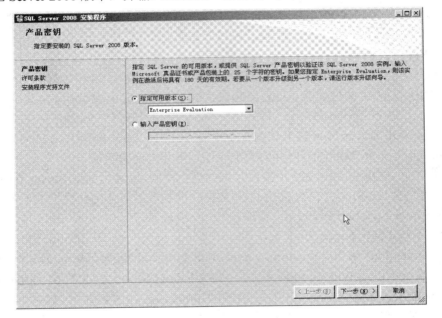

图 3.38 选择安装的版本

(6) 单击【下一步】按钮，显示了要安装 SQL Server 2008 必须接受的软件许可条款。启用【我接受许可条款】复选框后，单击【下一步】按钮继续安装，如图 3.39 所示。

(7) 接受许可条款之后，会检测计算机上是否安装有 SQL Server 必备组件，否则安装向导将安装它们。这些必备组件包括：.NET Framework 3.5、SQL Server Native Client 和 SQL Server 安装程序支持文件。单击【安装】按钮开始安装，如图 3.40 所示。

(8) 安装完成后，重新进入【安装程序支持规则】页面，如图 3.41 所示。

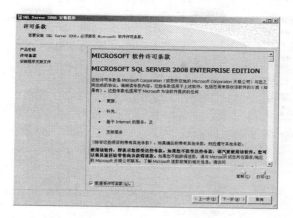

图 3.39　SQL Server 2008 许可条款

图 3.40　安装必备组件

图 3.41　系统配置检查

　　(9) 单击【下一步】按钮，进入【功能选择】对话框，从【功能】区域选择要安装的组件。在启用功能名称复选框后，右侧窗格会显示每个组件的说明。用户可以启用任意一些复选框，这里为全选，如图 3.42 所示。

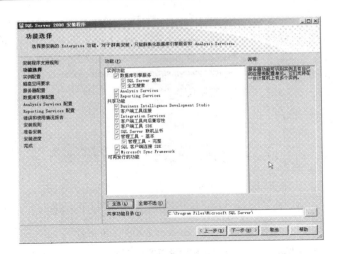

图 3.42　功能选择

(10) 单击【下一步】按钮来指定是要安装默认实例还是命名实例。如果选择命名实例还需要指定实例名称，如图 3.43 所示。

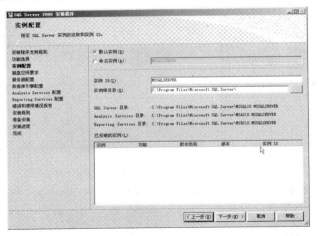

图 3.43　实例配置

【实例配置】对话框中各个选项的含义如下。

① 实例 ID。默认情况下，使用实例名称作为实例 ID 的后缀。这用于标识 SQL Server 实例的安装目录和注册表项。默认实例和命名实例的默认方式都是如此。对于默认实例，实例名称和实例 ID 后缀均为 MSSQLSERVER。

② 实例根目录。默认情况下，实例根目录为 "C:\Program Files\Microsoft SQL Server\"。若要指定非默认的根目录，可直接在文本框中输入或单击后方按钮并导航到所需安装的文件夹。

③ 已安装的实例。该表将显示运行安装程序的计算机上的 SQL Server 实例。若要升级其中一个实例而不是创建新实例，可选择实例全称并验证它显示在区域中，然后单击【下一步】按钮。

(11) 接下来进入【服务器配置】对话框，在【服务账户】选项卡中为每个 SQL Server 服务单独配置用户名、密码及启动类型，如图 3.44 所示。

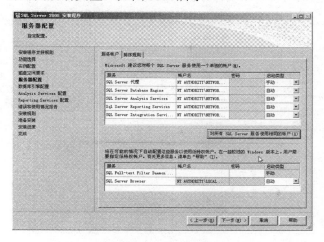

图 3.44 配置服务器账户

(12) 打开【服务器配置】对话框的【排序规则】选项卡，为【数据库引擎】和 Analysis Services 指定非默认的排序规则，如图 3.45 所示。

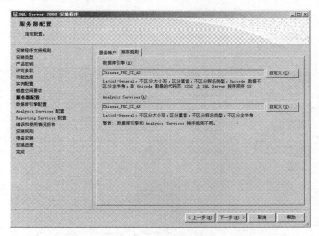

图 3.45 配置排序规则

默认情况下，会选定针对英语系统区域设置的 SQL 排序规则。非英语区域设置的默认排序规则是用户计算机的 Windows 系统区域设置。该设置可以是"非 Unicode 程序的语言"设置，也可以是控制面板中【区域和语言选项】中的最接近设置。

(13) 单击【下一步】按钮，对 SQL Server 2008 的数据库引擎进行配置，包括安全模式、管理员和数据文件夹等，如图 3.46 所示。

账户设置中主要可以指定如下选项。

① 安全模式。为 SQL Server 实例选择 Windows 身份验证或混合验证。如果选择混合模式身份验证，必须为内置 SQL Server 系统管理员账户提供一个强密码并进行确认。

② SQL Server 管理员。必须至少为 SQL Server 实例指定一个系统管理员。若要添加用以运行 SQL Server 安装程序的账户，可以单击【添加当前用户】按钮。若要向系统管理员列表中添加账户或从中删除账户，可单击【添加】按钮或【删除】按钮，然后编辑将对其分配 SQL

Server 实例管理员权限的用户、组或计算机的列表。

图 3.46　数据库引擎配置【账户设置】选项卡

（14）切换到【数据库引擎配置】对话框的【数据目录】选项卡，在这里指定各种数据库安装目录及备份目录，也可以使用默认的安装目录，直接单击【下一步】按钮，如图 3.47 所示。

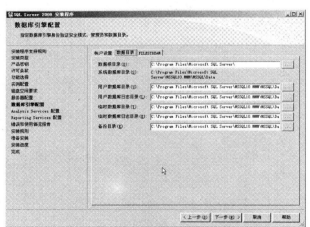

图 3.47　数据库引擎配置【数据目录】选项卡

在界面中指定非默认的安装目录时要注意，必须确保安装文件夹对于此 SQL Server 实例是唯一的。而且此对话框中的任何目录都不应与其他 SQL Server 实例的目录共享。

（15）打开 FILESTREAM 选项卡，启用针对 Transact-SQL 的 FILESTREAM 功能。FILESTREAM 是 SQL Server 2008 中的新概念，使用 Windows NT 系统缓存文件数据，如图 3.48 所示。单击【下一步】按钮继续安装。

（16）经过前面安装步骤的操作，SQL Server 2008 的核心设置都已经完成。接下来的步骤取决于前面选择组件的多少，这里选择了"全部"，首先需要对 Analysis Services 进行设置，如图 3.49 所示。

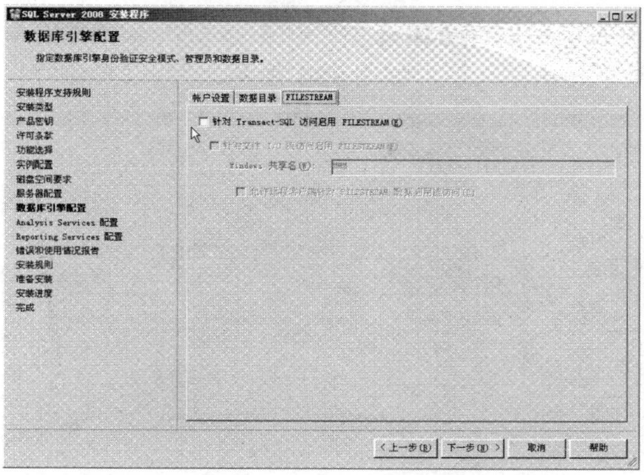

图 3.48　数据库引擎配置【FILESTREAM】选项卡

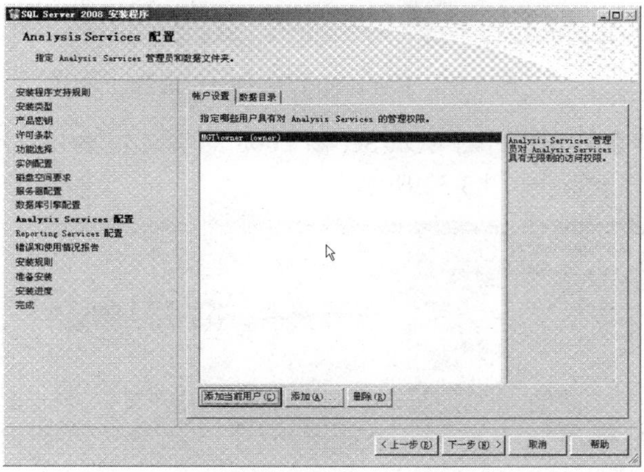

图 3.49　设置 Analysis Services 账户

(17) 在【Analysis Services】对话框配置的【数据目录】选项卡中，为 SQL Server Analysis Services 指定数据目录、日志文件目录、Temp 目录和备份目录，如图 3.50 所示。

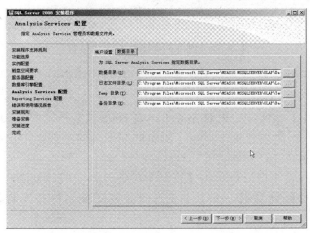

图 3.50　设置 Analysis Services 数据目录

(18) 完成数据目录的设置后,单击【下一步】按钮,在进入的对话框中对"Reporting Services"进行设置,这里使用默认值,如图 3.51 所示。

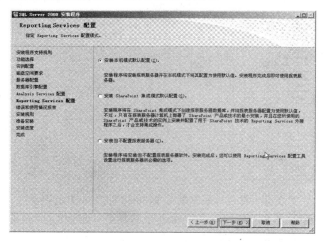

图 3.51　Reporting Services 设置

(19) 单击【下一步】按钮,针对 SQL Server 2008 的错误和使用情况报告进行设置,通过启用复选框来选择某些功能,如图 3.52 所示。

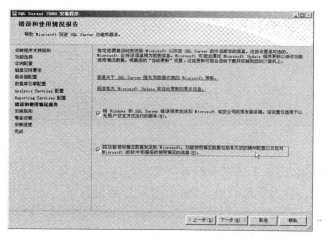

图 3.52　错误和使用情况报告设置

(20) 单击【下一步】按钮,进入【安装规则】页面,检查是否符合安装规则,如图 3.53 所示。

(21) 单击【下一步】按钮,结束对 SQL Server 2008 安装所需参数的配置,在进入的对话框中准备安装。这里在一个列表框中显示了所有的要安装的组件,用户通过扩展/折叠查看详细信息,如图 3.54 所示。

(22) 待确认组件列表无误后,单击【安装】按钮开始安装,安装程序会根据用户对组件的选择复制相应的文件到计算机,并显示正在安装的功能名称、安装状态和安装结果,如图 3.55 所示。

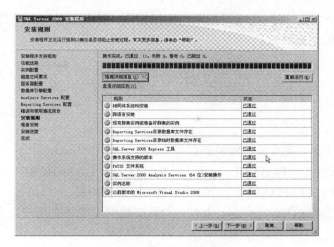

图 3.53　安装规则

图 3.54　预览安装组件列表

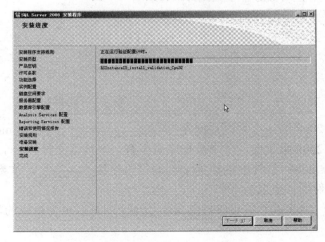

图 3.55　安装进度

(23) 在图 3.55 所示的功能名称列表中所在项安装成功后，单击【下一步】按钮来完成安装。此时会显示整个 SQL Server 2008 安装过程的摘要、日志保存位置及其他说明信息。最后，单击【关闭】按钮结束安装过程。

习　　题

1. 选择题

(1) 下列选项中属于修改数据库的语句是(　　)。
　　A．CREATE DATABASE　　　　B．ALTER DATABASE
　　C．DROP DATABASE　　　　　D．以上都不是

(2) 在创建数据库时，系统会自动将(　　)系统数据库中所有用户定义的对象复制到新建数据库中。
　　A．master　　　B．msdb　　　C．model　　　　D．tempdb

(3) 下面对创建数据库说法正确的是(　　)。
　　A．创建数据库时，文件名可以不带扩展名
　　B．创建数据库时，文件名必须带扩展名
　　C．创建数据库时，数据文件可以不带扩展名，日志文件必须带扩展名
　　D．创建数据库时，日志文件可以不带扩展名，数据文件必须带扩展名

(4) 在 SQL Server 2008 系统中，下面说法错误的是(　　)。
　　A．一个数据库中至少有一个数据文件，但可以没有日志文件
　　B．一个数据库中至少有一个数据文件和一个日志文件
　　C．一个数据库中可以有多个数据文件
　　D．一个数据库中可以有多个日志文件

(5) SQL Server 2008 系统中，数据库快照的扩展名是(　　)。
　　A．.mdf　　　B．.ndf　　　C．.ldf　　　　D．snp

(6) 在删除数据库前应备份哪个数据库？(　　)
　　A．备份将要删除的数据库的主数据文件
　　B．备份将要删除的数据库的事务日志文件
　　C．master
　　D．model

2. 填空题

(1) SQL Server 2008 的 4 个系统数据库为_____、_____、model 和_____。

(2) SQL Server 2008 系统中，一个数据库最少有一个数据文件和一个_____。

(3) SQL Server 2008 系统中主数据文件的扩展名为_____，次数据文件的扩展名为_____，日志文件的扩展名为_____。

(4) SQL Server 2008 的系统可管理的最小物理空间是以页为单位的，每一个页的大小是_____。

(5) _____是表、视图、存储过程、触发器等数据库对象的集合，是数据库管理系统的核心内容。

(6) 创建数据库除可以使用图形界面操作外，还可以使用_____命令创建数据库。

3. 简述题

(1) 简述数据库定义以及数据库的作用。

(2) 简述 SQL Server 2008 系统数据库的作用。

(3) 简述 SQL Server 2008 数据库的组成。

(4) 简述如何创建数据库和创建数据库的方法。

(5) 什么是数据库快照？为什么要创建数据库快照？

(6) 数据库快照与源数据库相比有哪些限制？

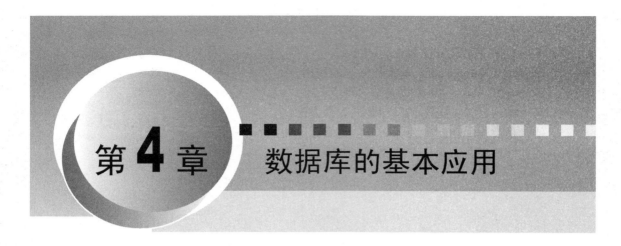

 任务要求：

数据库是用来保存数据的，在 SQL Server 数据库管理系统中，物理的数据是存储在表中的。表的操作包括设计表和操作表中记录，其中设计表指的是规划怎样合理、规范地来存储数据；表中记录操作包括向表中添加数据、修改已有数据、删除不需要的数据和查询用户需要的数据等操作。

在学生信息管理系统中，每年都有新同学入学，这就需要向学生表中添加记录；在校学生的基本信息发生变化，也需要进行修改，这就是对表中记录的修改；还需要删除已毕业的学生的信息，这就是对表中记录的删除，如图 4.1 所示。

图 4.1 数据的添加、修改和删除操作

在学生信息管理系统中，经常根据指定条件查询学生的信息，例如实现全院、某系部、某年级或某班级学生的浏览；还可以查询某个学生的信息、退(休)学学生的信息或班级信息；也可以进行学生信息的统计等，如图 4.2 所示。

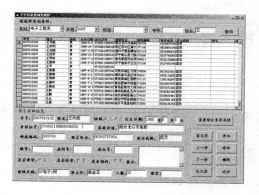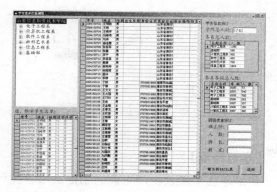

图 4.2 数据的查询操作

 学习目标：

- 理解 SQL Server 2008 表的基本概念
- 掌握表的创建、修改及删除方法
- 灵活运用单表查询、多表连接查询
- 明确聚集函数的使用方法及技巧
- 掌握分组与排序的使用方法
- 理解嵌套查询和集合查询的使用规则
- 掌握表记录的插入、修改和删除方法

4.1 管 理 表

【任务分析】

设计人员在完成了数据库的设计及建立后，下面的工作是在数据库中创建表，用于存储数据。

【学习情境】

训练学生掌握数据库中表的创建及维护操作。主要功能如下。

(1) 在数据库中创建表、维护表。

(2) 设置主键、外键等，建立表之间的关系。

【课堂任务】

本节要理解表的基本概念，掌握表的创建及维护方法。

● 表的基本概念

● 表的创建

● 维护表(修改表结构、删除表)

4.1.1 表的概述

在 SQL Server 中，表是一种重要的数据库对象。如果把数据库比喻成柜子，那么表就像柜子中各种规格的抽屉。一个表就是一个关系，表实质上就是行列的集合，每一行代表一条记录，每一列代表记录的一个字段。每个表由若干行组成，表的第一行为各列标题，其余行都是数据。在表中，行的顺序可以任意。不同的表有不同的名字。在 SQL Server 的一个数据库中可以存储 20 亿个表，一个表最多允许定义 1024 个列，每一列必须具有相同的数据类型。表的行数和总大小仅受可使用空间的限制。

1. 临时表和系统表

在 SQL Server 2008 系统中，数据表可以分为 4 种类型，即普通表、分区表、临时表和系统表。每种类型的表都有其自身的作用和特点。本小节主要介绍数据表中的临时表和系统表。

1) 临时表

临时表，顾名思义，就是临时创建的、不能永久保存的表。临时表又分为本地临时表和全局临时表。临时表的特征是表名前带有井号"#"，本地临时表的名称以单个符号"#"打头，它们仅对当前的用户连接可见，当用户从 SQL Server 2008 实例断开连接时自动被删除；全局临时表的名称以两个符号"##"打头，创建后对任何用户都可见，当所有引用该表的用户从 SQL Server 2008 断开连接时被删除。所有的用户都可以创建临时表。

2) 系统表

系统表与普通表的主要区别在于，系统表存储了有关 SQL Server 2008 服务器的配置、数据库设置、用户和表对象的描述等系统信息。一般来说，只能由 DBA 来使用该表。

2. 命名表

在一个数据库中，允许多个用户创建表。创建表的用户称为该表的所有者，因此，表的名称应该体现数据库、用户和表名 3 方面的信息。格式如下。

```
database_name.owner.table_name
```

其中，database_name 说明表在哪个数据库上创建，默认为当前数据库；owner 表示表的所有者名称，默认为创建表的用户；table_name 为表的名称，应遵守 SQL Server 对象名的命名规则。

注意：SQL 对象包括数据库、表、视图、属性名等。这些对象名必须符合一定规则或约定，各个 DBMS 的约定不完全相同，一般应遵守下列规则。

(1) 数据对象名可以为 1～30 个字符(在 MS Access 为 64 个字符)，但有些 DBMS 限制为 8 个字符，如 Oracle 数据库。

(2) 数据对象名应以字母或汉字开头，其余字符可以由字母、汉字、数字和下划线组成。

例如，用户 user1 在数据库 grademanger 中创建了一个表 student，这个表的全名就是 grademanger.user1.student；如果这个用户也是数据库的所有者，表的全名也可以是 grademanger.dbo.student。如果这个用户正在使用这个数据库，该用户可以简单地用 student 来引用表。

3. 表的结构

在学习如何创建表之前，首先需要了解表的结构。如图 4.3 所示，表的存在方式如同电子表格的工作表一样拥有列(Column)和行(Row)。用数据库的专业术语来表示，这些列即是字段(Field)，每个字段分别存储着不同性质的数据，而每一行中的各个字段的数据构成一条数据记录(Record)。

事实上，结构(Structure)和数据记录(Record)是表的两大组成部分。当然，在表能够存放数据记录之前，必须先定义结构，而表的结构定义工作即决定表拥有哪些字段以及这些字段的特性。所谓"字段特性"是指这些字段的名称、数据类型、长度、精度、小数位数、是否允许空值(NULL)、设置默认值、主码等。显然，只有彻底了解字段特性的各个定义项，才能有办法创建一个功能完善和具有专业水准的表。

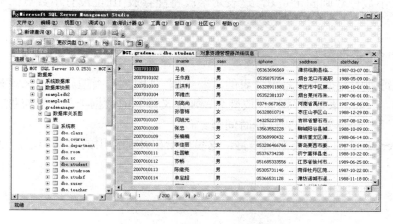

图 4.3　表的结构(student)

4. 字段名

表可以拥有多个字段，各个字段分别用来存储不同性质的数据，为了加以识别，每个字段必须有一个名称。字段名同样必须符合 SQL Server 的命名规则。

(1) 字段名最长可达 128 个字符。

(2) 字段名可包含中文、英文字母、数字、下划线符号(_)、井字符号(#)、货币符号($)及 at 符号(@)。

(3) 同一个表中，各个字段的名称绝对不能重复。

(4) 字段名可以用中文。

5. 长度、精度和小数位数

决定了字段的名称之后，下面就是要设置字段的数据类型(Data Type)、长度(Length)、精度(Precision)与小数位数(Scale)。数据类型将在后面进行讲解。

字段的长度是指字段所能容纳的最大数据量。但是对不同的数据类型而言，长度对字段的意义有些不同，说明如下。

(1) 对字符串和 Unicode 数据类型而言，长度代表字段所能容纳字符的数目，因此它会限制用户所能输入的文本长度。

(2) 对数值类的数据类型而言，长度则代表字段使用多少个字节来存放数字。

(3) 对 binary、varbinary 与 image 数据类型而言，长度代表字段所能容纳的字节数。

至于精度是指数中数字的位数(包括小数点左侧的整数部分和小数点右侧的小数部分)，而小数位数则是指数字中小数点右侧的位数。例如，就数字 12345.678 而言，其精度是 8，小数位数是 3。显然，只有数值类的数据类型才有必要指定精度和小数位数。

通常用如下所示的格式来表示数据类型及其所采用的长度、精度和小数位数，其中，n 代表长度、p 代表精度、s 代表小数位数。

Binary(n)→binary(10)→长度为 10 的 binary 数据类型

char(n)→char(12)→长度为 12 的 char 数据类型

numeric(p[,s])→numeric(8,3)→精度为 8、小数位数为 3 的 numeric 数据类型

从上面可以看出，不少数据类型的精度和小数位数是固定的，对采用此类数据类型的字段而言，不需设置精度和小数位数。例如，如果某字段采用 int 数据类型，其长度固定是 4，精度固定是 10，小数位数则固定是 0，这表示字段将能存放 10 位没有小数点的整数，存储大小则是 4 个字节。

4.1.2 SQL Server 数据类型

确定表中每列的数据类型是设计表的重要步骤。列的数据类型就是定义该列所能存放的数据的值的类型。例如，表的某一列存放姓名，则定义该列的数据类型为字符型；又如表的某一列存放出生日期，则定义该列为日期时间型。

SQL Server 2008 的数据类型很丰富，这里仅给出几种常用的数据类型，见表 4-1。

表 4-1　SQL Server 常用的数据类型

数据类型	系统提供的数据类型	存储长度	数值范围	说明
二进制	binary[(n)]	n+4(若输入数据的长度超过了 n 规定的值,超出部分将会被截断,否则,不足部分用数字 0 填充。)	n 最大值为 8000	分别表示定长、变长二进制数据,常用于存放图形、图像等数据。对于二进制数据常量,应在数据前面加标识符 0x。n 的默认长度为 1
	varbinary[(n)]	字节数随输入数据的实际长度+4	n 最大值为 8000	
	image	字节数随输入数据的实际长度而变化	最多 $2^{31}-1$ 个字节	
字符	char[(n)]	n(若输入数据的长度超过了 n 规定的值,超出部分将会被截断,否则,不足部分用空格填充。)	最多 8000 个字符,个数由 n 决定	分别表示定长、变长字符型和变长文本型数据,n 默认长度为 1 text 常用于存储字符长度大于 8000 的变长字符
	varchar[(n)]	字节数随输入数据的实际长度而变化,最大长度不得超过 n	最多 8000 个字符,个数由 n 决定	
	text	字节数随输入数据的实际长度而变化	最多 $2^{31}-1$ 个字符	
Unicode 字符	nchar[(n)]	2*n(若长度超过 n,超出部分将会被截断,否则,不足部分用空格填充。)	最多 4000 个字符,个数由 n 决定	这 3 种类型与 3 种字符型类型相对应,存储 Unicode 字符,每个字符占两个字节。Unicode 字符常量的定界符也是单引号,应在其前面加前导标识符 n,但在存储时并不存储该字符。n 的默认值长度为 1。ntext 常用于存储字符长度大于 4000 的变长 Unicode 字符
	nvarchar[(n)]	字节数随输入数据的实际长度而变化,最大长度不超过 2*n	最多 4000 个字符,个数由 n 决定	
	ntext	字节数随输入数据的实际长度而变化	最多 $2^{30}-1$ 个字节	
日期时间	date	3	0001-01-01~9999-12-31	只存储日期,不存储时间(SQL Server 2008 新增数据类型)
	time	8	00:00:00.0000000~23:59:59.9999999	只存储时间,不存储日期(SQL Server 2008 新增数据类型)
	datetime	8	1753-1-1~9999-12-31	表示日期和时间的组合,其时间精度为 1/300 秒或 3.33 毫秒
	datetime2	8	1753-1-1~9999-12-31	与 datetime 类似,秒的小数部分的精度更高(SQL Server 2008 新增数据类型)
	datetimeoffset	8	1753-1-1~9999-12-31	与 datetime 类似,同时带有时区提示(SQL Server 2008 新增数据类型)
	smalldatetime	4	1900-1-1~2079-6-6	表示日期和时间的组合,其时间精度为分钟

续表

数据类型	系统提供的数据类型	存储长度	数值范围	说明
整数	bit	1	0 和 1	常作为逻辑变量使用，输入 0 以外的其他值，系统均视为 1
	int	4	$-2^{31} \sim 2^{31}-1$	
	smallint	2	$-2^{15} \sim 2^{15}-1$	
	bigint	8	$-2^{63} \sim 2^{63}-1$	
	tinyint	1	$0 \sim 255$	表示无符号整数
精确数值	decimal[(p[,s])] 或 numeric[(p[,s])]	精度　字节长度 1~9　　5 10~19　9 20~28　13 29~38　17	$-10^{38}-1 \sim 10^{38}-1$	表示固定精度和大小的十进制数值。精度 p 为整数和小数数字位数的最大值，s 为小数数字位数的最大值
近似数值	float[(n)]	n 值　精度　字节长度 1~24　7　4 25~53　15　8	-1.79E+308~1.79E+308	表示近似的浮点数值，该数值与实际数据之间可能存在一个微小的差别，不能精确表示数值范围内的所有值，对多数应用程序而言，这一差别可以忽略。n 为以科学计数法表示的浮点数的尾数，决定了精度和存储字节数
	real	4	-3.40E+38~3.40E+38	
货币	money	8	$-2^{63} \sim 2^{63}-1$	精度为万分之一货币单位，即小数点后 4 位。以十进制数表示货币量，输入时应在其数值前加相应的货币符号，如¥、$、£等

提示：① 在使用某种整数数据类型时，如果提供的数据超出其允许的取值范围，将发生数据溢出错误。

② 在使用过程中，如果某些列中的数据或变量将参与科学计算，或者计算量过大时，建议考虑将这些数据对象设置为 float 或 real 数据类型，否则会在运算过程中形成较大的误差。

③ 建议用户在大型应用程序中不要使用 smalldatetime 数据类型，避免出现类似千年虫的问题。

④ 使用字符型数据时，如果某个数据的值超过了数据定义时规定的最大长度，则多余的值会被服务器自动截取。

4.1.3 列的其他属性

给列指派数据类型时，也就定义了想要在列中存储什么。但列的定义不仅只是设置数据类型，还可以用种子值填充列，或者是空值。

1. 默认值

当向表中插入数据时，如果用户没有明确给出某列的值，SQL Server 自动指定该列使用默认值。它是实现数据完整性的方法之一。

2. 生成 IDENTITY 值

当向 SQL Server 的表中加入新行时，可能希望给行一个唯一而又容易确定的 ID 号。IDENTITY 关键字又叫标识字段，一个标识字段是唯一标识表中每条记录的特殊字段，当一个新记录添加到这个表中时，这个字段就被自动赋给一个新值。默认情况下是加 1 递增。

提示：每个表可以有一个标识字段，也只能有一个标识字段。使用 tinyint 型数据，只能向表中添加 255 个记录。

3. NULL 与 NOT NULL

在创建表的结构时，列的值可以允许为空值。NULL(空，列可以不指定具体的)值意味着此值是未知的或不可用的，向表中填充行时不必为该列给出具体值。注意，NULL 不同于零、空白或长度为零的字符串。

提示：NOT NULL 不允许为空值，该列必须输入数据。

4.1.4 设计学生信息管理数据库的表结构

在第 2 章块设计学生信息管理数据库的基础上，现在实现数据库中各表的表结构的设计。在这一步，设计人员要决定数据表的详细信息，包括表名、表中各列名称、数据类型、数据长度、列是否允许空值、表的主键、外键、索引、对数据的限制(约束)等内容。设计人员最终给出 8 个表的定义，见表 4-2～表 4-9。

表 4-2　student 表的表结构

列名	数据类型	是否空	键/索引	检查	默认值
sno	char(10)	否	聚集主键		
sname	char(10)	是			
ssex	char(2)	是		是	男
sbirth	date	是			
sid	varchar(10)	是			
saddress	varchar(30)	是			
spostcode	char(6)	是			
sphone	char(18)	是			不详
spstatus	char(20)	是			
sfloor	char(10)	是			
sroomno	char(5)	是			
sbedno	char(2)	是			
smemo	varchar(60)	是			
classno	char(8)	是	外键　class(classno)		

表 4-3　class 表的表结构

列名	数据类型	是否空	键/索引	检查	默认值
classno	char(8)	否	聚集主键		
classname	nvarchar(20)	是			

续表

列名	数据类型	是否空	键/索引	检查	默认值
speciality	varchar(60)	是			
inyear	char(4)	是			
classnumber	tinyint	是			
header	char(10)	是			
deptno	char(4)	是	外键 department(deptno)		
classroom	nvarchar(16)	是			
monitor	char(8)	是			
classxuezhi	tinyint	是			3

表 4-4　department 表的表结构

列名	数据类型	是否空	键/索引	检查	默认值
deptno	char(4)	否	聚集主键		
deptname	char(14)	是			
deptheader	char(8)	是			
office	char(20)	是			
deptphone	char(20)	是			不详

表 4-5　floor 表的表结构

列名	数据类型	是否空	键/索引	检查	默认值
sfloor	char(10)	否	组合主键		
sroomno	char(5)	否	组合主键		
ssex	char(2)	是			
maxn	tinyint	是			

表 4-6　course 表的表结构

列名	数据类型	是否空	键/索引	检查	默认值
cno	char(5)	否	组合主键		
cname	char(20)	是			
cterm	char(2)	否	组合主键		

表 4-7　teacher 表的表结构

列名	数据类型	是否空	键/索引	检查	默认值
tno	char(4)	否	聚集主键		
tname	char(10)	是			
tsex	char(2)	是		是	男
deptno	char(4)	是	外键 department(deptno)		

表 4-8　sc 表的表结构

列名	数据类型	是否空	键/索引	检查	默认值
cno	char(5)	否	组合主键　外键 course(cno)		
sno	char(10)	否	组合主键　外键 student(sno)		

续表

列名	数据类型	是否空	键/索引	检查	默认值
degree	numeric(5,1)	是		是	
cterm	tinyint	否	组合主键　外键 course(cterm)	是	

表 4-9　teaching 表的表结构

列名	数据类型	是否空	键/索引	检查	默认值
tno	char(4)	否	组合主键　外键 teacher(tno)		
cno	char(5)	否	组合主键　外键 course(cno)		
cterm	tinyint	否	组合主键　外键 course(cterm)	是	

4.1.5　创建表

创建表的方法有两种：一种是使用 SQL Server 2008 的管理工具 SSMS；另一种是使用 Transact-SQL 的 CREATE TABLE 语句。下面以创建 student 表为例，介绍创建表的方法及过程。student 表的表结构见表 4-2。

1. 使用 SSMS 创建表

使用 SSMS 创建表的步骤如下。

(1) 打开 SSMS 窗口，在【对象资源管理器】窗格中展开服务器，然后展开【数据库】节点，在 grademanger 数据库节上双击或单击前面的【+】按钮，展开该数据库，然后右击【表】节点，从快捷菜单中选择【新建表】命令，如图 4.4 所示。

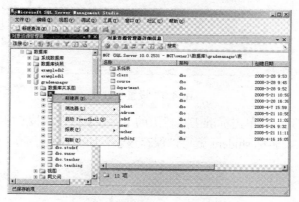

图 4.4　【新建表】命令

(2) 在打开的设计表窗口中，输入列名，选择该列的数据类型，并设置是否为空，如图 4.5 所示。图 4.5 所示的设计表窗口中的下半部分是列属性，包括是否是标识列、是否使用默认值等。逐个定义表中的列，设计完整的表结构。

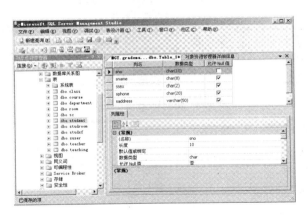

图 4.5　设计表窗口

(3) 设置主键约束。选中要作为主键的列，单击工具栏上的设置主键按钮，或右击该列，在快捷菜单中选择【设置主键】命令，主键列的左侧将显示钥匙标记，如图 4.6 所示。

图 4.6　设置主键

(4) 定义好所有的列后，单击标准工具栏上的【保存】按钮或按 Ctrl+S 组合键，将弹出【选择名称】对话框，输入表名称 student 就可以保存该表，如图 4.7 所示。此时该表就创建完成了。

图 4.7　【选择名称】对话框

提示：① 尽可能地在创建表时正确地输入列的信息。

② 同一个表中，列名不能相同。

技巧：在定义表的结构时，可灵活运用下列操作技巧。

① 插入新字段。如果想插入新字段，可右击适当的字段，并从快捷菜单中选择【插入列】命令，一个空白列就会插入到原先所选取的字段前。此时，便可开始定义这个新字段的字段名称、数据类型及其他属性，如图 4.8 所示。

图 4.8 插入新字段

② 删除现有的字段。若想删除某个字段，可右击该字段，再选择快捷菜单中的【删除列】命令，如图 4.9 所示。

图 4.9 删除现有的字段

2. 使用 Transact-SQL 语句创建表

提示：在使用 Transact-SQL 语句前，首先要了解 Transact-SQL 语句结构和书写准则。

首先要介绍在 Transact-SQL 语句中语法格式的一些约定符号。

(1) 尖括号 "<>" 中的内容为必选项。例如，<表名>意味着必须在此处填写一个表名。

(2) 中括号 "[ ]" 中的内容为任选项。例如，[UNIQUE]意味着 UNIQUE 是可写可不写的。

(3) [,…]意思是 "等等"，即前面的项可以重复。

(4) 大括号 "{}" 与竖线 "|" 表明此处为选择项，在所列出的各项中仅需选择一项。

例如，{A|B|C|D}意味着从 A、B、C、D 中取其一。

(5) SQL 中的数据项(包括列项、表和视图)分隔符为 "," ；其字符串常量的定界符用单引号 " ' ' " 表示。

在编写 SQL 语句时，遵守某种准则可以提高语句的可读性，并且易于编辑，这是很有好处的。以下是一些通常的准则。

(1) SQL 语句对大小写不敏感。但是为了提高 SQL 语句的可读性，子句开头的关键字通常采用大写形式。

(2) SQL 语句可写成一行或多行，习惯上每个子句占用一行。

(3) 关键字不能在行与行之间分开，并且很少采用缩写形式。

(4) SQL 语句的结束符为分号";"，分号必须放在语句中最后一个子句的后面，但可以不在同一行。

在 Transact-SQL 中，使用 CREATE TABLE 语句创建表。语法格式如下。

```
CREATE TABLE <表名>
(<字段 1> <数据类型 1> [<列级完整性约束条件 1>]
[,<字段 2> <数据类型 2> [<列级完整性约束条件 2>]] [,…]
[,<表级完整性约束条件 1>]
[,<表级完整性约束条件 2>] [,…]
)
```

说明如下。

在定义表结构的同时，还可以定义与该表相关的完整性约束条件(实体完整性、参照完整性和用户自定义完整性)，这些完整性约束条件被存入系统的数据字典中，当用户操作表中的数据时，由 DBMS 自动检查该操作是否违背这些完整性约束条件。如果完整性约束条件涉及该表的多个属性列，则必须定义在表级上，其他情况则既可以定义在列级上也可以定义在表级上。

(1) 列级完整性约束条件如下。

① PRIMARY KEY：指定该字段为主键。

② NULL /NOT NULL：指定的字段允许为空/不允许为空，如果没有约束条件，则默认为 NULL。

③ UNIQUE：指定字段取值唯一，即每条记录的指定字段的值不能重复。

注意：如果指定了 NOT NULL 和 UNIQUE，就相当于指定了 PRIMARY KEY。

④ DEFAULT <默认值>：指定设置字段的默认值。

⑤ CHECK <条件表达式>：用于对输入值进行检验，拒绝接受不满足条件的值。

(2) 表级完整性约束条件如下。

① PRIMARY KEY 用于定义表级约束，语法格式如下。

```
CONSTRAINT <约束名> PRIMARY KEY [CLUSTERED]<字段名组>
```

注意：当使用多个字段作为表的主键时，使用上述设置主键的方法。

② FOREIGN KEY 用于设置参照完整性规则，即指定某字段为外键，语法格式如下。

```
CONSTRAINT <约束名> FOREIGN KEY <外键> REFERENCES <被参照表(主键)>
```

③ CHECK 用于设置用户自定义完整性规则，既可用于列级完整性约束，也可用于表级完整性约束，语法格式如下。

```
CONSTRAINT <约束名> CHECK <条件>
```

【例 4-1】 利用 SQL 语句定义表 4-2 中的关系表。

```
USE grademanager
Go
```

```
CREATE TABLE student                              //创建学生关系表
(sno char(10) PRIMARY KEY,                        //学号为主键
sname varchar(10),                                //姓名
ssex char(2) CHECK(ssex IN('男','女')),           //性别
sbirth date DEFAULT '1986-01-01',                 //出生日期
sid varchar(10),                                  //身份证号
saddress varchar(30),                             //家庭住址
spostcode char(6),                                //邮政编码
sphone char(18),                                  //电话
spstatus char(20),                                //政治面貌
sfloor char(10),                                  //楼号
sroomno char(5),                                  //房间号
sbedno char(2),                                   //床位号
smemo varchar(60),                                //简历
classno char(8)                                   //班级号
)
```

提示：① 表是数据库的组成对象，在进行创建表的操作之前，先要通过命令 USE 打开要操作的数据库。

② 用户在选择表和列名称时不要使用 SQL 语言中的保留关键字，如 SELECT、CREATE 和 INSERT 等。

利用 SQL 语句定义表 4-6、表 4-8 中的关系表。

```
CREATE TABLE course                                      //创建课程关系表
(cno char(5) NOT NULL,                                   //课号
cname varchar(20) NOT NULL,                              //课程名称
cterm tinyint NOT NULL,                                  //学期
CONSTRAINT C1 PRIMARY KEY(cno,cterm)                     //课程号+学期为主键
)
CREATE TABLE sc                                          //创建成绩关系表
(sno char(10) NOT NULL,                                  //学号
cno char(5) NOT NULL,                                    //课程号
degree numeric(5,1),                                     //成绩
cterm tinyint NOT NULL,                                  //学期
CONSTRAINT A1 PRIMARY KEY(sno,cno,cterm),                //学号+课程号+学期为主键
CONSTRAINT A2 FOREIGN KEY(sno) REFERENCES STUDENT(sno),  //学号为外键
CONSTRAINT A3 FOREIGN KEY(cno,cterm) REFERENCES COURSE(cno,cterm),
                                                         //(课程号，学期)为外键
CONSTRAINT A4 CHECK(degree BETWEEN 0 AND 100)            //成绩约束条件
)
```

4.1.6 维护表

1. 修改表

表创建后，难免要对其进行修改。可以使用 SSMS 或 ALTER TABLE 语句来进行表的修改。

1) 使用 SSMS 修改表结构

右击要修改的表，在弹出的快捷菜单中选择【设计表】命令，打开设计表窗口，此时和新建表时一样，向表中加入列、从表中删除列或修改列的属性，修改完毕后单击【保存】按钮即可。

2) 使用 ALTER TABLE 语句修改表结构

(1) 语法格式如下。

```
ALTER TABLE <表名>
    {
    [ADD <新字段名> <数据类型> [<列级完整性约束条件>][,…]]
    |[ALTER COLUMN <字段名> <新数据类型> [<列级完整性约束条件>]]
    |[DROP {COLUMN <字段名>| <完整性约束名>}[,…]]
    }
```

(2) 功能如下。

① [ADD(<新字段名> <数据类型> [<列级完整性约束条件>][,…])]为指定的表添加一个新字段，它的数据类型由用户指定。

② [ALTER COLUMN (<字段名> <新数据类型> [<列级完整性约束条件>])]对指定表中字段的数据类型或完整性约束条件进行修改。

③ [DROP {COLUMN <字段名>| <完整性约束名>}[,…]]对指定表中不需要的字段或完整性约束进行删除。

(3) 下面用具体实例说明。

【例 4-2】 在 student 表中添加一个数据类型为 char、长度为 10 的字段 class，表示学生所在班级。

```
ALTER TABLE student ADD class char(10)
```

提示：不论表中原来是否已有数据，新增加的列一律为空值，且新增加的列位于表结构的末尾。

【例 4-3】 将 sc 表中的 degree 字段的数据类型改为 smallint。

```
ALTER TABLE sc ALTER COLUMN degree smallint
```

【例 4-4】 将 student 表中 class 字段删除。

```
ALTER TABLE student DROP COLUMN class
```

提示： ① 在添加列时，不需要带关键字 COLUMN；在删除列时，在列名前要带上关键字 COLUMN，因为在默认情况下，认为是删除约束。

② 在添加列时，需要带数据类型和长度；在删除列时，不需要带数据类型和长度，只需指定列名。

③ 如果在该列定义了约束，在修改时会进行限制，如果确实要修改该列，先必须删除该列上的约束，然后再进行修改。

3) 使用系统存储过程修改表名

对表进行重命名和删除操作除了右击该表，在快捷菜单中操作外，也可以使用 Transact-SQL 语言来实现。在 SQL Server 2008 中，可以使用系统存储过程 sp_Rename 来对表重命名。例如重命名"student"表为"学生信息"的语句如下。

```
USE grademanager
go
EXEC Sp_Rename 'student','学生信息'
```

2. 快速添加、查看、修改与删除数据记录

1) 向表中添加数据

创建表只是建立了表结构，还应该向表中添加数据。只有 System Administrator 角色成员、数据库和数据库对象所有者及其授权用户才能向表中添加数据。在添加数据时，对于不同的数据类型，插入数据的格式不一样，因此，应严格遵守它们各自的要求。添加数据按输入顺序保存，条数不限，只受存储空间的限制。

启动 SSMS 后，展开【数据库】文件夹，再展开要添加数据的数据库(如 grademanager)，可以看到所有的数据库对象，单击【表】，在右侧窗口右击要操作的表(如 student)，选择快捷菜单中的【编辑前 200 行】命令，打开该表的数据窗口。

在数据窗口中，用户可以添加多行新数据，同时还可以修改表中数据。使用该窗口的快捷菜单，可以实现表中数据各行记录间跳转、剪贴、复制和粘贴等。

2) 快速查看、修改和删除数据记录

(1) 修改数据记录。若想修改某字段的数据，只需将光标移到该字段然后开始修改即可。

(2) 删除数据记录。若想删除某条数据记录，可单击该条数据记录左边的选取框，然后按 Delete 键，接着在确认对话框中单击【是】按钮即可。

(3) 快速查看数据记录。在快速查看数据记录方面，除了利用方向键和翻页键来浏览数据记录外，还可利用窗口下方的导航按钮，以便快速移到第一条、最后一条或特定记录编号的数据记录。

3. 删除表

删除一个表时，它的结构定义、数据、约束、索引都将被永久地删除。

提示： 如果一个表被其他表通过 FOREIGN KEY 约束引用，那么必须先删除定义 FOREIGN KEY 约束的表，或删除其 FOREIGN KEY 约束。当没有其他表引用它时，这个表才能被删除，否则删除操作就会失败。例如，sc 表通过外键约束引用了 student 表，如果尝试删除 student 表，那么会出现警告对话框，删除操作被取消。

删除一个表可以使用 SSMS 或 Transact-SQL 语句。

1) 使用 SSMS 删除表

使用 SSMS 删除一个表非常简单，只需展开【服务器】|【数据库】|【表】，右击要删除的表，在弹出的快捷菜单中选择【删除】命令，如果确定要删除该表，则在弹出的【删除对象】对话框中单击【确定】按钮，便完成对表的删除。

2) 使用 Transact-SQL 语句删除表

使用 DROP TABLE 语句可以删除表，语法格式如下。

```
DROP TABLE <表名>
```

警告： DROP TABLE 语句不能用来删除系统表。通过 DROP TABLE 语句删除表，不仅会将表中的数据删除，还将删除表定义本身。如果只想删除表中的数据而保留表的定义，可以使用 DELETE 语句。DELETE 语句删除表的所有行，或者根据语句中的定义只删除特定的行。

```
DELETE <表名>
```

提示：要对表进行重命名或者删除操作，用户必须拥有相应的权限或者服务器角色。

【例 4-5】 删除学生成绩表 sc。

```
DROP TABLE sc
```

4.1.7 表关系

在关系数据库中，关系可以防止冗余数据，关系通过匹配键列(通常是两个表中同名的列)中的数据来发挥作用。在大多数情况下，关系将一个表的主键与另一表中的外键相匹配。

在 SQL Server 2008 系统中，表之间存在 3 种类型的关系：一对一关系、一对多关系和多对多关系，所创建的关系类型取决于相关列的定义。图 4.10 所示为"grademanager"数据库各表之间的关系图。

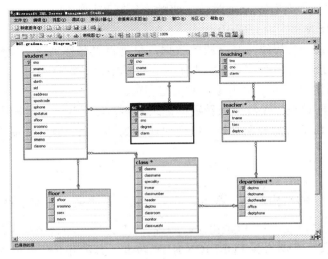

图 4.10 "grademanager"数据库表关系图

下面介绍如何在 SSMS 管理工具中创建数据表之间的关系，具体操作步骤如下。

(1) 在【对象资源管理器】窗格中，依次展开【数据库】|grademanager，右击【数据库关系图】，在快捷菜单中选择【新建数据库关系图】命令。

(2) 在打开的【添加表】对话框中选择要添加到关系图中的表，如图 4.11 所示。在这里选择全部的表，然后单击【添加】按钮，单击【关闭】按钮关闭【添加表】对话框。

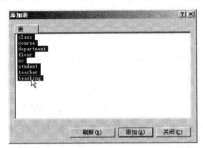

图 4.11 【添加表】对话框

(3) 在关系图设计器中，可以通过拖动主键到另外与之关联的表的列上，松开鼠标左键，此时将弹出【外键关系】对话框(如图 4.12 所示)和【表和列】对话框(如图 4.13 所示)。

图 4.12　【外键关系】对话框

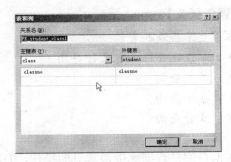

图 4.13　【表和列】对话框

(4) 在【表和列】对话框中设置【主键表】和【外键表】项。完成后，单击【确定】按钮返回到【外键关系】对话框，单击【确定】按钮完成 student 表和 class 表的关联。

(5) 在设计器中，根据需要依次建立各表之间的关系。最终创建好的 grademanager 数据库的关系图如图 4.10 所示。

4.2　数据查询

【任务分析】

设计人员准备好了数据库中的数据后，下一步的工作是实现对数据的查询，其中包括学生基本信息的浏览及查询、成绩查询、各种数据的统计等。

【学习情境 1】

训练学生掌握单表的无条件查询和有条件查询。主要功能如下。

(1) 浏览全院学生基本信息。

(2) 浏览某系学生基本信息。

(3) 浏览某系某年级学生基本信息。

(4) 浏览某系某年级某班学生基本信息。

(5) 浏览全院退、休学学生基本信息。

(6) 浏览某系退、休学学生基本信息。

(7) 浏览某系某年级退、休学学生基本信息。

(8) 浏览某系某年级某班退、休学学生基本信息。

(9) 可按专业进行浏览；浏览毕业生的相关信息等。

【学习情境 2】

训练学生掌握表的复杂查询和数据统计功能。主要功能如下。

(1) 学生信息的模糊查询。

(2) 学生量化成绩的查询。

(3) 班级信息的查询。

(4) 学生信息的统计(全院人数、各系人数，各系各班级人数、毕业生人数等)。

(5) 学生信息的输出结果排序。

(6) 毕业生信息的查询；退、休学学生的数据统计。

【课堂任务】

本节要掌握表的查询。

● 单表无条件、有条件查询

● 多表查询

● 集合查询

● 嵌套查询

数据查询是数据库中最常见的操作，Transact-SQL 语言是通过 SELECT 语句来实现查询的。由于 SELECT 语句的结构较为复杂，为了更加清楚地理解 SELECT 语句，下面所示的语法结构将省略细节，将在以后各小节展开来讲。数据查询语句的语法结构如下。

```
SELECT 子句 1
    FROM 子句 2
    [WHERE 表达式 1]
    [GROUP BY 子句 3]
    [HAVING 表达式 2]
    [ORDER BY 子句 4]
    [UNION 运算符]
```

功能及说明如下。

(1) SELECT 子句：指定查询结果中需要返回的值。

(2) FROM 子句：指定从其中检索行的表或视图。

(3) WHERE 表达式：指定查询的搜索条件。

(4) GROUP BY 子句：指定查询结果的分组条件。

(5) HAVING 表达式：指定分组或集合的查询条件。

(6) ORDER BY 子句：指定查询结果的排序方法。

(7) UNION 操作符：将多个 SELECT 语句查询结果组合为一个结果集，该结果集包含联合查询中的所有查询的全部行。

本小节为简化查询操作，以学生成绩管理(grade)数据库为例，所用的基本表中数据见表 4-10、表 4-11、表 4-12。该数据库包括以下几个。

(1) 学生关系表 student(说明：sno 表示学号，sname 表示姓名，ssex 表示性别，sbirth 表示出生日期，sdept 表示所在系)。

(2) 课程关系表 course(说明：cno 表示课程号，cname 表示课程名)。

(3) 成绩表 sc(说明：sno 表示学号，cno 表示课程号，degree 表示成绩)。

其关系模式如下。

student(sno，sname，ssex，sbirth，sdept)

course(cno，cname)

sc(sno，cno，degree)

表 4-10 学生关系表 student

sno	sname	ssex	sbirth	sdept
20050101	李勇	男	1987-01-12	计算机系
20050201	刘晨	女	1988-06-04	信息系
20050301	王敏	女	1989-12-23	软件系
20050202	张立	男	1988-08-25	信息系
...	...	...	...	...

表 4-11 课程关系表 course

cno	cname	cno	cname
C01	数据库	C03	信息系统
C02	数学	C04	操作系统
...	...	...	...

表 4-12 成绩表 sc

sno	Cno	degree
20050101	C01	92
20050101	C02	85
20050101	C03	88
20050201	C02	90
20050201	C03	80
...	...	...

4.2.1 单表无条件查询

1. 语法格式

```
SELECT [ALL|DISTINCT] [TOP N[PERCENT]] <选项> [AS <显示列名>] [,<选项> [AS
<显示列名>][,...]] FROM <表名|视图名>
```

2. 说明

(1) ALL：表示输出所有记录，包括重复记录。默认值为 ALL。

DISTINCT：表示在查询结果中去掉重复值。

(2) TOP N：返回查询结果集中的前 N 行。

加[PERCENT]：返回查询结果集中的前 N%行。N 的取值范围是 0～100。

(3) 选项：查询结果集中的输出列。可为字段名、表达式或函数。用 "*" 表示表中的所有字段。若选项为表达式或函数，输出的列名系统自动给出，不是原字段名，故用 AS 重命名。

(4) 显示列名：在输出结果中，设置选项显示的列名。用引号定界或不定界。

(5) 表名：要查询的表。表不需打开，到当前路径下寻找表所对应的文件。

3. 实例

1) 查询指定列

【例 4-6】 查询全体学生的学号和姓名。

```
SELECT sno,sname
   FROM student
```

【例 4-7】 查询全体学生的姓名、学号、所在系。

```
SELECT sname,sno,sdept
   FROM student
```

SELECT 子句中各列的先后顺序可以与表中的顺序不一致。用户可以根据应用的需要改变列的显示顺序。本例中先列出姓名，再列出学号和所在系。

【例 4-8】 查询选修了课程的学生学号(本例是对表 4-12 的查询)。

```
SELECT DISTINCT sno
   FROM sc
```

如果没有指定 DISTINCT，则默认为 ALL，即保留结果表中取值重复的行。
查询结果如下。

sno
20050101
20050201

如果去掉 DISTINCT，则查询结果如下。

sno
20050101
20050101
20050101
20050201
20050201

用户自行练习列出 student 表中出现的系别，并去掉重复值。

提示： ① SELECT 子句中的<选项>中各个列的先后顺序可以与表中的顺序不一致。
     ② 用户在查询时可以根据需要改变列的显示顺序，但不改变表中列的原始顺序。

2) 查询全部列
【例 4-9】 查询全体学生的详细记录。

```
SELECT *
   FROM student
```

上面的语句等价于：

```
SELECT sno,sname,ssex,sbirth,sdept
   FROM student
```

【例 4-10】 输出学生表中的前 10 条记录。

```
SELECT TOP 10 * FROM student
```

若输出学生表中的前 10%的记录，则只需在 TOP 10 后加 PERCENT 即可。

3) 查询经过计算的列

SELECT 子句中不仅可以是表中的字段名，也可以是表达式。

【例 4-11】　查询全体学生的姓名及其年龄。

```
SELECT sname,YEAR(GETDATE())-YEAR(sbirth)
FROM student
```

在本例中，子句中的第二项不是字段名，而是一个计算表达式，是用当前的年份减去学生的出生年份，这样，所得的即是学生的年龄。其中，GETDATE( )函数返回当前的系统日期和时间，YEAR( )函数返回指定日期的年部分的整数。输出结果如下。

sname	无列名
李勇	22
刘晨	21
王敏	20
张立	21

SELECT 子句中不仅可以是算术表达式，还可以是字符串常量、函数等；用户还可以通过指定别名来改变查询结果中的列标题，这对包含算术表达式、常量、函数名的目标列表达式尤为有用。

提示：有 3 种方法指定列名。
① 通过"选项 列名"形式。
② 通过"选项 AS 列名"形式。
③ 通过"选项=列名"形式。

【例 4-12】　查询全体学生的姓名、出生年份和所在系，要求用小写字母表示所有系名，同时为姓名列指定别名为 NAME，出生年份所在列指定别名为年份，系别所在列指定别名为系别。

```
SELECT sname NAME,'出生年份:' AS 生日,YEAR(sbirth)年份=,
LOWER(sdept) AS 系别
FROM student
```

输出结果如下。

NAME	生日	年份	系别
李勇	出生年份：	1987	计算机系
刘晨	出生年份：	1988	信息系
王敏	出生年份：	1989	软件系
张立	出生年份：	1988	信息系

【例 4-13】　将 sc 表中的学生成绩增加 20%后输出。

```
SELECT sno,cno,degree*1.2 成绩=
FROM SC
```

注意：命令中的标点符号一律为半角。

4. 查询结果的输出

Transact-SQL 提供了一个扩展特性，允许用户使用 SELECT 语句查询得到的结果记录来创建一个新的数据表，创建新表使用 INTO 子句。INTO 子句不能单独使用，它包含在 SELECT 语句中。

INTO 子句的语法格式如下。

```
INTO <新表名>
```

新创建的数据表的属性列由 SELECT 语句的目标列表达式来确定，属性列的列名、数据类型以及在表中的顺序都与 SELECT 语句的目标列表达式相同。新表的行数据也来自 SELECT 语句的查询结果，其值可以是计算列表达式，也可以是函数。

【例 4-14】 使用 INTO 子句创建一个新表，存放 student 表中的姓名和系别两列。

```
SELECT sname, sdept
  INTO studtemp
  FROM student
```

说明：该语句执行后将创建一个新表 studtemp，表中有两个属性列：sname、sdept，所有数据来自 student。

提示：① 通常情况下，INTO 子句的主要作用是创建一个临时表，因为使用 INTO 子句创建的表，并不保留原表中已定义好的各种约束，因此一般不使用 INTO 子句创建永久表。

② 自动创建的新表必须有具体的列名，因此，在 SELECT 子句中的每一列必须有明确的列名。

4.2.2 单表有条件查询

1. 语法格式

```
SELECT [ALL|DISTINCT] <选项> [AS<显示列名>] [,<选项> [AS<显示列名>][,...]]
  FROM <表名|视图名>
  WHERE <条件表达式>
```

说明：条件表达式是通过运算符连接起来的逻辑表达式。

2. WHERE 条件中的运算符

WHERE 子句常用的运算符见表 4-13。

表 4-13 常用的运算符

查询条件	运算符
比较运算符	=,<,>,<=,>=,<>,!=,!<,!>
范围运算符	BETWEEN AND,NOT BETWEEN AND
列表运算符	IN,NOT IN
字符匹配符	LIKE,NOT LIKE
空值	IS NULL,IS NOT NULL
逻辑运算符	AND,OR,NOT

1）比较运算符

使用比较运算符实现对查询条件进行限定，其语法格式如下。

```
WHERE 表达式 1   比较运算符   表达式 2
```

【例 4-15】　查询所有男生的信息。

```
SELECT * FROM student
    WHERE ssex='男'
```

【例 4-16】　查询所有成绩大于 80 分的学生的学号和成绩。

```
SELECT sno AS '学号',degree '成绩'
    FROM sc
    WHERE degree>80
```

【例 4-17】　查询所有男生的学号、姓名、系别及出生日期。

```
SELECT sno, sname,sdept,sbirth
    FROM student
    WHERE ssex='男'
```

【例 4-18】　查询计算机系全体学生的名单。

```
SELECT sname
    FROM student
    WHERE sdept='计算机系'
```

【例 4-19】　查询考试成绩不及格的学生的学号。

```
SELECT DISTINCT sno
    FROM sc
    WHERE degree<60
```

这里利用了 DISTINCT 短语，即使一个学生有多门不及格课程，他的学号也只出现一次。

提示：在 SQL Server 2008 中，比较运算符几乎可以连接所有的数据类型。当连接的数据类型不是数字时，要用单引号"''"将数据引起来，在使用比较运算符，运算符两边表达式的数据类型必须保持一致。

2）逻辑运算符

有时，在查询时指定一个查询条件很难满足用户的需求，需要同时指定多个查询条件，那么就可以使用逻辑运算符将多个查询条件连接起来。WHERE 子句中可以使用逻辑运算符 AND、OR 和 NOT，这 3 个逻辑运算符可以混合使用。其语法格式如下。

```
WHERE  NOT 逻辑表达式|逻辑表达式 1  逻辑运算符  逻辑表达式 2
```

提示：如果在 WHERE 子句中有 NOT 运算符，则将 NOT 放在表达式的前面。

【例 4-20】　查询计算机系女生的信息。

```
SELECT * FROM student
    WHERE sdept='计算机系' AND ssex='女'
```

【例 4-21】　查询成绩在 90 分以上或不及格的学生学号和课号信息。

```
SELECT sno,cno FROM sc
   WHERE degree>90 or degree<60
```

【例 4-22】 查询非计算机系的学生信息。

```
SELECT * FROM student
   WHERE NOT sdept='计算机系'
```

或

```
SELECT * FROM student
   WHERE sdept<>'计算机系'
```

学生课堂练习：

(1) 查询有考试成绩的课程号。

(2) 查询数学系的男生信息。

(3) 查询计算机系和数学系学生的姓名、性别和出生日期，显示列名分别为"姓名"、"性别"和"出生日期"。

(4) 查询所有姓李的学生的个人信息。

(5) 查询考试成绩在 60～70 分之间的学生学号和成绩。

3) 范围运算符(BETWEEN　AND)

在 WHERE 子句中使用 BETWEEN 关键字查找在某一范围内的数据，也可以使用 NOT BETWEEN 关键字查找不在某一范围内的数据。其语法格式如下。

```
WHERE　表达式 [NOT] BETWEEN　初始值　AND　终止值
```

其中，NOT 为可选项，初始值表示范围的下限，终止值表示范围的上限。

注意：绝对不允许初始值大于终止值。

【例 4-23】 查询成绩在 60～70 分之间的学生学号及成绩。

```
SELECT sno, degree
   FROM sc
WHERE degree BETWEEN 60 AND 70
```

其中，条件表达式的另一种表示方法是 degree>=60 AND degree<=70

4) 字符匹配符(LIKE)

在 WHERE 子句中使用字符匹配符 LIKE 或 NOT LIKE 可以把表达式与字符串进行比较，从而实现对字符串的模糊查询。其语法格式如下。

```
WHERE　表达式 [NOT] LIKE '字符串' [ESCAPE '换码字符']
```

其中，[NOT]为可选项，'字符串'表示要进行比较的字符串。WHERE 子句中实现对字符的模糊匹配，进行模糊匹配时在'字符串'中使用通配符。在 SQL Server 2008 中使用含有通配符时必须将字符串连同通配符用单引号('')括起来。

ESCAPE '换码字符'的作用是当用户要查询的字符串本身应含有通配符时，可以使用该选项对通配符进行转义。

表 4-14 列出了几种比较常用的通配符表示方式和说明。

表 4-14　通配符及其说明

通配符	说明	示例
%	任意多个字符	M%：表示查询以 M 开头的任意字符串，如 Mike。 %M：表示查询以 M 结尾的任意字符串，如 ROOM。 %m%：表示查询在任何位置包含字母 m 的所有字符串，如 man、some
_	单个字符	_M：表示查询以任意一个字符开头，以 M 结尾的两位字符串，如 AM，PM。 H_：表示查询以 H 开头，后面跟任意一个字符的两位字符串，如 Hi，He
[ ]	指定范围的单个字符	M[ai]%：表示查询以 M 为开头，第二个字符是 a 或 i 的所有字符串，如 Machine，Miss。 [A-M]%：表示查询以 A 到 M 之间的任意字符开头的字符串，如 Job，Mail
[^]	不在指定范围的单个字符	M[^ai]%：表示查询以 M 开头，第二个字符不是 a 或 i 的所有字符串，如 Media，Moon。 [^A-M]%：表示查询不是以 A 到 M 之间的任意字符开头的字符串，如 Not，Zoo

提示：比较字符串是不区分大小写的，如 m%和 M%是相同的比较运算符。如果 LIKE 后面的匹配串中不含通配符，则可以用 "="(等于)运算符取代 LIKE，用 "<>"(不等于)运算符取代 NOT LIKE。

【例 4-24】　查询所有姓李的学生的个人信息。

```
SELECT * FROM student
   WHERE sname LIKE '李%'
```

【例 4-25】　查询生源地不是山东省的所有学生信息。

```
SELECT * FROM student
   WHERE saddress NOT LIKE '%山东省%'
```

【例 4-26】　查询名字中第 2 个字为 "阳" 字的学生的姓名和学号。

```
SELECT sname,sno
   FROM student
   WHERE sname LIKE '_阳%'
```

【例 4-27】　查询学号为 "20080322" 的学生姓名和性别。

```
SELECT sname,ssex
   FROM student
   WHERE sno LIKE '20080322'
```

以上语句等价于：

```
SELECT sname,ssex
   FROM student
   WHERE sno = '20080322'
```

【例 4-28】　查询 DB_Design 课程的课程号。

```
SELECT cno
   FROM course
   WHERE cname LIKE 'DB\_Design' ESCAPE'\'
```

其中，ESCAPE'\' 短语表示 "\" 为换码字符，这样匹配串中紧跟在 "\" 后面的字符 "_"

不再具有通配符的含义，转义为普通的"_"字符。

5) 列表运算符

在 WHERE 子句中，如果需要确定表达式的取值是否属于某一列表值之一时，就可以使用关键字 IN 或 NOT IN 来限定查询条件。其语法格式如下。

```
WHERE 表达式 [NOT] IN 值列表
```

其中，NOT 为可选项，当值不止一个时需要将这些值用括号括起来，各列表值之间使用逗号(,)隔开。

注意：在 WHERE 子句中以 IN 关键字作为指定条件时，不允许数据表中出现 NULL 值，也就是说，有效值列表中不能有 NULL 值的数据。

【例 4-29】 查询信息系、软件系和计算机系学生的姓名和性别。

```
SELECT sname,ssex
  FROM student
  WHERE sdept IN('计算机系', '软件系', '信息系')
```

其中，条件表达式的另一种表示方法是 sdept='计算机系' OR sdept='软件系' OR sdept='信息系。

6) 涉及空值的查询

当数据表中的值为 NULL 时，可以使用 IS NULL 关键字的 WHERE 子句进行查询，反之要查询数据表的值不为 NULL 时，可以使用 IS NOT NULL 关键字。基本语法格式如下。

```
WHERE 字段 IS [NOT] NULL
```

【例 4-30】 某些学生选修课程后没有参加考试，所以有选修记录，但没有考试成绩。查询缺少成绩的学生的学号和相应的课程号。

```
SELECT sno,cno
  FROM sc
  WHERE degree IS NULL
```

注意：这里的"IS"不能用"="代替。

【例 4-31】 查询所有有成绩的学生学号和课程号。

```
SELECT sno,cno
  FROM sc
  WHERE degree IS NOT NULL
```

4.2.3 聚集函数的使用

SQL Server 的聚集函数是综合信息的统计函数，也称为聚合函数或集函数，包括计数、求最大值、求最小值、求平均值和求和等。聚集函数可作为列标识符出现在 SELECT 子句的目标列或 HAVING 子句的条件中。

在 SQL 查询语句中，如果有 GROUP BY 子句，则语句中的函数为分组统计函数；否则，语句中的函数为全部结果集的统计函数。SQL 提供的聚集函数见表 4-15。

提示：如果指定 DISTINCT 短语，则表示在计算时要取消指定列中的重复值。如果不指定 DISTINCT 短语或指定 ALL 短语(ALL 为默认值)，则表示不取消重复值。

表 4-15　聚集函数的具体用法及含义

聚集函数	具体用法	具体含义
COUNT	COUNT([DISTINCT|ALL]*)	统计元组个数
COUNT	COUNT([DISTINCT|ALL] <列名>)	统计一列中值的个数
SUM	SUM([DISTINCT|ALL] <列名>)	计算一列值的总和(此列必须为数值型)
AVG	AVG([DISTINCT|ALL] <列名>)	计算一列值的平均值(此列必须为数值型)
MAX	MAX([DISTINCT|ALL] <列名>)	求一列值中的最大值
MIN	MIN([DISTINCT|ALL] <列名>)	求一列值中的最小值

【例 4-32】　查询学生总数。

```
SELECT COUNT(*)
   FROM student
```

【例 4-33】　查询选修了课程的学生人数。

```
SELECT COUNT(DISTINCT sno)
   FROM sc
```

提示：为避免重复计算学生人数，必须在 COUNT 函数中使用 DISTINCT 短语。

【例 4-34】　计算 C01 号课程的学生平均成绩。

```
SELECT AVG(degree)
   FROM sc
   WHERE cno='C01'
```

【例 4-35】　查询选修了 C01 号课程的学生最高分和最低分。

```
SELECT MAX(degree) 最高分,MIN(degree) 最低分
   FROM sc
   WHERE cno='C01'
```

【例 4-36】　查询学号为"20050101"的学生的总成绩及平均成绩。

```
SELECT SUM(degree) AS 总成绩,AVG(degree) AS 平均成绩
   FROM sc
   WHERE sno='20050101'
```

【例 4-37】　查询有考试成绩的学生人数。

```
SELECT COUNT(DISTINCT sno)
   FROM sc
   WHERE degree IS NOT NULL
```

提示：因为每位学生的考试成绩有多个，需要去掉学号的重复值。

4.2.4　分组与排序

1. 对查询结果集进行分组

使用 GROUP BY 子句可以将查询结果按照某一列或多列数据值进行分类，换句话说，就

是对查询结果的信息进行归纳，以汇总相关数据。其语法格式如下。

```
[GROUP BY 列名清单][HAVING 条件表达式]
```

GROUP BY 子句把查询结果集中的各行按列名清单进行分组，在这些列上，对应值都相同的记录分在同一组。若无 HAVING 子句，则各组分别输出；若有 HAVING 子句，只有符合 HAVING 条件的组才输出。

注意：GROUP BY 子句通常用于对某个子集或其中的一组数据，而不是对整个数据集中的数据进行合计运算。在 SELECT 语句的输出列中，只能包含两种目标列表达式，要么是聚集函数，要么是出现在 GROUP BY 子句中的分组字段，并且在 GROUP BY 子句中必须使用列的名称而不能使用 AS 子句中指定列的别名。

【例 4-38】 统计各系学生数。

```
SELECT sdept,COUNT(*)
FROM student
GROUP BY sdept
```

【例 4-39】 统计 student 表中男、女学生人数。

```
SELECT ssex,COUNT(*)
FROM student
GROUP BY ssex
```

【例 4-40】 统计各系男、女生人数。

```
SELECT sdept,ssex,COUNT(*)
FROM student
GROUP BY sdept,ssex
```

【例 4-41】 统计各系女生人数。

```
SELECT sdept,COUNT(*)
FROM student
WHERE ssex='女'
GROUP BY sdept
```

或

```
SELECT sdept,COUNT(*)
FROM student
GROUP BY sdept,ssex
HAVING ssex='女'
```

【例 4-42】 查询选修了 3 门以上课程的学生学号。

```
SELECT sno
FROM sc
GROUP BY sno
HAVING COUNT(*)>3
```

注意：WHERE 条件与 HAVING 条件的区别在于作用对象不同。HAVING 条件作用于结果组，选择满足条件的结果组；而 WHERE 条件作用于被查询的表，从中选择满足条件的记录。

学生课堂练习：

(1) 统计每个学生的平均成绩。

(2) 统计每门课的平均成绩。

(3) 统计各系每门课的总成绩和平均成绩。

(4) 查询每门课程的最高成绩和最低成绩。

(5) 统计不及格人数超过 50 人的系别。

2. 对查询结果集进行排序

用户可以利用 ORDER BY 子句对查询结果按照一个或多个字段进行升序(ASC)或降序(DESC)排序，默认值为升序。

```
[ORDER BY <列名1> [ASC|DESC][,<列名2> [ASC|DESC][,…]
```

SELECT 语句的查询结果集中各记录将按顺序输出。首先按第一个列名值排序；前一个列名值相同者，再按下一个列名值排序，以此类推。若某列名后有 DESC，则以该列名值排序时为降序排列，否则，为升序排列。

【例 4-43】 查询选修了 C03 号课程的学生的学号及其成绩，查询结果按分数的降序排列。

```
SELECT sno,degree
   FROM sc
   WHERE cno='C03'
   ORDER BY degree DESC
```

提示：① 对于空值，如按升序排列，含空值的元组将最先显示；如按降序排列，空值的元组将最后显示。

② 中英文字符按其 ASCII 码大小进行比较。

③ 数值型数据根据其数值大小进行比较。

④ 日期型数据按年、月、日的数值大小进行比较。

⑤ 逻辑型数据 "false" 小于 "true"。

【例 4-44】 查询全体学生情况，查询结果按所在系升序排列，同一系中的学生按出生日期降序排列。

```
SELECT * FROM student
   ORDER BY sdept ASC, sbirth DESC
```

4.2.5　多表连接查询

多表连接查询是指查询同时涉及两个或两个以上的表，连接查询是关系数据库中最主要的查询，表与表之间的连接分为交叉连接(Cross Join)、内连接(Inner Join)、自连接(Self Join)、外连接(Outer Join)。外连接又分为 3 种，即左外连接(Left Join)。右外连接(Right Join)。全外连接(Full Join)。

连接查询的类型可以在 SELECT 语句的 FROM 子句中指定，也可以在 WHERE 子句中指定。

1. 交叉连接

交叉连接又称笛卡儿连接，是指两个表之间做笛卡儿积操作，得到结果集的行数是两个表的行数的乘积。命令的一般格式如下。

```
SELECT [ALL|DISTINCT] [别名.]<选项1> [AS<显示列名>] [,[别名.]<选项2> [AS<显示
列名>]...] FROM <表名1>[别名1] ,<表名2>[别名2]
```

需要连接查询的表名在 FROM 子句中指定，表名之间用英文逗号隔开。

【例 4-45】 成绩表(sc)和课程名称表(course)进行交叉连接。

```
SELECT A.*, B.*
FROM course A, sc B
```

提示：此处为了简化表名，分别给两个表指定了别名。但是，一旦表名指定了别名，在该命令
　　　中，都必须用别名代替表名。

2. 内连接

内连接命令的一般格式如下。

```
SELECT [ALL|DISTINCT] [别名.]<选项1>[AS<显示列名>] [,[别名.]<选项2>[AS<显示列
名>][,...]]
FROM <表名1> [别名1],<表名2> [别名2][,...]
WHERE <连接条件表达式> [AND <条件表达式>]
```

或者为：

```
SELECT [ALL|DISTINCT] [别名.]<选项1>[AS<显示列名>] [,[别名.]<选项2>[AS<显示列
名>][,...]]
FROM <表名1> [别名1] INNER JOIN <表名2> [别名2] ON <连接条件表达式>
[WHERE <条件表达式>]
```

其中，第一种命令格式的连接类型在 WHERE 子句中指定，第二种命令格式的连接类型
在 FROM 子句中指定。

另外，连接条件是指在连接查询中连接两个表的条件。连接条件表达式的一般格式如下。

```
[<表名1>]<别名1.列名> <比较运算符> [<表名2>]<别名2.列名>
```

比较运算符可以使用等号"="，此时称作等值连接；也可以使用不等比较运算符，包括
>、<、>=、<=、!>、!<、<>等，此时为不等值连接。

说明：(1) FROM 后可跟多个表名，表名与别名之间用空格间隔。

　　　(2) 当连接类型在 WHERE 子句中指定时，WHERE 后一定要有连接条件表达式，即两
　　　　　个表的公共字段相等。

　　　(3) 若不定义别名，表的别名默认为表名，定义别名后使用定义的别名。

　　　(4) 若在输出列或条件表达式中出现两个表的公共字段，则在公共字段名前必须加别名。

【例 4-46】 查询每个学生及其选修课的情况。

学生的基本情况存放在 student 表中，选课情况存放在 sc 表中，所以查询过程涉及上述两
个表。这两个表是通过公共字段 sno 实现内连接的。

```
SELECT A.*, B.*
  FROM student A,sc B
  WHERE A.sno=B.sno
```

或者为：

```
SELECT A.*, B.*
FROM student A INNER JOIN sc B ON A.sno=B.sno
```

该查询的执行结果如下。

A.sno	sname	ssex	sbirth	sdept	B.sno	cno	degree
20050101	李勇	男	1987-01-12	计算机系	20050101	C01	92
20050101	李勇	男	1987-01-12	计算机系	20050101	C02	85
20050101	李勇	男	1987-01-12	计算机系	20050101	C03	88
20050201	刘晨	女	1988-06-04	信息系	20050201	C02	90
20050201	刘晨	女	1988-06-04	信息系	20050201	C03	80

若在等值连接中把目标列中的重复字段去掉则称为自然连接。

【例 4-47】　用自然连接完成例 4-46 的查询。

```
SELECT student.sno, sname, ssex, sbirth, sdept, cno, degree
FROM student, sc
WHERE student.sno=sc.sno
```

注意：在 sno 前的表名不能省略，因为 sno 是 student 和 sc 共有的属性，所以必须加上表名前缀。

【例 4-48】　输出所有女学生的学号、姓名、课号及成绩。

```
SELECT A.sno, sname, cno, degree
FROM student A, sc B
WHERE A.sno=B.sno AND ssex='女'
```

或者为：

```
SELECT A.sno, sname, cno, degree
FROM student A INNER JOIN sc B ON A.sno=B.sno
WHERE ssex='女'
```

【例 4-49】　输出计算机系学生的学号、姓名、课程名及成绩。

```
SELECT A.sno, sname, cname, degree
FROM student A, sc B, course C
WHERE A.sno=B.sno AND B.cno=C.cname AND sdept='计算机系'
```

其中，A.sno=B.sno AND B.cno=C.cno 是连接条件，3 个表进行两两连接。

另一种方法为：

```
SELECT A.sno, sname, cno, degree
FROM student A INNER JOIN sc B ON A.sno=B.sno
INNER JOIN course C ON B.cno=C.cno
WHERE sdept='计算机系'
```

3. 自连接

连接操作不只是在不同的表之间进行，一张表内还可以进行自身连接操作，即将同一个表的不同行连接起来。自连接可以看作一张表的两个副本之间的连接。在自连接中，必须为表指定两个别名，使之在逻辑上成为两张表。

自连接的命令的一般格式如下。

```
SELECT [ALL|DISTINCT] [别名.]<选项 1> [AS<显示列名>] [,[别名.]<选项 2> [AS<显
示列名>][,...]]
FROM <表名 1> [别名 1],<表名 1> [别名 2][,…]
WHERE <连接条件表达式> [AND <条件表达式>]
```

【例 4-50】 查询同时选修了 C01 和 C04 课程的学生学号。

```
SELECT A.sno
FROM SC A,SC B
WHERE A.sno=B.sno AND A.cno='C01' AND B.cno='C04'
```

【例 4-51】 查询与刘晨在同一个系学习的学生的姓名和所在系。

```
SELECT B.sname, B.sdept
FROM student A ,student B
WHERE A.sdept=B.sdept AND A.sname='刘晨' AND B.sname!='刘晨'
```

4. 外连接

在自然连接中，只有在两个表中匹配的行才能在结果集中出现。而在外连接中可以只限制一个表，而对另外一个表不加限制(所有的行都出现在结果集中)。

外连接分为左外连接、右外连接和全外连接。左外连接是对连接条件中左边的表不加限制，即在结果集中保留连接表达式左表中的非匹配记录；右外连接是对右边的表不加限制，即在结果集中保留连接表达式右表中的非匹配记录；全外连接对两个表都不加限制，所有两个表中的行都会包括在结果集中。

外连接命令的一般格式如下。

```
SELECT [ALL|DISTINCT] [别名.]<选项 1> [AS<显示列名>] [,[别名.]<选项 2> [AS<显
示列名>][,...]]
FROM <表名 1> LEFT| RIGHT| FULL [OUTER]JOIN <表名 2>
ON <表名 1.列 1>=<表名 2.列 2>
```

在例 4-46 的查询结果中，由于 20050301 和 20050202 没有选修课程，所以在查询结果中没有这两个学生的信息，但有时候在查询结果中也需要显示这样的信息，这时就需要使用外连接查询。

【例 4-52】 利用左外连接查询改写例 4-46。

```
SELECT student.sno,sname,ssex,sbirth,sdept,cno,degree
FROM student LEFT JOIN sc
ON student.sno=sc.sno
```

该查询的执行结果如下。

student.sno	sname	ssex	sbirth	sdept	cno	degree
20050101	李勇	男	1987-01-12	计算机系	C01	92
20050101	李勇	男	1987-01-12	计算机系	C02	85
20050101	李勇	男	1987-01-12	计算机系	C03	88
20050201	刘晨	女	1988-06-04	信息系	C02	90
20050201	刘晨	女	1988-06-04	信息系	C03	80
20050301	王敏	女	1989-12-23	软件系		
20050202	张立	男	1988-08-25	信息系		

4.2.6　嵌套查询

在 SQL 语言中，一个 SELECT—FROM—WHERE 语句称为一个查询块。将一个查询块嵌套在另一个查询块的 WHERE 子句或 HAVING 子句的条件中称为嵌套查询或子查询。

例如：

```
SELECT sname
  FROM student
  WHERE sno IN(SELECT sno FROM sc WHERE cno='C02')
```

在这个例子中，下层查询块"SELECT sno FROM sc WHERE cno='C02'"是嵌套在上层查询块"SELECT sname FROM student WHERE sno IN"的 WHERE 条件中的。上层的查询块又称为外层查询、父查询或主查询，下层查询块又称为内层查询或子查询。SQL 语言允许多层嵌套查询，即一个子查询中还可以嵌套其他子查询。需要特别指出的是，子查询中的 SELECT 语句用一对括号"( )"定界，查询结果必须确定，并且在该 SELECT 语句中不能使用 ORDER BY 子句，ORDER BY 子句永远只能对最终查询结果排序。

嵌套查询的求解方法是由里向外处理的，即每个子查询在其上一级查询处理之前求解，子查询的结果用于建立其父查询的查找条件。

嵌套查询可以使一系列简单查询构成复杂的查询，从而明显地增强了 SQL 的查询能力。以层层嵌套的方式来构造程序正是 SQL(Structured Query Language)中"结构化"的含义所在。

子查询一般分为两种：嵌套子查询和相关子查询。

1. 嵌套子查询

嵌套子查询又称为不相关子查询，也就是说，嵌套子查询的执行不依赖于外部嵌套。

嵌套子查询的执行过程为：首先执行子查询，子查询得到的结果集不被显示出来，而是传给外部查询，作为外部查询的条件使用，然后执行外部查询，并显示查询结果。子查询可以多层嵌套。

嵌套子查询一般也分为两种：子查询返回单个值和子查询返回一个值列表。

1) 返回单个值

子查询返回的值被外部查询的比较操作(如，=、!=、<、<=、>、>=)使用，该值可以是子查询中使用集合函数得到的值。

【例 4-53】　查询所有年龄大于平均年龄的学生姓名(注：在 student 表中加入 sage(年龄)字段)。

```
SELECT sname
  FROM student
  WHERE sage>(SELECT AVG(sage) FROM student )
```

在这个例子中，SQL 首先获得"SELECT AVG(sage) FROM student"的结果集，该结果集为单行单列，然后将其作为外部查询的条件执行外部查询，并得到最终的结果。

【例 4-54】　查询与刘晨在同一个系学习的学生。

```
SELECT sno, sname, sdept
  FROM student
  WHERE sdept=(SELECT sdept FROM student WHERE sname='刘晨')
```

说明：在这个例子中，若刘晨所在系没有重名的，子查询的结果是单个值，否则，子查询的结果就是一个值列表，这时就不能用 "="，而是要用 IN 操作符。

2) 返回一个值列表

子查询返回的列表被外部查询的 IN、NOT IN、ANY 或 ALL 等操作符使用。

(1) 使用 IN 操作符的嵌套查询。IN 表示属于，用于判断外部查询中某个属性列值是否在子查询的结果中。由于在嵌套查询中，子查询的结果往往是一个集合，所以 IN 操作符是嵌套查询中最常使用的操作符。

【例 4-55】 用 IN 操作符改写例 4-54。

```
SELECT sno, sname, sdept
  FROM student
  WHERE sdept IN(SELECT sdept FROM student WHERE sname='刘晨')
```

【例 4-56】 查询没有选修数学的学生学号和姓名。

该例题的执行步骤是首先在 course 表中查询出数学课的课程号，然后再根据查出的课程号在 sc 表中查出选修了该课程的学生学号，最后根据这些学号在 student 表中查出不是这些学号的学生学号和姓名。

```
SELECT sno,sname
  FROM student
  WHERE sno NOT IN ( SELECT sno
                     FROM  sc
                     WHERE cno IN ( SELECT cno
                                    FROM  course
                                    WHERE cname='数学'))
```

(2) 带有 ANY 或 ALL 操作符的子查询。ANY 和 ALL 操作符在使用时必须和比较运算符一起使用，其格式如下。

```
<字段><比较符>[ANY|ALL]<子查询>
```

ANY 和 ALL 的具体用法及含义见表 4-16。

表 4-16　ANY 和 ALL 的用法和具体含义

用法	含义
>ANY	大于子查询结果中的某个值
>ALL	大于子查询结果中的所有值
<ANY	小于子查询结果中的某个值
<ALL	小于子查询结果中的所有值
>=ANY	大于等于子查询结果中的某个值
>=ALL	大于等于子查询结果中的所有值
<=ANY	小于等于子查询结果中的某个值
<=ALL	小于等于子查询结果中的所有值
=ANY	等于子查询结果中的某个值
=ALL	等于子查询结果中的所有值(通常没有实际意义)
!=ANY 或<>ANY	不等于子查询结果中的某个值
!=ALL 或<>ALL	不等于子查询结果中的任何一个值

【例 4-57】 查询其他系中比计算机系某一学生年龄小的学生姓名和年龄。

```
SELECT sname,sage
   FROM student
   WHERE sage<ANY(SELECT sage
                    FROM student
                    WHERE sdept='计算机系')
          AND sdept<>'计算机系'          //该句为父查询中的一个条件
```

提示：在这个例子中，首先处理子查询，找出计算机系学生的年龄，构成一个集合，然后处理
　　　主查询，找出年龄小于集合中某一个值且不在计算机系的学生。

【例 4-58】 查询其他系中比计算机系学生年龄都小的学生。

```
SELECT *
   FROM student
   WHERE sage<ALL(SELECT sage
                    FROM student
                    WHERE sdept='计算机系')
          AND sdept<>'计算机系'
```

本例题也可以用以下方法。

```
SELECT *
   FROM student
   WHERE sage< (SELECT MIN(sage)
                    FROM student
                    WHERE sdept='计算机系')
          AND sdept<>'计算机系'
```

提示：事实上，用聚集函数实现子查询通常比直接用 ANY 或 ALL 查询效率要高。

2. 相关子查询(Correlated Subquery)

在相关子查询中，子查询的执行依赖于外部查询，即子查询的查询条件依赖于外部查询的
某个属性值。

相关子查询的执行过程与嵌套子查询完全不同，嵌套子查询中子查询只执行一次，而相关
子查询中的子查询需要重复地执行。相关子查询的执行过程如下。

(1) 子查询为外部查询的每一个元组(行)执行一次，外部查询将子查询引用列的值传给子
查询。

(2) 如果子查询的任何行与其匹配，外部查询则取此行放入结果表。

(3) 再回到(1)，直到处理完外部表的每一行。

在相关子查询中，经常要用到 EXISTS 操作符，EXISTS 代表存在量词"∃"。带有 EXISTS
的子查询不需要返回任何实际数据，而只需要返回一个逻辑真值"true"或逻辑假值"false"。
也就是说，它的作用是在 WHERE 子句中测试子查询返回的行是否存在。如果存在则返回真
值，如果不存在则返回假值。

【例 4-59】 查询所有选修了 C01 号课程的学生姓名。

```
SELECT sname
   FROM student
   WHERE EXISTS ( SELECT *
```

```
FROM sc
WHERE sno=student.sno AND cno='C01')
```

提示：① 使用存在量词 EXISTS 后，若内层查询结果非空，则外层的 WHERE 子句返回真值，否则返回假值。

② 由 EXISTS 引出的子查询中，其目标列表达式通常都用"*"，因为带 EXISTS 的子查询只返回真值或假值，给出列名也无实际意义。

③ 这类查询与前面的不相关子查询有一个明显区别，即子查询的查询条件依赖于外层父查询的某个属性值(在本例中是依赖于 student 表的 sno 值)。

【例 4-60】 查询选修了全部课程的学生姓名。

该查询查找的是这样的学生，没有一门课程是他不选修的，利用 EXISTS 谓词前加 NOT 表示不存在。本例中需使用两个 NOT EXISTS，其中第一个 NOT EXISTS 表示不存在这样的课程记录，第二个 NOT EXISTS 表示该生没有选修的选课记录。

```
SELECT sname
    FROM student
    WHERE NOT EXISTS
        (SELECT *
            FROM course
            WHERE NOT EXISTS
                    (SELECT *
                        FROM sc
                        WHERE sno=student.sno
                        AND cno=course.cno))
```

注意：一些带 EXISTS 或 NOT EXISTS 的子查询不能被其他形式的子查询等价替换，但所有带 IN、比较运算符、ANY 和 ALL 的子查询都能用带 EXISTS 的子查询等价替换。

例如，可将例 4-54 改写如下。

```
SELECT sno, sname, sdept
    FROM student S1
    WHERE EXISTS(SELECT *
                    FROM student S2
                    WHERE S2.sdept=S1.sdept AND S2.sname='刘晨')
```

3. 子查询规则

子查询也是使用 SELECT 语句组成的，所以在使用 SELECT 语句时应注意的问题，也同样适用于子查询，同时，子查询还受下面条件的限制。

(1) 通过比较运算符引入的子查询的选择列表只能包括一个表达式或列名称。

(2) 如果外部查询的 WHERE 子句包括某个列名，则该子句必须与子查询选择列表中的该列兼容。

(3) 子查询的选择列表中不允许出现 ntext、text 和 image 数据类型。

(4) 无修改的比较运算符引入的子查询不能包括 GROUP BY 和 HAVING 子句。

(5) 包括 GROUP BY 的子查询不能使用 DISTINCT 关键字。

(6) 不能指定 COMPUTE 和 INTO 子句。

(7) 只有同时指定了 TOP，才可以指定 ORDER BY 子句。

(8) 由子查询创建的视图不能更新。

(9) 通过 EXISTS 引入的子查询的选择列表由星号(*)组成，而不使用单个列名。

(10) 当=、!=、<、<=、>或>=用在主查询中时，ORDER BY 子句和 GROUP BY 子句不能用在内层查询中，因为内层查询返回的一个以上的值不能被外层查询处理。

4.2.7　集合查询

SELECT 的查询结果是元组的集合，所以可以对 SELECT 的结果进行集合操作。SQL 语言提供的集合操作主要包括 3 个：UNION(并操作)、INTERSECT(交操作)、MINUS(差操作)。下面对并操作举一个实例，另外两个集合操作的方法类似。

【例 4-61】　查询计算机系的学生及年龄不大于 19 岁的学生。

```
SELECT *
    FROM student
    WHERE sdept='计算机系'
UNION
SELECT *
    FROM student
    WHERE sage<=19
```

提示：① 在使用 UNION 操作符进行联合查询时，应保证每个联系查询语句的选择列表中具有相同数量的表达式。

② 每个查询选择表达式应具有相同的数据类型，或者可以自动将它们转换为相同的数据类型。在自动转换时，数值类型系统将低精度的数据类型转换为高精度的数据类型。

③ 各语句中对应的结果集列出现的顺序必须相同。

4.3　数据查询任务实现

4.3.1　学生信息浏览子系统

在学生信息浏览子系统中，可以实现全院学生的信息浏览、某系部学生的信息浏览、某系部某年级某班级学生的信息浏览，如图 4.14～图 4.16 所示。

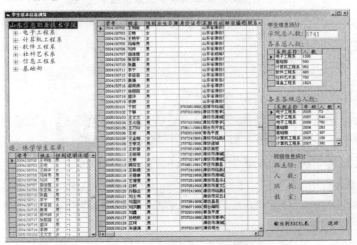

图 4.14　浏览全院学生信息

图 4.15　浏览某系部学生信息

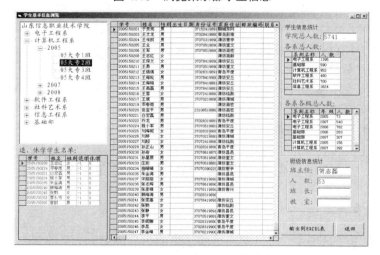

图 4.16　浏览某系部某年级某班级学生信息

具体实现如下。

(1) 浏览全院学生信息。

```
SELECT * FROM student
```

(2) 浏览某系部学生信息(如计算机工程系)。

```
SELECT * FROM class a,department b,student c WHERE a.deptno=b.deptno AND
a.clssno=c.classno AND deptname='计算机工程系'
```

(3) 浏览某系部某年级某班级学生信息(如计算机工程系 05 大专 2 班)。

```
SELECT * FROM class a,department b,student c WHERE a.deptno=b.deptno AND
a.clssno=c.classno AND deptname='计算机工程系' AND classname='05 大专 2 班'
```

4.3.2　学生信息查询子系统

在学生信息查询子系统中，可实现学生信息的模糊查询，提供的查询依据可任意搭配，如可提供系别、年级、班级、学号及姓名，如图 4.17 所示。

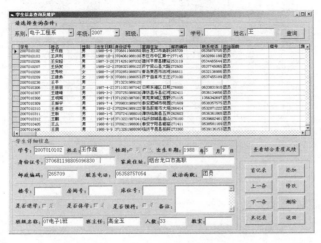

图 4.17　学生信息的模糊查询

具体实现如下。

(1) 查询电子工程系姓张的学生信息。

```
    SELECT * FROM class a,department b,student c WHERE a.deptno=b.deptno AND
a.clssno=c.classno AND deptname='电子工程系' AND sname LIKE '张%'
```

(2) 查询电子工程系 2006 级姓王的学生信息。

```
    SELECT * FROM class a,department b,student c WHERE a.deptno=b.deptno AND
a.clssno=c.classno AND deptname='电子工程系' AND LEFT(sno,4)= '2006' ' AND sname
LIKE '王%'
```

(3) 查询学号是 01 号的学生信息。

```
    SELECT * FROM student WHERE sno LIKE '%01'
```

4.3.3　学生信息统计子系统

在学生信息统计子系统中，可实现学院总人数的统计、学院男女生人数的统计、各系人数的统计、各系各班人数的统计；还可实现各系和各班级总人数、各系和各班级男女生人数统计及本届毕业生人数的统计等，如图 4.18 所示。

具体实现如下。

(1) 统计学院总人数。

```
SELECT COUNT(*) FROM student WHERE tuixue=false AND xuxue=false
```

或

```
SELECT SUM(classnumber) FROM class
```

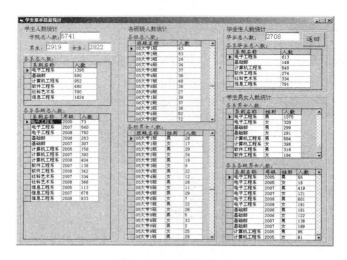

图 4.18　信息的统计

(2) 统计学院各系部学生人数。

```
    SELECT deptname,COUNT(*) AS 人数 FROM student a,department b,class c WHERE
a.classno=c.classno AND b.deptno=c.deptno AND tuixue=false AND xuxue=false GROUP
BY b.deptno,deptname  ORDER By deptname
```

或

```
    SELECT deptname,SUM(classnumber) AS 人数 FROM class a,department b WHERE
a.deptno=b.deptno GROUP BY b.deptno,deptname ORDER BY deptname
```

4.4　数 据 更 新

【任务分析】

在项目的使用过程中，数据在不断变化，如何向数据库中添加新数据、对现有数据进行修改、删除无用数据等是设计人员在数据维护过程中的设计工作。

【学习情境】

训练学生掌握数据的插入、删除及修改操作。功能如下。

(1) 学生基本信息的添加、删除和修改。

(2) 实现班级信息的添加、删除和修改；量化成绩的添加及修改。

【课堂任务】

本节要掌握数据库中的数据更新。

● 数据记录的插入

● 数据记录的修改

● 数据记录的删除

SQL 中数据更新包括数据记录的插入、数据记录的修改和数据记录的删除 3 条语句。

4.4.1　数据记录的插入

SQL 的数据插入语句 INSERT 通常有 3 种形式：插入单条记录、插入多条记录和插入子查询结果。

1. 插入单条记录

1) 语句格式

```
INSERT INTO<表名>[(<列名清单>)]
    VALUES(<常量清单>)
```

2) 功能

向指定表中插入一条新记录。

3) 说明

(1) 若有<列名清单>，则<常量清单>中各常量为新记录中这些属性的对应值(根据语句中的位置一一对应)。但该表在定义时，说明为 NOT NULL 且无默认值的列必须在<列名清单>中，否则将出错。

(2) 如果省略<列名清单>，则按<常量清单>顺序为每个属性列赋值，即每个属性列上都应该有值。

【例 4-62】　向 student 表中插入一个学生记录。

```
INSERT INTO student
    VALUES('20020101','胡一兵','男','1980-12-30','计算机系')
```

要将数据添加到一行中的部分列时，则需要同时给出要使用的列名以及要赋给这些列的数据。

【例 4-63】　向 student 表中添加一条记录。

```
INSERT INTO student(sno,sname)
    VALUES ('20050104','张三')
```

注意：对于这种添加部分列的操作，在添加数据前应确认未在 VALUES 列表中出现的列是否允许为 NULL，只有允许为 NULL 的列，才可以不出现在 VALUES 列表中。

2. 插入多条记录

1) 语句格式

```
INSERT INTO<表名>[(<列名清单>)]
    VALUES(<常量清单 1>),(<常量清单 2>),…(<常量清单 n>)
```

2) 功能

向指定表中插入多条新记录。

【例 4-64】　向 sc 表中连续插入 3 条记录，可用下列语句实现。

```
INSERT INTO sc
    VALUES('20050202', 'C01',78),
          ('20050202', 'C02',91),
          ('20050202', 'C03', 83)
```

3. 插入子查询结果

子查询不仅可以嵌套在 SELECT 语句中,用以构造主查询的条件,还可以嵌套在 INSERT 语句中,用以生成要插入的批量数据。语句格式如下。

```
INSERT INTO <表名>[(列名1,列名2,…)]<子查询语句>
```

【例 4-65】 把平均成绩大于 80 分的学生的学号和平均成绩存入另一个已知的基本表 S_GRADE(SNO,AVG_GRADE)中。

```
INSERT INTO S_GRADE(SNO,AVG_GRADE)
  SELECT sno,AVG(degree)
  FROM sc
  GROUP BY sno
  HAVING AVG(degree)>80
```

提示:① INSERT 语句中的 INTO 可以省略。

② 如果某些属性列在表名后的列名表没有出现,则新记录在这些列上将取空值。但必须注意的是,在表定义时说明了 NOT NULL 的属性列不能为空值,否则系统会出现错误提示。

③ 如果没有指明任何列名,则新插入的记录必须在每个属性列上均有值。

④ 字符型数据必须使用 "''" 将其括起来。

⑤ 常量的顺序必须和指定的列名顺序保持一致。

⑥ 在把数据值从一列复制到另一列时,值所在列不必具有相同数据类型,插入目标表的值符合该表的数据限制即可。

4.4.2 数据记录的修改

要修改表中已有数据的记录,可用 UPDATE 语句。

1. 语句格式

```
UPDATE <表名>
  SET<列名1>=<表达式1> [,<列名2>=<表达式2>] [,…]
    [WHERE<条件表达式>]
```

2. 功能

把指定<表名>内符合<条件表达式>的记录中规定<列名>的值更新为该<列名>后<表达式>的值。如果省略 WHERE 子句,则表示要修改表中的所有记录。

【例 4-66】 将张丽同学的性别改为女。

```
UPDATE student SET ssex='女'
  WHERE sname='张丽'
```

【例 4-67】 将 sc 表中不及格的成绩修改为 60 分。

```
UPDATE sc SET degree=60
  WHERE degree<60
```

【例 4-68】 将计算机系全体学生的成绩置 0。

```
UPDATE sc SET degree=0
```

```
WHERE sno IN (SELECT sno
                 FROM student
                 WHERE sdept='计算机系')
```

或

```
UPDATE sc SET degree=0
   WHERE '计算机系'=(SELECT sdept
                  FROM student
                  WHERE student.sno=sc.sno)
```

提示： ① 如果不指定条件，则会修改所有的记录。

② 如果要修改多列，则在 SET 语句后用 "，" 分隔各修改子句。

4.4.3 数据记录的删除

在实际应用中，随着对数据的使用和修改，表中可能会存在一些无用的或过期的数据。这些无用的数据不仅会占用空间，还会影响修改和查询的速度，所以应该及时删除。

在 SQL Server 中，使用 DELETE 语句删除数据，该语句可以通过事务从表或视图中删除一行或多行记录。

1. 语句格式

```
DELETE [FROM] <表名>[WHERE<条件表达式>]
```

2. 功能

在指定<表名>中删除所有符合<条件表达式>的记录。

3. 说明

当无 WHERE<条件表达式>项时，将删除<表名>中的所有记录。但是，该表还在，只是没有了记录，是个空表而已。

注意：DELETE 语句只能从一个基本表中删除记录。WHERE 子句中条件表达式可以嵌套，也可以是来自几个基本表的复合条件。

【例 4-69】 删除学号为 20050301 的学生记录。

```
DELETE FROM student
   WHERE sno='20050301'
```

【例 4-70】 删除学生的所有成绩。

```
DELETE FROM sc
```

【例 4-71】 删除计算机系所有学生的成绩。

```
DELETE FROM sc
   WHERE sno IN(SELECT sno
                  FROM student
                  WHERE sdept='计算机系')
```

4.5 数据更新任务实现

4.5.1 学生基本信息的维护

在学生基本信息维护中,可实现对学生基本信息的浏览、添加、修改和删除等操作,操作界面如图 4.19 所示。

图 4.19 学生基本信息维护界面

具体实现如下。

(1) 将某个退学的学生在 student 表中做好标记,例如学号为"2006010110"的张强同学。

```
UPDATE student SET tuixue=true WHERE sno='2006010110'
```

(2) 修改某个学生的住宿信息,例如学号为"2007030102"的学生。

```
UPDATE student SET sfloor='01',sroom='201',sbed='7' WHERE sno='2007030102'
```

(3) 删除某个学生的基本信息,例如学号为"2006030215"的学生。

```
DELETE student WHERE sno='2006030215'
```

(4) 添加一个新学生,学号为"2008010151",姓名为"张小燕",性别为"女",出生日期为"1988-03-12"。

```
INSERT student (sno,sname,ssex,sbirth) VALUES('2008010151', '张小燕', '女',
'1988-03-12')
```

4.5.2 毕业学生信息导出

在毕业学生信息导出中,可完成对毕业生的基本信息和班级信息的导出工作,操作界面如图 4.20 所示。

具体实现如下。

将应届毕业生的基本信息从 student 表中删除,并添加到毕业生信息表(studentby)中;

将应届毕业的班级信息从 class 表中删除,并添加到毕业班级信息表(classby)中。

```
//将应届毕业生的基本信息添加到 studentby 表中
INSERT INTO studentby SELECT a.* FROM student a,class b
```

```
WHERE a.classno=b.classno AND year(GETDATE())-inyear>=classxuezhi
//将应届毕业生的基本信息从 student 表中删除
DELETE FROM student WHERE classno IN
(SELECT classno FROM class WHERE year(GETDATE())-inyear>=classxuezhi)
//将应届毕业的班级信息添加到 classby 表中
INSERT INTO classby SELECT * FROM class WHERE year(GETDATE())-inyear>=
classxuezhi
//将应届毕业的班级信息从 class 表中删除
DELETE FROM class WHERE year(GETDATE())-inyear>=classxuezhi
```

图 4.20　毕业学生信息导出界面

4.6　课堂实践

4.6.1　管理表

1. 实践目的

(1) 掌握表的基础知识。

(2) 掌握使用 SSMS 和 Transact-SQL 语句创建表的方法。

(3) 掌握表的修改、查看、删除等基本操作方法。

2. 实践内容和要求

(1) 在 grademanager 数据库中创建表 4-17～表 4-26 所示结构的表。

表 4-17　student 表的表结构

字段名称	数据类型	长度	精度	小数位数	是否允许 NULL 值	说明
sno	char	10	0	0	否	主码
sname	varchar	8	0	0	是	
ssex	char	2	0	0	是	取值：男或女
sbirthday	datetime	8	0	0	是	
sdept	char	16	0	0	是	
speciality	varchar	20	0	0	是	

表 4-18　course 表(课程名称表)的表结构

字段名称	数据类型	长度	精度	小数位数	是否允许 NULL 值	说明
cno	char	5	0	0	否	主码
cname	varchar	20	0	0	否	

表 4-19　sc 表(成绩表)的表结构

字段名称	数据类型	长度	精度	小数位数	是否允许 NULL 值	说明
sno	char	10	0	0	否	外码
cno	char	5	0	0	否	外码
degree	decimal	5	5	1	是	取值 1～100

表 4-20　teacher 表(教师表)的表结构

字段名称	数据类型	长度	精度	小数位数	是否允许 NULL 值	说明
tno	char	3	0	0	否	主码
tname	varchar	8	0	0	是	
tsex	char	2	0	0	是	取值：男或女
tbirthday	datetime	8	0	0	是	
tdept	char	16	0	0	是	

表 4-21　teaching 表(授课表)的表结构

字段名称	数据类型	长度	精度	小数位数	是否允许 NULL 值	说明
cno	char	5	0	0	否	外码
tno	char	3	0	0	否	外码
cterm	tinyint	1	0	0	是	取值 1～5

(2) 向表 4-17 至 4-21 输入数据记录，见表 4-22～表 4-26。

表 4-22　学生关系表 student

sno	sname	ssex	sbirthday	sdept	speciality
20050101	李勇	男	1987-01-12	cs	计算机应用
20050201	刘晨	女	1988-06-04	is	电子商务
20050301	王敏	女	1989-12-23	ma	数学
20050202	张立	男	1988-08-25	is	电子商务

表 4-23　课程关系表 course

cno	cname	cno	cname
C01	数据库	C03	信息系统
C02	数学	C04	操作系统

表 4-24　成绩表 sc

sno	cno	degree
20050101	C01	92

续表

sno	cno	degree
20050101	C02	85
20050101	C03	88
20050201	C02	90
20050201	C03	80

表 4-25　教师表 teacher

tno	tname	tsex	tbirthday	tdept
101	李新	男	1977-01-12	cs
102	钱军	女	1968-06-04	cs
201	王小花	女	1979-12-23	is
202	张小青	男	1968-08-25	is

表 4-26　授课表 teaching

cno	tno	cterm
C01	101	2
C02	102	1
C03	201	3
C04	202	4

(3) 修改表结构。

① 向 student 表中增加"入学时间"列，其数据类型为日期时间型。

② 将 student 表中的 sdept 字段长度改为 20。

③ 将 student 表中的 speciality 字段删除。

④ 删除 student 表。

3. 思考题

(1) SQL Server 的数据库文件有几种？扩展名分别是什么？

(2) SQL Server 2008 中有哪几种整型数据类型？它们占用的存储空间分别是多少？取值范围分别是什么？

(3) 在定义基本表语句时，NOT NULL 参数的作用是什么？

(4) 主码可以建立在"值可以为 NULL"的列上吗？

4.6.2　简单查询

1. 实践目的

(1) 掌握 SELECT 语句的基本用法。

(2) 使用 WHERE 子句进行有条件的查询。

(3) 掌握使用 IN 和 NOT IN，BETWEEN…AND 和 NOT BETWEEN…AND 来缩小查询范围的方法。

(4) 掌握聚集函数的使用方法。

(5) 利用 LIKE 子句实现字符串匹配查询。

(6) 利用 ORDER BY 子句对查询结果排序。

(7) 利用 GROUP BY 子句对查询结果分组。

2. 实践内容和要求

完成下面查询。

(1) 查询年龄大于 18 岁的女生的学号和姓名。

(2) 查询所有男生的信息。

(3) 查询所有任课教师的 tname、tdept。

(4) 查询"电子商务"专业的学生姓名、性别和出生日期。

(5) 查询成绩不及格的学生学号及课号,并按成绩降序排列。

(6) 查询 student 表中的所有系名。

(7) 查询"C01"课程的开课学期。

(8) 查询成绩在 80~90 分之间的学生学号及课号。

(9) 统计有学生选修的课程的门数。

(10) 查询在 1970 年 1 月 1 日之前出生的男教师信息。

(11) 计算"C01"课程的平均成绩。

(12) 输出有成绩的学生学号。

(13) 查询所有姓"刘"的学生信息。

(14) 统计输出各系学生的人数。

(15) 查询成绩为 79 分、89 分或 99 分的记录。

(16) 查询选修了"C03"课程的学生的学号及其成绩,查询结果按分数降序排列。

(17) 查询各个课程号及相应的选课人数。

(18) 统计每门课程的选课人数和最高分。

(19) 统计每个学生的选课门数和考试总成绩,并按选课门数降序排列。

(20) 查询选修了 3 门以上课程的学生学号。

3. 思考题

(1) 聚集函数能否直接使用在 SELECT 子句、HAVING 子句、WHERE 子句、GROUP BY 子句中?

(2) 关键字 ALL 和 DISTINCT 有什么不同的含义?

(3) SELECT 语句中的通配符有几种?含义分别是什么?

(4) 数据的范围除了可以利用 BETWEEN…AND 运算符表示外,能否用其他方法表示?怎样表示?

4.6.3　连接查询

1. 实践目的

(1) 掌握 SELECT 语句在多表查询中的应用。

(2) 掌握多表连接的几种连接方式及应用。

2. 实践内容和要求

完成下面查询。

(1) 查询计算机系(CS)女学生的学生学号、姓名及考试成绩。

(2) 查询"李勇"同学所选课程的成绩。

(3) 查询"李新"老师所授课程的课程名称。

(4) 查询女教师所授课程的课程号及课程名称。

(5) 查询至少选修一门课程的女学生姓名。

(6) 查询姓"王"的学生所学的课程名称。

(7) 查询选修"数据库"课程且成绩在 80~90 分之间的学生学号及成绩。

(8) 查询课程成绩及格的男同学的学生信息及课程号与成绩。

(9) 查询选修"C04"课程的学生的平均年龄。

(10) 查询学习课程名为"数学"的学生学号和姓名。

(11) 查询"钱军"老师任课的课程号，选修其课程的学生的学号和成绩。

(12) 查询在第 3 学期所开课程的课程名称及成绩。

3. 思考题

(1) 指定一个较短的别名有什么好处？

(2) 内连接与外连接有什么区别？

4.6.4　嵌套查询

1. 实践目的

(1) 掌握嵌套查询的使用方法。

(2) 掌握相关子查询与嵌套子查询的区别。

(3) 掌握带 IN 谓词的子查询的使用方法。

(4) 掌握带比较运算符的子查询的使用方法。

(5) 掌握带 ANY 或 ALL 谓词的子查询的使用方法。

(6) 掌握带 EXISTS 谓词的子查询的使用方法。

2. 实践内容和要求

完成下面查询。

(1) 查询与"李勇"同一个系的同学姓名。

(2) 查询学号比"刘晨"同学大，而出生日期比他小的学生姓名。

(3) 查询出生日期大于所有女同学出生日期的男同学的姓名及系别。

(4) 查询成绩比该课程平均成绩高的学生的学号及成绩。

(5) 查询不讲授"C01"课的教师姓名。

(6) 查询没有选修"C02"课程的学生学号及姓名。

(7) 查询选修了"数据库"课程的学生学号、姓名及系别。

(8) 查询选修了全部课程的学生姓名。

(9) 查询没有学生选修的课程号及课程名称。

(10) 查询所有与李勇选修课程相同的学生信息。

(11) 分别用子查询和连接查询，查询"C02"号课程不及格的学生信息。

3. 思考题

(1) "="与 IN 在什么情况下作用相同?

(2) 使用存在量词[NOT]EXISTS 的嵌套查询时,何时外层查询的 WHERE 条件为真?何时为假?

(3) 当既能用连接查询又能用嵌套查询时,应该选择哪种查询较好?为什么?

4.6.5　数据更新

1. 实践目的

(1) 掌握利用 INSERT 命令实现对表数据的插入操作。

(2) 掌握利用 UPDATE 命令实现对表数据的修改操作。

(3) 掌握利用 DELETE 命令实现对表数据的删除操作。

2. 实践内容和要求

利用 SELECT INTO…命令备份 student、sc、course 这 3 个表,备份表名自定。

(1) 向 student 表中插入记录("20050203", "张静", "女", "1981-3-21", "CS", "电子商务")。

(2) 插入学号为"20050302"、姓名为"李四"的学生信息。

(3) 把计算机系的学生记录保存到表 TS 中(TS 表已存在,表结构与 student 表相同)。

(4) 将学号为"20050202"的学生姓名改为"张华",系别改为"CS",专业改为"多媒体技术"。

(5) 将"李勇"同学的专业改为"计算机信息管理"。

(6) 将"20050201"学生选修"C03"号课程的成绩改为该课的平均成绩。

(7) 把成绩低于总平均成绩的女同学的成绩提高 5%。

(8) 把选修了"数据库"课程而成绩不及格的学生的成绩全改为空值(NULL)。

(9) 删除学号为"20050302"的学生记录。

(10) 删除"计算机系"所有学生的选课记录。

(11) 删除 sc 表中尚无成绩的选课记录。

(12) 把"刘晨"同学的成绩全部删除。

3. 思考题

(1) 如何从备份表中恢复 3 个表?

(2) DROP 命令和 DELETE 命令的本质区别是什么?

(3) 利用 INSERT、UPDATE 和 DELETE 命令可以同时对多个表进行操作吗?

4.7　课外拓展

操作内容及要求如下。

1. 管理表

在上一模块的课外拓展中,已建立好数据库 GlobalToys,现在实现表的创建与维护。

考虑下面的表结构,见表 4-27~表 4-29。

表 4-27 Toys 表结构

属性名	数据类型
cToyId	char(6)
cToyName	varchar(20)
vToyDescription	varchar(250)
cCategoryId	char(3)
mToyRate	money
cBrandId	char(3)
imPhoto	image
siToyQoh	smallint
siLowerAge	smallint
siUpperAge	smallint
siToyWeight	smallint
vToyImgpath	varchar(50)

表 4-28 Category 表结构

属性名	数据类型
cCategoryId	char(3)
cCategory	char(20)
vDescription	varchar(100)

表 4-29 ToyBrand 表结构

属性名	数据类型
cBrandId	char(3)
cBrandName	char(20)

(1) 创建表 Category。创建表时，实施下面的数据完整性规则。

① 主关键字应该是种类代码。

② 属性 cCategory 应该是唯一的，但不是主关键字。

③ 种类描述属性允许 NULL 值。

(2) 创建表 ToyBrand。创建表时，实施下列数据完整性规则。

① 主关键字应该是品牌代码。

② 品牌名应该时唯一的，但不是主关键字。

(3) 创建表 Toys。该表须满足下列的数据完整性。

① 主关键字应该是玩具代码。

② 玩具的现存数量(siToyQoh)应该是在 0 到 200 之间。

③ 属性 imPhoto、vToyImgpath 允许存放 NULL 值。

④ 属性 cToyName、vToyDescription 不应该允许为 NULL。

⑤ 玩具年龄下限的默认值是 1。

⑥ 属性 cCategoryId 的值应该是在表 Category 中。

(4) 修改表 Toys，实施下列数据完整性。

① 输入到属性 cBrandId 中的值应当在表 ToyBrand 中存在。

② 玩具年龄上限的默认值应该是 1。

(5) 修改已经创建的表 Toys，实施下列数据完整性规则。

① 玩具的价格应该大于 0。

② 玩具重量的默认省值应用为 1。

(6) 在数据表中存入下列品牌，见表 4-30。

表 4-30　ToyBrand 表

cBrandId	cBrandName
001	Bobby
002	Frances_Price
003	The Bernie Kids
004	Largo

(7) 将下列种类的玩具存储在数据库中，见表 4-31。

表 4-31　Category 表

cCategoryId	cCategory	vDescription
001	Activity	创造性玩具鼓励孩子的社交技能，并激发他们对周围世界的兴趣
002	Dolls	各种各样先进品牌的洋娃娃
003	Arts And Crafts	鼓励孩子们用这些令人难以置信的手工工具创造出杰作

(8) 将下列信息存入数据库，见表 4-32。

表 4-32　Toys 表

属性名	数据
cToyId	000001
cToyName	Robby the Whale
cToy Description	一条带两个重型把手的巨大蓝鲸，使得孩子可以骑在它的背上
cCategoryId	001
mToyRate	8.99
cBrandId	001
imPhoto	NULL
siToyQoh	50
siLowerAge	3
siUpperAge	9
siToyWeight	1
vToyImgpath	NULL

(9) 将玩具代码为"000001"的玩具的 ToyRate 增加¥1。

(10) 在数据库中删除品牌"Largo"。

(11) 将种类"Activity"的信息复制到一张新表中，此表叫 PreferredCategory。

(12) 将种类"Dolls"的信息从表 Category 复制到表 PreferredCategory。

2. 表的查询(1)

(1) 显示在玩具名称中包含"Racer"的所有玩具的所有信息。

(2) 显示所有名字以"s"开头的购物者。

(3) 显示接受者所属的所有州，州名不应该有重复。

(4) 显示所有玩具的名称及其所属的类别。

(5) 显示所有玩具的订货代码、玩具代码、包装说明。格式见表 4-33。

表 4-33　格式 1

Order Number	ToyId	WrapperDescription

(6) 显示所有玩具的名称、商标和类别。格式见表 4-34。

表 4-34　格式 2

ToyName	Rrand	Category

(7) 显示购物者和接受者的名字。格式见表 4-35。

表 4-35　格式 3

ShopperName	ShopperAddress	RecipientName	Recipient Address

(8) 显示所有玩具的名称和购物车代码，见表 4-36。如果玩具不在购物车上，则应显示 NULL。

表 4-36　格式 4

ToyName	CartId
Robby the Whale	000005
Water Channel System	NULL

提示：使用左外连接。

(9) 将所有价格高于￥20 的玩具的所有信息复制到一个叫 PremiumToys 的新表中。

(10) 显示购物者和接受者的名字、姓、地址和城市。格式见表 4-37

表 4-37　格式 5

First Name	Last Name	Address	City

(11) 显示价钱最贵的玩具名称。

(12) 查询订货(Orders)表中，运货方式代码(cShippingModeId)是"01"的总费用 (mShippingCharges)。(用 GROUP BY 和 HAVING 实现。)

(13) 查询订货(Orders)表中，总费用(mTotalCost)最高的前 3 个订货单代码。

3. 表的查询(2)

(1) 显示价格范围在￥10 到￥20 之间的所有玩具的列表。

(2) 显示属于 California 或 Illinois 州的购物者的名字、姓和 E-mail 地址。

(3) 显示发生在 2001-05-20 的，总值超过￥75 的订货，格式见表 4-38。

表 4-38　格式 6

OrderNumber	OrderDate	ShopperId	TotalCost

(4) 显示属于"Dolls"类，且价格小于￥20 的玩具的名字。

提示：Dolls 的类别代码(CategoryId)为"002"。

(5) 显示没有任何附加信息的订货的全部信息。

(6) 显示不住在 Texas 州的购物者的所有信息。

(7) 显示所有玩具的名字和价格，见表 4-39。确保价格最高的玩具显示在列表顶部。

表 4-39　格式 7

ToyName	ToyRate

(8) 升序显示价格小于￥20 的玩具的名字。

(9) 显示订货代码、购物者代码和订货总值，按总值的升序显示。

(10) 显示本公司卖出的玩具的种数。

(11) 显示玩具价格的最大值、最小值和平均值。

(12) 显示所有订货加在一起的总值。

(13) 在一次订货中，可以订购多个玩具。显示包含订货代码和每次订货的玩具总价的报表，见表 4-40。

表 4-40　格式 8

OrderNumber	Total Cost of Toys for an Order

(14) 在一次订货中，可以订购多个玩具。显示包含订货代码和每次订货的玩具总价的报表。

(条件：该次订货的玩具总价超过￥50。)

(15) 根据 2000 年的售出数量，显示头 5 个"Pick of the Month"玩具的玩具代码。

(16) 显示一张包含所有订货的订货代码、玩具代码和所有订货的玩具价格的报表。该报表应该既显示每次订货的总计又显示所有订货的总计。

(17) 显示玩具名、说明、所有玩具的价格。但是，只显示说明的前 40 个字母。

(18) 显示所有运货的报表，格式见表 4-41。

表 4-41　格式 9

OrderNumber	Shipment Date	Actual Delivery Date	Days in Transit

提示：运送天数(Days in Transit) =

　　实际交付日期(Actual Delivery Date) – 运货日期(Shipment Date)

(19) 显示订货代码为"000009"的订货的报表，格式见表 4-42。

表 4-42　格式 10

OrderNumber	Days in Transit

(20) 显示所有的订货，格式见表 4-43。

表 4-43　格式 11

OrderNumber	ShopperId	Day of Order	Weekday

GlobalToys 数据库说明，见表 4-44～表 4-57。

表 4-44　Orders(订单)

字段名	说明	键值	备注
cOrderNo	订单编号	PK	
dOrderDate	订单日期		
cCartId	购物车编号	FK	注 1：FK
cShopperId	顾客编号	FK	注 2：FK
cShippingModeId	运货方式代码		
mShippingCharges	运货费用		
mGiftWrapCharges	包装费用		
cOrderProcessed	订单是否处理		
mTotalCost	订单总价		商品总价+运货费用+包装费用
dExpDelDate	期望送货时间		

表 4-45　OrderDetail(订单细目)

字段名	说明	键值	备注
cOrderNo	订单编号	PK	注 1：FK
cToyId	玩具编号		注 2：FK
siQty	玩具数量		
cGiftWrap	是否包装		是：Y，否：N
cWrapperId	包装 ID	FK	注 3：FK
vMessage	信息		
mToyCost	玩具总价		玩具单价×数量

表 4-46　Toys(玩具)

字段名	说明	键值	备注
cToyId	玩具编号	PK	
vToyName	玩具名称		
vToyDescription	玩具描述		
cCategoryId	玩具类别	FK	
mToyRate	玩具价格		
cBrandId	玩具品牌	FK	
imPhoto	图片		
siToyQoh	库存数量		
siLowerAge	年龄下限		
siUpperAge	年龄上限		
siToyWeight	玩具重量		
vToyImgPath	图片存放地址		

表 4-47　ToyBrand(玩具品牌)

字段名	说明	键值	备注
cBrandId	品牌编号	PK	
cBrandName	品牌名称		

表 4-48　Category(玩具类别)

字段名	说明	键值	备注
cCategoryId	类别编号	PK	
cCategory	类别名称		
vDescription	类别描述		

表 4-49　Country(国家)

字段名	说明	键值	备注
cCountryId	国家编号	PK	
cCountry	国家名称		

表 4-50　PickOfMonth(月销售量)

字段名	说明	键值	备注
cToyId	玩具编号	PK	
siMonth	月份		
iYear	年份		
iTotalSold	销售总量		

表 4-51　Recipient(接受者)

字段名	说明	键值	备注
cOrderNo	订单编号	PK/FK	

续表

字段名	说明	键值	备注
vFirstName	接受者姓		
vLastName	接受者名		
vAddress	地址		
cCity	城市		
cState	州		
cCountryId	国家		
cZipCode	邮编		
cPhone	电话		

表 4-52　Shipment(运货)

字段名	说明	键值	备注
cOrderNo	订单编号	PK/FK	
dShipmentDate	运货日期		
cDeliveryStatus	运货状态		d：已送达 s：未送达
dActualDeliveryDate	实际交付日期		

表 4-53　ShippingMode(运货方式)

字段名	说明	键值	备注
cModeId	运货方式代码	PK	
cMode	运货方式		
iMaxDelDays	最长运货时间		

表 4-54　ShippingRate(运价表)

字段名	说明	键值	备注
cCountryID	国家编号	PK	
cModeId	运货方式		
mRatePerPound	运价比		每磅运价比率

表 4-55　Shopper(顾客)

字段名	说明	键值	备注
cShopperId	顾客编号	PK	
cPassword	密码		
vFirstName	姓		
vLastName	名		
vEmailId	E-mail		
vAddress	地址		
cCity	城市		
cState	州		
cCountryId	国家编号		
cZipCode	邮编		

续表

字段名	说明	键值	备注
cPhone	电话		
cCreditCardNo	信用卡号		
vCreditCardType	信用卡类型		
dExpiryDate	有效期限		

表 4-56　ShoppingCart(购物车)

字段名	说明	键值	备注
cCartId	购物车编号	PK	
cToyId	玩具编号		
siQty	玩具数量		

表 4-57　Wrapper(包装)

字段名	说明	键值	备注
cWrapperId	包装编号	PK	
vDescription	描述		
mWrapperRate	包装费用		
imPhoto	图片		
vWrapperImgPath	图片存放地址		

4.8　阅读材料：认识 Transact-SQL 语言

1. Transact-SQL 语言概述

结构化查询语言(Structured Query Language，SQL)是由美国国家标准协会(American National Standards Institute，ANSI)和国际标准化组织(International Standards Organization，ISO)定义的标准，而 Transact-SQL 是 Microsoft 公司对此标准的一个实现。

目前，SQL Server 的版本中，Microsoft SQL Server 2000 遵循的是 ANSI-92 标准，也就是 ANSI 在 1992 年制定的标准。最新的 SQL 标准是 1999 年出版发行的 ANSI SQL-99，Microsoft SQL Server 2008 就是遵循该标准的。

Transact-SQL 语言是结构查询语言的增强版本，与多种 ANSI SQL 标准兼容，而且在标准的基础上还进行了许多扩展。Transact-SQL 代码已成为 SQL Server 的核心。Transact-SQL 在关系数据库管理系统中实现数据的检索、操纵和添加功能。

2. Transact-SQL 语言的特点

Transact-SQL 语言有以下 4 个特点。

(1) 一体化：集数据定义语言、数据操作语言、数据控制语言元素为一体。

(2) 使用方式：有两种使用方式，即交互使用方式和嵌入到高级语言中的使用方式。

(3) 非过程化语言：只需要提出"干什么"，不需要指出"如何干"，语句的操作过程由系统自动完成。

(4) 人性化：符合人们的思维方式，容易理解和掌握。

3. Transact-SQL 语言的分类

在 SQL Server 2008 系统中,根据 Transact-SQL 语言的执行功能特点,可以将 Transact-SQL 语言分为 3 种类型:数据定义语言、数据操纵语言和数据控制语言。

1) 数据定义语言 DDL(Data Definition Language)

数据定义语言是最基础的 Transact-SQL 语言类型。其用来创建数据库和创建、修改、删除数据库中的各种对象,为其他语言的操作提供对象。只有在创建数据库和数据库中的各种对象之后,数据库中的各种其他操作才有意义。例如,数据库、表、触发器、存储过程、视图、索引、函数、类型及用户等都是数据库中的对象,都需要通过定义才能使用。最常用的 DDL 语句是 CREATE、DROP 和 ALTER。

2) 数据操纵语言 DML(Data Manipulation Language)

用于完成数据查询和数据更新操作,其中数据更新是指对数据进行插入、删除和修改操作。最常使用的 DML 语句是 SELECT、INSERT、UPDATE 和 DELETE。

3) 数据控制语言 DCL(Data Control Language)

数据控制语言是用来设置或更改数据库用户或角色权限的语句,在默认状态下,只有 sysadmin、dbcrator、db_owner 或 db-seurityadmin 等人员才有权力执行数据控制语言。主要包括 GRANT 语句、REVOKE 语句和 DENY 语句。GRANT 语句可以将指定的安全对象的权限授予相应的主体;REVOKE 语句则删除授予的权限;DENY 语言拒绝授予主体权限,并且防止主体通过组或角色成员继承权限。

习　　题

1. 选择题

(1) 下面哪种数字数据类型不可以存储数据 256?(　　)

　　A. bigint　　　　B. int　　　　　　　C. smallint　　　　D. tinyint

(2) 下面哪种日期和时间类型可以表示时区偏移量?(　　)

　　A. datetime　　B. smalldatetime　　C. datetime2　　　D. datetimeoffset

(3) 假设列中数据变化的规律如下,下面哪种情况不可以使用 IDENTITY 列定义?(　　)

　　A. 1,2,3,4,5,…　B. 10,20,30,40,50,…　C. 1,1,2,2,3,3,4,4,…　D. 1,3,5,7,9,…

(4) 下面是有关主键和外键之间的关系描述,正确的是(　　)。

　　A. 一个表中最多只能有一个主键约束,多个外键约束

　　B. 一个表中最多只有一个外键约束,一个主键约束

　　C. 在定义主键外键约束时,应该首先定义主键约束,然后定义外键约束

　　D. 在定义主键外键约束时,应该首先定义外键约束,然后定义主键约束

(5) 下面关于数据库中表的行和列的叙述正确的是(　　)。

　　A. 表中的行是有序的,列是无序的　　B. 表中的列是有序的,行是无序的

　　C. 表中的行和列都是有序的　　　　　D. 表中的行和列都是无序的

(6) SQL 语言的数据操作语句包括 SELECT、INSERT、UPDATE 和 DELETE 等。其中最重要的,也是使用最频繁的语句是(　　)。

　　A. SELECT　　　B. INSERT　　　　C. UPDATE　　　D. DELETE

(7) 在下列 SQL 语句中，修改表结构的语句是(　　)。

    A．ALTER   B．CREATE   C．UPDATE   D．INSERT

(8) 设有关系 R(A,B,C) 和 S(C,D)，与关系代数表达式 $\pi_{A,B,D}(\sigma_{R.C=S.C}(R \infty C))$ 等价的 SQL 语句是(　　)。

    A．SELECT * FROM R，S WHERE R.C=S.C

    B．SELECT A,B,D　FROM R,S WHERE R.C=S.C

    C．SELECT A,B,D　FROM R,S WHERE R=S

    D．SELECT A,B　FROM R WHERE(SELECT D FROM S WHERE R.C=S.C

(9) 设关系 $R(A,B,C)$ 与 SQL 语句 "SELECT DISTINCT A FROM R WHERE B=17" 等价的关系代数表达式是(　　)。

    A．$\pi_A(\sigma_{B=17}(R))$ B．$\sigma_{B=17}(\pi_A(R))$

    C．$\sigma_{B=17}(\pi_{A,C}(R))$ D．$\pi_{A,C}(\sigma_{B=17}(R))$

下面第(10)～(14)题，基于"学生-选课-课程"数据库中的 3 个关系。

S(S#,SNAME,SEX,DEPARTMENT)，主码是 S#

C(C#,CNAME,TEACHER)，主码是 C#

SC(S#,C#,GRADE)，主码是(S#，C#)

(10) 在下列关于保持数据库完整性的叙述中，哪一个是不正确的？(　　)

    A．向关系 SC 插入元组时，S#和 C#都不能是空值(NULL)

    B．可以任意删除关系 SC 中的元组

    C．向任何一个关系插入元组时，必须保证该关系主码值的唯一性

    D．可以任意删除关系 C 中的元组

(11) 查找每个学生的学号、姓名、选修的课程名和成绩，将使用关系(　　)。

    A．只有 S,SC   B．只有 SC,C   C．只有 S,C D．S,SC,C

(12) 若要查找姓名中第一个字为"王"的学生的学号和姓名，则下面列出的 SQL 语句中，哪个(些)是正确的？(　　)

Ⅰ．SELECT S#,SNAME FROM S WHERE SNAME='王%'

Ⅱ．SELECT S#,SNAME FROM S WHERE SNAME LIKE '王%'

Ⅲ．SELECT S#,SNAME FROM S WHERE SNAME LIKE '王_'

    A．Ⅰ   B．Ⅱ   C．Ⅲ   D．全部

(13) 若要"查询选修了 3 门以上课程的学生的学号"，则正确的 SQL 语句是(　　)。

    A．SELECT S#　FROM SC GROUP BY S#　WHERE COUNT(*)>3

    B．SELECT S#　FROM SC GROUP BY S#　HAVING COUNT(*)>3

    C．SELECT S#　FROM SC ORDER BY S#　WHERE COUNT(*)>3

    D．SELECT S#　FROM SC ORDER BY S#　HAVING COUNT(*)>3

(14) 若要查找"由张劲老师执教的数据库课程的平均成绩、最高成绩和最低成绩"，则将使用关系(　　)。

    A．S 和 SC   B．SC 和 C   C．S 和 C   D．S、SC 和 C

下面第(15)～(18)题基于这样的 3 个表，即学生表 S、课程表 C 和学生选课表 SC，它们的关系模式如下。

S(S#,SN,SEX,AGE,DEPT)(学号,姓名,性别,年龄,系别)

C(C#,CN)(课程号,课程名称)

SC(S#,C#,GRADE)(学号,课程号,成绩)

(15) 检索所有比"王华"年龄大的学生姓名、年龄和性别。下面正确的 SELECT 语句是（　　）。

    A．SELECT SN,AGE，SEX FROM S WHERE AGE>(SELECT AGE FROM S WHERE SN='王华')

    B．SELECT SN,AGE,SEX FROM S WHERE SN='王华'

    C．SELECT SN,AGE,SEX FROM S WHERE AGE>(SELECT AGE WHERE SN='王华')

    D．SELECT SN,AGE,SEX FROM S WHERE AGE>王华.AGE

(16) 检索选修课程"C2"的学生中成绩最高的学生的学号。正确的 SELECT 语句是（　　）。

    A．SELECT S#　FROM SC WHERE C#='C2' AND GRADE>=(SELECT GRADE FROM SC WHERE C#='C2')

    B．SELECT S#　FROM SC WHERE C#='C2' AND GRADE IN (SELECT GRADE FROM SC WHERE C#='C2')

    C．SELECT S#　FROM SC WHERE C#='C2' AND GRADE NOT IN (SELECT GRADE GORM SC WHERE C#='C2')

    D．SELECT S#　FROM SC WHERE C#='C2' AND GRADE>=ALL (SELECT GRADE FROM SC WHERE C#='C2')

(17) 检索学生姓名及其所选修课程的课程号和成绩。正确的 SELECT 语句是（　　）。

    A．SELECT S.SN,SC.C#,SC.GRADE FROM S WHERE S.S#=SC.S#

    B．SELECT S.SN, SC.C#,SC.GRADE FROM SC WHERE S.S#=SC.GRADE

    C．SELECT S.SN,SC.C#,SC.GRADE FROM S, SC WHERE S.S#=SC.S#

    D．SELECT S.SN,SC.C#,SC.GRADE FROM S,SC

(18) 检索 4 门以上课程的学生总成绩(不统计不及格的课程)，并要求按总成绩的降序排列出来。正确的 SELECT 语句是（　　）。

    A．SELECT S#,SUM(GRAGE) FROM SC WHERE GRADE>=60 GROUP BY S# ORDER BY S#　HAVING COUNT(*)>=4

    B．SELECT S#,SUM(GRADE) FROM SC WHERE GRADE>=60 GROUP BY S# HAVING COUNT(*)>=4　ORDER BY 2 DESC

    C．SELECT S#,SUM(GRADE) FROM SC WHERE GRADE>=60 HAVING COUNT(*)<=4 GROUP BY S#　ORDER BY 2 DESC

    D．SELECT S#,SUM(GRADE) FROM SC WHERE GRADE>=60 HAVING COUNT(*)>=4 GROUP BY S#　ORDER BY 2

(19) 数据库见表 4-58 和表 4-59，若职工表的主关键字是职工号，部门表的主关键字是部门号，SQL 操作（　　）不能执行。

    A．从职工表中删除行('025','王芳','03',720)

    B．将行('005','乔兴', '04',720)插入到职工表中

    C．将职工号为'001'的工资改为 700

    D．将职工号为'038'的部门号改为'03'

表 4-58　职工表

职工号	职工名	部门号	工资
001	李红	01	580
005	刘军	01	670
025	王芳	03	720
038	张强	02	650

表 4-59　部门表

部门号	部门名	主任
01	人事处	高平
02	财务处	蒋华
03	教务处	许红
04	学生处	杜琼

(20) 若用如下的 SQL 语句创建一个 STUDENT 表。

```
CREATE TABLE STUDENT
(NO char(4) NOT NULL,
NAME char(8) NOT NULL,
SEX char(2),
AGE int)
```

可以插入到 STUDENT 表中的是(　　)。

  A．('1031', '曾华',男,23)   B．('1031', '曾华',NULL,NULL)

  C．(NULL, '曾华', '男', '23')   D．('1031',NULL, '男',23)

(21) 有关系 S(S#,SNAME,SAGE)，C(C#,CNAME)，SC(S#,C#,GRADE)。要查询选修"ACCESS"课的年龄不小于 20 的全体学生姓名的 SQL 语句是"SELECT SNAME FROM S,C,SC WHERE 子句"。这里的 WHERE 子句的内容是(　　)。

  A．S.S#=SC.S# AND C.C#=SC.C# AND SAGE>=20 AND CNAME='ACCESS'

  B．S.S#=SC.S# AND C.C#=SC.C# AND SAGE IN >=20 AND CNAME IN 'ACCESS'

  C．SAGE>=20 AND CNAME='ACCESS'

  D．SAGE>=20 AND CNAMEIN'ACCESS'

(22) 若要在基本表 S 中增加一列 CN(课程名)，可用(　　)。

  A．ADD TABLE S(CN char(8))

  B．ADD TABLE S ALTER(CN char(8))

  C．ALTER TABLE S ADD(CN char(8))

  D．ALTER TABLE S(ADD CN char(8))

(23) 学生关系模式 S(S#,SNAME,AGE,SEX)，S 的属性分别表示学生的学号、姓名、年龄、性别。要在表 S 中删除一个属性"年龄"，可选用的 SQL 语句是(　　)。

  A．DELETE AGE FROM S

  B．ALTER TABLE S DROP COLUMN AGE

  C．UPDATE S AGE

D. ALTER TABLE S 'AGE'

(24) 设关系数据库中有一个表 S 的关系模式为 S(SN,CN,GRADE)，其中 SN 为学生名，CN 为课程名，二者为字符型；GRADE 为成绩，数值型，取值范围 0～100。若要更正"王二"的化学成绩为 85 分，则可用(   )。

    A. UPDATE S SET GRADE=85 WHERE SN='王二' AND CN='化学'

    B. UPDATE S SET GRADE='85' WHERE SN='王二' AND CN='化学'

    C. UPDATE GRADE=85 WHERE SN='王二' AND CN='化学'

    D. UPDATE GRADE='85' WHERE SN='王二' AND CN='化学'

(25) 在 SQL 语言中，子查询是(   )。

    A. 返回单表中数据子集的查询语句   B. 选取多表中字段子集的查询语句

    C. 选取单表中字段子集的查询语句   D. 嵌入到另一个查询语句之中的查询语句

(26) 在 SQL 语言中，条件"年龄 BETWEEN 20 AND 30"表示年龄在 20～30 之间，且(   )。

    A. 包括 20 岁和 30 岁   B. 不包括 20 岁和 30 岁

    C. 包括 20 岁但不包括 30 岁   D. 包括 30 岁但不包括 20 岁

(27) 下列聚合函数不忽略空值(NULL)的是(   )。

    A. SUM(列名) B. MAX(列名)   C. COUNT(*)   D. AVG(列名)

(28) 在 SQL 中，下列涉及空值的操作，不正确的是(   )。

    A. AGE IS NULL   B. AGE IS NOT NULL

    C. AGE=NULL   D. NOT(AGE IS NULL)

(29) 已知学生选课信息表：sc(sno,cno,grade)。查询"至少选修了一门课程，但没有学习成绩的学生学号和课程号"的 SQL 语句是(   )。

    A. SELECT sno,cno FROM sc WHERE grade=NULL

    B. SELECT sno,cno FROM sc WHERE grade IS "

    C. SELECT sno,cno FROM sc WHERE grade IS NULL

    D. SELECT sno,cno FROM sc WHERE grade="

(30) 有如下的 SQL 语句。

Ⅰ. SELECT sname FROM s, sc WHERE grade<60

Ⅱ. SELECT sname FROM s WHERE sno IN(SELECT sno FROM sc WHERE grade<60)

Ⅲ. SELECT sname FROM s, sc WHERE s.sno=sc.sno AND grade<60

若要查找分数(grade)不及格的学生姓名(sname)，则以上正确的有哪些？(   )

    A. Ⅰ和Ⅱ   B. Ⅰ和Ⅲ   C. Ⅱ和Ⅲ   D. Ⅰ、Ⅱ和Ⅲ

2. 填空题

(1) 关系 $R(A，B，C)$ 和 $S(A，D，E，F)$，有 $R.A=S.A$。若将关系代数表达式 $\pi_{R.A,R.B,S.D,S.F}(R\infty S)$，用 SQL 语言的查询语句表示,则为: SELECT   R.A,R.B,S.D,S.F FROM R,S WHERE_____。

(2) SELECT 语句中，_____子句用于选择满足给定条件的元组，使用_____子句可按指定列的值分组，同时使用_____可提取满足条件的组。若希望将查询结果排序，则应在 SELECT 语句中使用_____子句，其中，_____选项表示升序，_____选项表示降序。若希望查询的结果不出现重复元组，则应在 SELECT 子句中使用_____保留字。WHERE 子句的条件表达式中，字符串匹配的操作符是_____，与 0 个或多个字符匹配的通配符是_____，与单个字符匹配的通配符是_____。

(3) 子查询的条件不依赖于父查询，这类查询称为_____，否则称为_____。

(4) 有学生信息表 student，求年龄在 20～22 岁之间(含 20 岁和 22 岁)的学生姓名和年龄的 SQL 语句是：SELECT sname,age FROM student WHERE age_____。

(5) 在"学生选课"数据库中的两个关系如下。

```
S(SNO,SNAME,SEX,AGE),SC(SNO,CNO,GRADE)
```

则与 SQL 命令"SELECT SNAME FROM S WHERE SNO IN(SELECT SNO FROM SC WHERE GRADE<60)"等价的关系代数表达式是_____。

(6) 在"学生-选课-课程"数据库中的 3 个关系如下。

S(S#,SNAME,SEX,AGE)，SC(S#,C#,GRADE)，C(C#,CNAME,TEACHER)。现要查找选修 "数据库技术"这门课程的学生的学生姓名和成绩，可使用如下的 SQL 语句。

SELECT SNAME,GRADE FROM S,SC,C WHERE CNAME='数据库技术'AND S.S#=SC.S# AND_____。

(7) 设有关系 SC(sno, cname, grade)，各属性的含义分别为学号、课程名、成绩。若要将所有学生的"数据库技术"课程的成绩增加 5 分，能正确完成该操作的 SQL 语句是_____grade = grade+5 WHERE cname='数据库技术'。

(8) 在 SQL 语言中，若要删除一个表，应使用的语句是_____TABLE。

3. 综合练习题

(1) 现有如下关系。

学生(学号，姓名，性别，专业，出生日期)

教师(教师编号，姓名，所在部门，职称)

授课(教师编号，学号，课程编号，课程名称，教材，学分，成绩)

用 SQL 语言完成下列功能。

① 删除学生表中学号为"20013016"的记录。

② 将编号为"003"的教师所在的部门改为"电信系"。

③ 向学生表中增加一个"奖学金"列，其数据类型为数值型。

(2) 现有如下关系。

学生 S(S#,SNAME,AGE,SEX)

学习 SC(S#, C#, GRADE)

课程 C(C#, CNAME, TEACHER)

用 SQL 语言完成下列功能。

① 统计有学生选修的课程门数。

② 求选修 C4 课程的学生的平均年龄。

③ 求"李文"教师所授课程的每门课程的学生平均成绩。

④ 检索姓名以"王"字打头的所有学生的姓名和年龄。

⑤ 在基本表 S 中检索每一门课程成绩都大于等于 80 分的学生学号、姓名和性别，并把检索到的值送往另一个已存在的基本表 STUDENT(S#, SNAME, SEX)中。

⑥ 向基本表 S 中插入一个学生元组('S9', 'WU', 18, 'F')。

⑦ 把低于总平均成绩的女同学的成绩提高 10%。

⑧ 把"王林"同学的学习选课和成绩全部删除。

(3) 设要创建学生选课数据库，库中包括学生、课程和选课 3 个表，其表结构如下。

学生(学号，姓名，性别，年龄，所在系)

课程(课程号，课程名，先行课)

选课(学号，课程号，成绩)

用 SQL 语句完成下列操作。

① 创建学生选课库。

② 创建学生、课程和选课表，其中学生表中"性别"的域为"男"或"女"，默认值为"男"。

第 **5** 章　数据库的高级应用

任务要求：

为了提高学生信息管理系统中数据的安全性、完整性和查询速度，在应用系统开发过程中，要充分利用索引、视图、存储过程、触发器、事务等来提高系统的性能。

学习目标：

● 了解架构、索引、视图、游标、存储过程、触发器及事务的作用
● 掌握架构、索引、视图、游标、存储过程、触发器及事务的创建方法
● 掌握架构、索引、视图、游标、存储过程、触发器及事务的修改及删除方法
● 理解 Transact-SQL 语言基础

学习情境：

训练学生掌握对视图、游标、存储过程、触发器和事务等的使用。功能如下。
(1) 利用视图完成对学生基本信息与班级信息的操作。
(2) 利用游标实现对学生成绩的名次排序。
(3) 利用存储过程实现对学生基本信息的添加、删除和修改。
(4) 利用触发器实现当进行毕业生信息转出时，班级信息也随之转出。

扩展部分：

(1) 利用存储过程实现对班级信息的添加、删除和修改。
(2) 利用触发器实现当有学生退学时，将该生相应的量化成绩删除。

5.1 架　　构

【任务分析】

设计人员在数据库中怎样合理地设计架构，以便更有效地管理数据库对象。

【课堂任务】

本节要理解架构的作用及使用

- 架构的概念及作用
- 架构的创建、修改和删除

架构是对象的容器，用于在数据库内定义对象的命名空间，用于简化管理和创建可以共同管理的对象子集。架构与用户分离，用户拥有架构，并且当服务器在查询中解析非限定对象时，总是有一个默认的架构供服务器使用。这意味着访问默认架构中的对象时，不需要指定架构名称。要访问其他架构中的对象时，需要两部分或者 3 部分的标识符。两部分的标识符指定架构名称和对象名称，格式为 schema_name.object_name；3 部分的标识符指定数据库的名称、架构名称和对象名称，格式为 database_name.schema_name.object_name。

架构有很多好处。因为用户不再是对象的直接所有者，从数据库中删除用户是非常简单的任务，不再需要在删除创建对象的用户之前重命名对象。多个角色可以通过在角色或 Windows 组中的成员资格来拥有单个架构，这样使得管理表、视图和其他数据库定义的对象变得简单得多，并且，多个用户可以共享单个默认架构，这样就使得授权访问共享对象变得更加容易。

5.1.1　创建架构

在创建架构之前，应该谨慎地考虑架构的名称。架构的名称可以长达 128 个字符。架构的名称必须以英文字母开头，在名称中间可以包含下划线"–"、@符号、#符号和数字。架构名称在每个数据库中必须是唯一的。在不同的数据库中可以包含类似名称的架构，比如，两个不同的数据库可能都拥有一个名为 Admins 的架构。

创建架构的方法有两种：使用图形化界面 SSMS 创建和 Transact-SQL 命令创建。

1. 使用图形化界面 SSMS 创建架构

在 SSMS 工具中，可以通过下面的步骤来创建一个新的架构。

(1) 在 SSMS 中，连接到包含默认的数据库的服务器实例。

(2) 在【对象资源管理器】中，展开【服务器】|【数据库】|grademanager|【安全性】节点，右击【架构】节点，在弹出的菜单中选择【新建架构】命令，显示【架构-新建】窗口，如图 5.1 所示。

(3) 在【常规】页面，可以指定架构的名称及设置架构的所有者，单击【搜索】按钮，打开【搜索角色和用户】对话框，如图 5.2 所示。

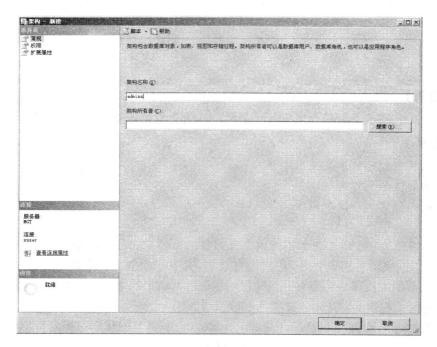

图 5.1 【架构-新建】窗口

图 5.2 【搜索角色和用户】对话框

(4) 在【搜索角色和用户】对话框中，单击【浏览】按钮，打开【查找对象】对话框。在【查找对象】对话框中选择架构的所有者，可以选择当前系统的所有用户或者角色，如图 5.3 所示。

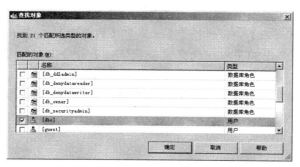

图 5.3 【查找对象】对话框

（5）选择完成后，单击【确定】按钮就可以完成架构的创建。

警告：要指定另一个用户作为所创建架构的所有者，必须拥有对该用户的 IMPERSONATE 权限。如果一个数据库角色被指定为所有者，当前用户必须是角色的成员，并且拥有对角色的 ALTER 权限。

2. 使用 Transact-SQL 命令创建架构

除了使用图形化界面创建架构外，还可以用 Transact-SQL 命令创建一个架构。创建架构的具体语法格式如下。

```
CREATE SCHEMA  schema_name
|AUTHORIZATION owner_name
|schema_name AUTHORIAZTION owner_name
```

上述语法格式中的各参数说明如下。

（1）schema_name：在数据库内标识架构的名称。

（2）AUTHORIZATION owner_name：指定将拥有架构的数据库级主体的名称。此主体还可以拥有其他架构，并且可以不使用当前架构作为其默认架构。

例如，创建一个名称为 Admins 的架构，可以使用如下代码。

```
CREATE SCHEMA Admins AUTHORIZATION dbo
```

5.1.2　修改架构

有时候，如果所有者不能使用架构作为默认的架构，也可能想允许或者拒绝基于某个用户或者角色指定的权限，那么就需要更改架构的所有者或者修改它的权限。

注意：架构在创建之后就不能更改名称，除非删除该架构，然后使用新的名称创建一个新的架构。

在 SSMS 工具中可以更改架构的所有者，具体步骤如下。

（1）在 SSMS 中，连接到包含默认数据库的服务器实例。

（2）在【对象资源管理器】中，展开【服务器】|【数据库】|grademanager|【安全性】节点，找到创建的名称为 Admins 的架构。右击该节点，在弹出的菜单中选择【架构属性】命令，打开【架构属性】对话框，如图 5.4 所示。

（3）单击【搜索】按钮就可以打开【搜索角色和用户】对话框，然后单击【浏览】按钮，在【查找对象】对话框中选择想要修改的用户或者角色，然后依次单击【确定】按钮两次，完成对架构所有者的修改。

用户还可以在【架构属性】窗口的【权限】页面中管理架构的权限。所有在对象上被直接指派权限的用户或者角色都会显示在【用户或角色】列表中，通过下面的步骤，就可以配置用户或者角色的权限。

（1）在【架构属性】对话框中选择【权限】页面。

（2）在【权限】页面中单击【搜索】按钮，添加用户。

（3）添加用户完成后，在【用户或角色】列表中选择用户，并在下面的【权限】列表中启用相应的复选框就可以完成对用户权限的配置，如图 5.5 所示。

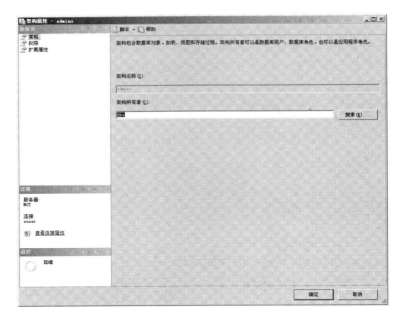

图 5.4　【架构属性-admina】对话框

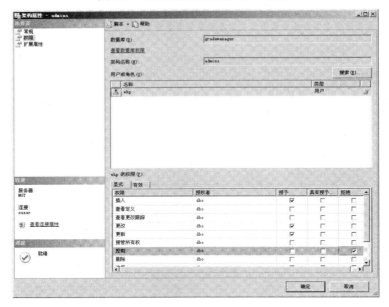

图 5.5　配置用户的权限

(4) 设置完成，单击【确定】按钮完成配置。

5.1.3　移动对象到新的架构

架构是对象的容器，有时候需要把对象从一个容器移动到另一个容器。

注意： 只有在同一数据库内的对象才可以从一个架构移动到另一个架构。

移动对象到一个新的架构会更改与对象相关联的命名空间，也会更改对象查询和访问的方式。

移动对象到新的架构也会影响对象的权限。当对象移动到新的架构中时，所有对象上的权限都会被删除。如果对象的所有者设置为特定的用户或者角色，那么该用户或者角色将继续成为对象的所有者。如果对象的所有者设置为 SCHEMA OWNER，所有权仍然为 SCHEMA OWNER 所有，并且移动后，所有者将变成新架构的所有者。

提示：要在架构之间移动对象，必须拥有对对象的 CONTROL 权限及对对象的目标架构的 ALTER 权限。如果对象上有"EXECUTE AS OWNER(以所有者执行)"的具体要求，并且所有者设置为 SCHEMA OWNER，则必须也拥有对目标架构的所有者的 INPERSONATION 权限。

在 SSMS 工具中，移动对象到新的架构中，可以使用如下具体步骤。

(1) 在 SSMS 中，连接到包含默认的数据库的服务器实例。

(2) 在【对象资源管理器】中，展开【服务器】|【数据库】|grademanager|【表】节点，右击 student 表，从弹出的快捷菜单中选择【设计】命令，进入表设计器。

(3) 在【视图】菜单中，选择【属性窗口】命令，打开 student 表的属性窗口。

(4) 在表的【属性】窗格中，在【标识】下单击【架构】下拉列表，选择目标架构，如图 5.6 所示。

图 5.6　修改架构

(5) 修改完成后，保存对表的修改即可完成移动该对象到新架构的操作。

使用 Transact-SQL 命令的 ALTER SCHEMA 语句也可以移动对象到新的架构，具体的语法格式如下。

```
ALTER SCHEMA schema_name TRANSFER securable_name
```

上述语法格式各参数的说明如下。

① schema_name：当前数据库中的架构名称，安全对象将移入其中。其数据类型不能为

SYS 或 INFORMATION_SCHEMA。

② securable_name：要移入架构的对象，包含安全对象的一部分或两部分名称。

例如，将 class 表从当前架构 dbo 移动到目标架构 Admins，就可以使用如下代码。

```
ALTER SCHEMA Admins TRANSFER dbo.class
```

5.1.4 删除架构

如果不再需要一个架构，就可以删除该架构，即把它从数据库中清除掉。要删除一个架构，首先必须在架构上拥有 CONTROL 权限，并且在删除架构之前需要移动或者删除该架构所包含的所有对象，否则删除操作将会失败。

在 SSMS 工具中删除一个架构可以通过如下步骤来实现。

(1) 在 SSMS 中，连接到包含默认的数据库的服务器实例。

(2) 在【对象资源管理器】中，展开【服务器】|【数据库】|grademanager|【安全性】|【架构】节点，找到创建的名称为 Admins 的架构。

(3) 右击该架构，在弹出的快捷菜单中选择【删除】命令，弹出【删除对象】对话框，单击【确定】按钮就可以完成删除操作。

同样，使用 Transact-SQL 命令的 DROP SCHEMA 语句也可以完成对架构的删除操作，具体的语法格式如下。

```
DROP SCHEMA schema_name
```

其中，schema_name 表示架构在数据库中所使用的名称。

例如删除名称为 Admins 的架构，就可以使用如下代码。

```
DROP SCHEMA Admins
```

警告：当删除架构的时候，请确保正在使用正确的数据库并且没有使用 master 数据库。

5.2 索   引

【任务分析】

设计人员在数据库中怎样合理地设计索引，提高数据的查询速度和效率。

【课堂任务】

本节要理解索引的概念及作用。

● 索引的概念及类型

● 索引的创建和管理

在关系型数据库中，索引是一种可以加快数据检索的数据库结构，主要用于提高性能。因为索引可以从大量的数据中迅速找到所需要的数据，不再需要检索整个数据库，从而大大提高了检索的效率。

5.2.1　索引概述

索引是一个单独的、物理的数据库结构，是某个表中一列或者若干列的集合以及相应的标识这些值所在的数据页的逻辑指针清单。索引是依赖于表建立的，提供了数据库中编排表中数据的内部方法。表的存储由两部分组成，一部分是表的数据页面，另一部分是索引页面。索引就存放在索引页面上。通常，索引页面相对于数据页面小得多。当进行数据检索时，系统先搜索索引页面，从中找到所需数据的指针，再直接通过指针从数据页面中读取数据。在某种程度上，可以把数据库看作一本书，把索引看作书的目录，通过目录查找书中的信息，显然比查找没有目录的书要方便、快捷。

索引一旦创建，将由数据库自动管理和维护。例如，向表中插入、更新和删除一条记录时，数据库会自动在索引中做出相应的修改。在编写 SQL 查询语句时，具有索引的表与不具有索引的表没有任何区别，索引只是提供一种快速访问指定记录的方法。

1. 索引可以提高数据的访问速度

只要为适当的字段建立索引，就能大幅度提高下列操作的速度。
(1) 查询操作中 WHERE 子句的数据提取。
(2) 查询操作中 ORDER BY 子句的数据排序。
(3) 查询操作中 GROUP BY 子句的数据分组。
(4) 更新和删除数据记录。

2. 索引可以确保数据的唯一性

唯一性索引的创建可以保证表中数据记录不重复。

虽然索引具有诸多优点，但是仍要注意避免在一个表上创建大量的索引，因为这样不但会影响插入、删除、更新数据的性能，也会在更改表中的数据时增加调整所有索引的操作，降低系统的维护速度。

技巧：在 SQL Server 2008 中，将表的索引分别存储在不同的文件组会大大提高操作数据的速度。

5.2.2　索引的类型

按存储结构可以将索引分为聚集索引(Clustered Index，也可以称为聚簇索引)和非聚集索引(Non Clustered Index，也可以称为非聚簇索引)。按数据的唯一性，可以将索引分为唯一性索引(Unique Index)和非唯一性索引(Non Unique Index)。

1. 聚集索引

在聚集索引中，行的物理存储顺序与索引顺序完全相同，即索引的顺序决定了表中行的存储顺序。因为行是经过排序的，所以每个表只能有一个聚集索引。

因为聚集索引的顺序与数据行存放的物理顺序相同，所以聚集索引最适合范围搜索。因为在找到一个范围内开始的行后可以很快地取出后面的行。

提示：如果表中没有创建其他的聚集索引，则在表的主键列上自动创建聚集索引。

2. 非聚集索引

非聚集索引并不在物理上排列数据，即索引中的逻辑顺序并不等同于表中行的物理顺序。索引仅仅记录指向表中行位置的指针，这些指针本身是有序的，通过这些指针可以在表中快速地定位数据。非聚集索引作为与表分离的对象存在，所以，可以为表中每个常用于查询的列定义非聚集索引。

非聚集索引的特点是它很适合于那种直接匹配单个条件的查询,而不太适合于返回大量结果的查询。例如 student 表的 sname 列上就很适合创建非聚集索引。

为一个表创建索引，默认都是非聚集索引，在一列上设置唯一性约束也自动在该列上创建非聚集索引。

提示： ① 一般情况下，先创建聚集索引，后创建非聚集索引，因为创建聚集索引会改变表中的行的顺序，从而会影响到非聚集索引。

② 创建多少个非聚集索引，取决于用户执行的查询要求。

3. 唯一性索引

唯一性索引能够保证在创建索引的列或多列的组合上不包括重复的数据,聚集索引和非聚集索引都可以是唯一性索引。

在创建主键约束(PRIMARY)和唯一性约束(UNIQUE)的列上，SQL Server 2008 会自动创建唯一性索引。

提示：唯一性索引和非唯一性索引都能提高数据的查询速度，但是唯一性索引更能确保数据的唯一性。

5.2.3　创建索引

在实际创建索引之前，有如下几个注意事项。

(1) 当给表创建 PRIMARY 或 UNIQUE 约束时，SQL Server 会自动创建索引。

(2) 索引的名称必须符合 SQL Server 的命名规则，且必须是表中唯一的。

(3) 可以在创建表时创建索引，或是给现存表创建索引。

(4) 只有表的所有者才能给表创建索引。

(5) 每个表最多可同时拥有 1 个聚集索引和 249 个非聚集索引。

(6) 最多可以给 16 个字段(来自同一个表)的组合创建一个多列索引，而这些字段的总长度不能超过 900 个字节。

(7) 在创建一个聚集索引时，所有现存的非聚集索引会重新创建。因此要先创建聚集索引，再创建各个非聚集索引。

注意：在创建聚集索引时，还要考虑数据库剩余空间的问题。在创建聚集索引时所需的可用空间，应是数据库表中数据量的 120%，这是因为在创建聚集索引时，表中的数据将被复制以便进行排序，排序完成后，再将旧的未加索引的表删除，所以数据库必须有足够用来复制数据的空间。

创建唯一性索引时，应保证创建索引的列不包括重复的数据，并且没有两个或两个以上的空值(NULL)。因为创建索引时将两个空值也视为重复的数据，如果有这种数据，必须先将其删除，否则索引不能被成功创建。

1. 使用管理工具 SSMS 创建索引

下面为 "grademanager" 数据库中的 student 表创建一个非聚集索引 "index_s name"，操作步骤如下。

(1) 在 SSMS 中，连接到包含默认的数据库的服务器实例。

(2) 在【对象资源管理器】中，展开【服务器】|【数据库】|grademanager|【表】|student 节点，右击【索引】节点，在弹出的快捷菜单中选择【新建索引】命令。

(3) 在【新建索引】对话框的【常规】页面配置索引的名称，选择索引的类型、是否唯一索引等，如图 5.7 所示。

图 5.7　【新建索引】对话框

(4) 单击【添加】按钮，打开【从 "dbo.student" 中选择列】对话框，在对话框中的【表列】列表中启用 sname 复选框，如图 5.8 所示。

图 5.8　选择索引列

（5）单击【确定】按钮，返回【新建索引】对话框，然后单击【确定】按钮，在【索引】节点下便生成了一个名为"index_sname(不唯一，非聚性)"的索引，说明该索引创建成功，如图 5.9 所示。

图 5.9　索引创建成功

2. 用 Transact-SQL 语句创建索引

可以用 CREATE INDEX 语句在一个已经存在的表上创建索引，CREATE INDEX 语句的格式如下。

```
CREATE [UNIQUE] [CLUSTERED|NONCLUSTERED] INDEX index_name
  ON {table|view} (column[ASC|DESC][,...n])
  [ON filegroup]
```

参数说明如下。

（1）UNIQUE、CLUSTERED 和 NONCLUSTERED 选项：指定所创建索引的类型，分别为唯一性索引、聚集索引和非聚集索引。省略 UNIQUE 时，SQL Server 所创建的是非唯一性索引；省略 CLUSTERED|NONCLUSTERED 选项时，SQL Server 所创建的是非聚集索引。

（2）index_name：说明所创建的索引名称，应遵守 SQL Server 标识符命名规则。

（3）table|view：指定为其创建索引的表或视图。

（4）column：指定索引的键列。不能对 text、ntext、image 数据类型列创建索引。

（5）ASC|DESC：指定索引列的排序方式是升序还是降序，默认为升序(ASC)。

（6）ON 子句：指定保存索引文件的数据库文件组名称。

【例 5-1】　为 student 表 sno 列创建一个唯一性的聚集索引，索引排列顺序为降序。

```
CREATE UNIQUE CLUSTERED
  INDEX sno_student ON (sno DESC)
```

注意： 在执行此命令前先删除原来该表的主关键字属性。

提示： 主关键字约束相当于聚集索引和唯一索引的结合，因此，当一个表中预先存在主关键字约束时，不能建立聚集索引，也没必要再建立聚集索引。

5.2.4　删除索引

当索引不再需要时可以将其删除。在 SQL Server 2008 中，可用 SSMS 管理工具和 Transact-SQL 语句删除索引。

1. 使用管理工具 SSMS 删除索引

(1) 在 SSMS 中，连接到包含默认的数据库的服务器实例。

(2) 在【对象资源管理器】中，展开【服务器】|【数据库】|grademanager|【表】|student 节点，单击并打开【索引】节点，右击要删除的索引名称，在弹出的快捷菜单中选择【删除】命令。

(3) 在打开的【删除对象】页面中，单击【确定】按钮即可。

2. 使用 Transact-SQL 语句删除索引

使用 Transact-SQL 语言的 DROP INDEX 语句可删除索引，语句格式如下。

```
DROP INDEX <表名.索引名>
```

或

```
DROP INDEX <索引名> ON <表名>
```

以下语句删除了 student 表上的 sno_student 索引。

```
DROP INDEX student.sno_student
```

或

```
DROP INDEX sno_student ON student
```

提示：① 可以用一条 DROP INDEX 语句删除多个索引，索引名之间要用逗号隔开。
　　　② DROP INDEX 命令不能删除由 CREATE TABLE 或 ALTER TABLE 命令创建的 PRIMARY KEY 或 UNIQUE 约束索引。

5.3　视　　图

【任务分析】

设计人员在数据库中怎样合理地设计视图，以提高数据的存取性能和操作速度。

【课堂任务】

本节要理解视图的作用及使用。

● 视图的概念及作用
● 视图的创建、修改和删除

视图也称为虚拟表，这是因为视图返回的结果集的一般格式与由列和行组成的表相似，并且，在 SQL 语句中引用视图的方式也与引用表的方式相同。

5.3.1 视图概述

视图是从一个或者几个基本表或者视图中导出的虚拟表,是从现有基表中抽取若干子集组成用户的"专用表",这种构造方式必须使用 SQL 中的 SELECT 语句来实现。在定义一个视图时,只是把其定义存放在数据库中,并不直接存储视图对应的数据,直到用户使用视图时才去查找对应的数据。

使用视图具有如下优点。

(1) 简化对数据的操作。视图可以简化用户操作数据的方式。可将经常使用的连接、投影、联合查询和选择查询定义为视图,这样在每次执行相同的查询时,不必重写这些复杂的语句,只要一条简单的查询视图语句即可。视图可向用户隐藏表与表之间复杂的连接操作。

(2) 自定义数据。视图能够让不同用户以不同方式看到不同或相同的数据集,即使不同水平的用户共用同一数据库时也是如此。

(3) 数据集中显示。视图使用户着重于其感兴趣的某些特定数据或所负责的特定任务,可以提高数据操作效率,同时增强了数据的安全性,因为用户只能看到视图中所定义的数据,而不是基本表中的数据。例如 student 表涉及 3 个系的学生数据,可以在其上定义 3 个视图,每个视图只包含一个系的学生数据,并只允许每个系的学生查询自己所在系的学生视图。

(4) 导入和导出数据。可以使用视图将数据导入或导出。

(5) 合并分割数据。在某些情况下,由于表中数据量太大,在表的设计过程中可能需要经常对表进行水平分割或垂直分割,然而,这样表结构的变化会对应用程序产生不良的影响。使用视图就可以重新保持原有的结构关系,从而使外模式保持不变,原有的应用程序仍可以通过视图来重载数据。

(6) 安全机制。视图可以作为一种安全机制。通过视图,用户只能查看和修改他们能看到的数据。其他数据库或表既不可见也不可访问。

5.3.2 视图的创建

在 SQL Server 中创建视图主要有以下 2 种方法,分别是使用 SSMS 管理工具创建和使用 Transact-SQL 语句创建。

1. 使用 SSMS 创建视图

下面为"grademanager"数据库创建一个视图,要求连接 student 表、sc 表和 course 表,操作步骤如下。

(1) 在 SSMS 中,连接到包含默认的数据库的服务器实例。

(2) 在【对象资源管理器】中,展开【服务器】|【数据库】|grademanager,右击【视图】节点,在弹出的快捷菜单中选择【新建视图】命令。

(3) 打开【添加表】对话框,在此对话框中可以看到,视图的基表可以是表,也可以是视图、函数和同义词。在本例中使用【表】选项卡,选择 student 表、sc 表和 course 表,如图 5.10 所示。

(4) 选择指定的表,单击【添加】按钮,如果不再需要添加,则可以单击【关闭】按钮,关闭【添加表】对话框。

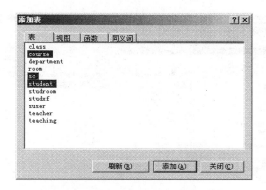

图 5.10　【添加表】对话框

　　(5) 在视图窗口的关系图窗格中，显示了 student 表、sc 表和 course 表的全部列信息，在此便可能选择视图中查询的列，如选择 student 表中的"sno"、"sname"和"ssex"，sc 表中选择"degree"，course 表中选择"cname"，对应地，在条件窗格中就列出了选择的列。显示 SQL 窗格中显示了 3 个表连接语句，表示了这个视图包含的数据内容。若要查看该数据内容，可以单击【执行 SQL】按钮，在显示结果窗格中显示查询出的结果集，如图 5.11 所示。

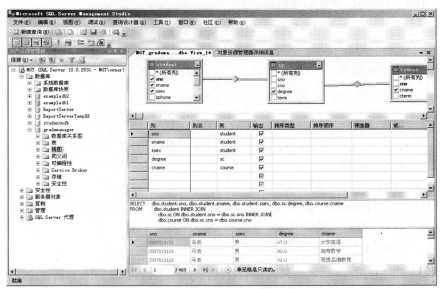

图 5.11　创建视图窗口

　　(6) 单击工具栏上的【存盘】按钮，在弹出的【选择名称】窗口中输入视图名称"View_degree"，单击【确定】按钮即可。然后可以查看【视图】节点下是否存在视图"View_degree"，如果存在，则表示创建成功，如图 5.12 所示。

提示：① 保存视图时，实际上保存的就是视图对应的 SELECT 查询。
　　　　② 保存的是视图的定义，而不是 SELECT 查询的结果。

图 5.12 创建视图成功

2. 使用 Transact-SQL 语句创建视图

在 Transact-SQL 中，使用 CREATE VIEW 语句创建视图，语法格式如下。

```
CREATE VIEW view_name [(Column [,…n])]
  [WITH ENCRYPTION]
  AS select_statement
  [WITH CHECK OPTION]
```

命令中的参数含义如下。

(1) view_name：定义视图名，其命名规则与标识符的相同，并且在一个数据库中要保证是唯一的，该参数不能省略。

(2) Column：声明视图中使用的列名。

(3) WITH ENCRYPTION：给系统表 syscomments 中视图定义的 SELECT 命令加密。

(4) AS：说明视图要完成的操作。

(5) select_statement：定义视图的 SELECT 命令。

注意：视图中的 SELECT 命令不能包括 INTO、ORDER BY 等子句。临时表也不能在查询中引用。

(6) WITH CHECK OPTION：强制所有通过视图修改的数据满足 select_statement 语句中指定的选择条件。

视图创建成功后，可以在企业管理器的视图窗口中看到新定义的视图名称。视图可以由一个或多个表或视图来定义。

【例 5-2】 有条件的视图定义。定义视图 v_student，查询所有选修数据库课程的学生的学号(sno)、姓名(sname)、课程名称(cname)和成绩(degree)。

该视图的定义涉及了 student 表、course 表和 sc 表。

```
CREATE VIEW v_student
  AS
```

```
SELECT A.sno,sname,cname,degree
FROM student A,course B,sc C
WHERE A.sno=C.sno AND B.cno=C.cno AND cname='数据库'
```

视图定义后，可以像基本表一样进行查询。例如，若要查询以上定义的视图 v_student，可以使用如下命令。

```
SELECT * FROM v_student
```

注意：在安装系统和创建数据库之后，只有系统管理员 sa 和数据库所有者 DBO 具有创建视图的权限，此后他们可以使用 GRANT CREATE VIEW 命令将这个权限授予其他用户。此外，视图创建者必须具有在视图查询中包括的每一列的访问权。

5.3.3　视图的使用

视图的使用主要包括视图的检索、通过视图对基表进行插入、修改、删除操作。视图的检索几乎没有什么限制，但是对通过视图实现表的插入、修改、删除操作则有一定的限制条件。

1. 使用视图进行数据检索

视图的查询总是转换为对它所依赖的基本表的等价查询。利用 Transact-SQL 的 SELECT 命令和 SSMS 都可以对视图进行查询，其使用方法与基本表的查询完全一样。

2. 通过视图修改数据

视图也可以使用 INSERT 命令插入行，当执行 INSERT 命令时，实际上是向视图所引用的基本表插入行。视图中的 INSERT 命令与在基本表中使用 INSERT 命令的格式完全一样。

【例 5-3】　利用视图向表 student 中插入一条数据。V1_student 是前面创建的视图，脚本如下。

```
CREATE VIEW V1_student
 AS
   SELECT sno,sname,saddress
   FROM student
```

执行下面脚本。

```
INSERT INTO V1_student
    VALUES('20050203','王小龙','山东省青岛市')
```

查看结果的脚本如下。

```
SELECT *
    FROM student WHERE sname='王小龙'
```

从图 5.13 所示的执行结果可以看出，数据在基本表中已经正确插入。

提示：如果视图中有下面所述属性，则插入、更新或删除基表将失败。

(1) 视图定义中的 FROM 子句包含两个或多个表，且 SELECT 选择列表达式中的列包含来自多个表的列。

(2) 视图的列是从集合函数派生的。

(3) 视图中的 SELECT 语句包含 GROUP BY 子句或 DISTINCT 选项。

(4) 视图的列是从常量或表达式派生的。

图 5.13　执行添加命令

【例 5-4】　将例 5-3 中插入的数据删除。

```
DELETE FROM V1_student WHERE sname='王小龙'
```

这个例子执行后会将基本表 student 中的所有 sname 为"王小龙"的行删除。

5.3.4　视图的修改

视图被创建之后，由于某种原因(如基本表中的列发生了改变或需要在视图中增／删若干列等)，需要对视图进行修改。

1. 使用 SSMS 修改视图

(1) 展开服务器，展开数据库。

(2) 单击【视图】节点，右击要修改的视图名称，在快捷菜单中选择【设计】命令，进入视图设计窗口，用户可以在这个窗口中对视图进行修改。

2. 使用 Transact-SQL 语句修改视图

在 Transact-SQL 语句中，使用 ALTER VIEW 命令修改视图，语法格式如下。

```
ALTER VIEW view_name [(Column[,…n])]
    [WITH ENCRYPTION]
    AS select_statement
    [WITH CHECK OPTION]
```

命令行中的参数与 CREATE VIEW 命令中的参数含义相同。

提示：如果在创建视图时使用了 WITH ENCRYPTION 选项和 WITH CHECK OPTION 选项，则在使用 ALTER VIEW 命令时，也必须包括这些选项。

【例 5-5】　修改例 5-3 中的视图 V1_student。

```
ALTER VIEW V1_student
    AS SELECT sno,sname FROM student
```

5.3.5　视图的删除

视图创建后，随时可以删除。删除操作很简单，通过 SSMS 或 DROP VIEW 语句都可以完成。

1. 使用 SSMS 删除视图

操作步骤如下。

(1) 在当前数据库中展开【视图】节点。

(2) 右击要删除的视图(如 V1_student)，在弹出的快捷菜单中选择【删除】命令。

(3) 在打开的【删除对象】窗口中单击【确定】按钮即可。

提示：① 如果某视图在另一视图定义中被引用，当删除这个视图后，如果调用另一视图，则会出现错误提示。因此，通常基于数据表定义视图，而不是基于其他视图来定义视图。

②　在删除之前可以通过单击【显示依赖关系】按钮了解该视图与其他对象的关系。既可以了解依赖该视图的对象，也可以了解该视图所依赖的关系。

2. 使用 Transact-SQL 语句删除视图

语法格式如下。

```
DROP VIEW {view} [,…n]
```

DROP VIEW 命令可以删除多个视图，各视图名之间用逗号分隔。

【例 5-6】　删除视图 V1_student。

```
DROP VIEW V1_student
```

提示：① 删除视图时，将从系统目录中删除视图的定义和有关视图的其他信息，还将删除视图的所有权限。

②　使用 DROP TABLE 删除的表上的任何视图都必须用 DROP VIEW 命令删除。

5.4　Transact-SQL 编程基础

【任务分析】

设计人员要编写存储过程、触发器及事务，首先要掌握 Transact-SQL 语言的语法规范及语言基础。

【课堂任务】

本节要熟悉 Transact-SQL 语言。

- Transact-SQL 的语法规范
- Transact-SQL 的语言基础
- 常用函数
- 游标的基本操作

5.4.1 Transact-SQL 语言基础

尽管 SQL Server 2008 提供了使用方便的图形化用户界面，但各种功能的实现基础是 Transact-SQL 语言，只有 Transact-SQL 语言可以直接和数据库引擎进行交互。

Transact-SQL 语言是一系列操作数据库及数据库对象的命令语句，因此了解基本语法和流程语句的构成是必须的，主要包括常量和变量、表达式、运算符、控制语句等。

1. 常量与变量

常量，也称为文字值或标量值，是指程序运行中值始终不改的量。在 Transact-SQL 程序设计过程中，定义常量的格式取决于它所表示的值的数据类型。表 5-1 列出了 SQL Server 2008 中可用的常量类型及常量的表示说明。

表 5-1　常量类型及说明

常量类型	常量表示说明
字符串常量	包括在单引号('')或双引号("")中，由字母(a~z、A~Z)、数字字符(0~9)以及特殊字符(如感叹号(!)、at 符(@)和数字号(#))组成 示例：'China'、'Output X is:'
二进制常量	只能由 0 或 1 构成的串，并且不使用引号。如果使用一个大于 1 的数字，它将被转换为 1 示例：101101、11101011、11
十进制整型常量	使用不带小数点的十进制数据表示 示例：1234、654、+2008、-123
十六进制整型常量	使用前缀 0x 后跟十六进制数字串表示 示例：0x1F00、0xEEC、0X19
日期常量	使用单引号('')将日期时间字符串括起来 示例：'July 12,2009'、'2008/01/09'、'08-12-99'、'2004 年 5 月 1 日'
实型常量	有定点表示和浮点表示两种方式 示例：897.111、-123.0321、19E24、-83E2
货币常量	以前缀为可选的小数点和可选的货币符号的数字字符串来表示 示例：$432、$98.12、-$17.6

变量，就是在程序执行过程中，其值是可以改变的量。可以利用变量存储程序执行过程中涉及的数据，如计算结果、用户输入的字符串以及对象的状态等。

变量由变量名和变量值构成，其类型与常量一样。变量名不能与命令和函数名相同，这里的变量和在数学中所遇到的变量的概念基本上是一样的，可以随时改变它所对应的数值。

在 SQL Server 2008 系统中，存在两种类型的变量：一种是系统定义和维护的全局变量；另一种是用户定义用来保存中间结果的局部变量。

1) 系统全局变量

系统全局变量是 SQL Server 系统提供并赋值的变量。用户不能建立系统全局变量，也不能用 SET 语句来修改系统全局变量的值。通常将系统全局变量的值赋给局部变量以便保存和处理。全局变量以两个@符号开头。

表 5-2 列出了 SQL Server 2008 中最常用的系统全局变量及其含义说明。

表 5-2 SQL Server 2008 的系统全局变量及其含义

变量名称	说明
@@CONNECTIONS	返回 SQL Server 2008 启动后，所接受的连接或试图连接的次数
@@CURSOR ROWS	返回游标打开后，游标中的行数
@@ERROR	返回上次执行 SQL 语句产生的错误数
@@LANGUAGE	返回当前使用的语言名称
@@OPTION	返回当前 SET 选项信息
@@PROCID	返回当前原存储过程标识符
@@ROWCOUNT	返回上一个语句所处理的行数
@@SETVERNAME	返回运行 SQL Server 2008 的本地服务器名称
@@SERVICENAME	返回 SQL Server 2008 运行的注册名称
@@VERSION	返回当前 SQL Server 服务器的日期、版本和处理器类型

例如，可以使用系统全局变量@@VERSION 查看当前使用的 SQL Server 的版本信息，语句如下所示。

```
SELECT @@VERSION AS '当前 SQL Server 版本'
```

在查询窗口中执行上述语句，如图 5.14 所示。

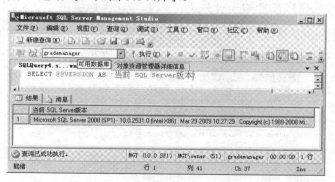

图 5.14 使用全局变量

2) 局部变量

局部变量是作用域局限在一定范围内的 Transact-SQL 对象。局部变量是一个能够拥有特定数据类型的对象，作用范围限制在程序内部。局部变量可以作为计数器来计算循环执行的次数，或控制循环执行的次数。另外，利用局部变量还可以保存数据值，以供控制流语句测试及保存由存储过程返回的数据值等。局部变量被引用时要在其名称前加上标志@，而且必须先用 DECLARE 命令定义后才可以使用。

要创建局部变量，使用 DECLAREA 语句，其语法如下。

```
DECLARE
    {{@local_variable data_type}
     |{@cursor_variable_name CURSOR}
     |{table_type_definition}
    } [,…n]
```

其中的主要参数说明如下。

(1) @local_variable：变量名称。变量名必须以@开头。

(2) data_type：是任何由系统提供的或用户定义的数据类型。

(3) @cursor_variable_name：是游标变量的名称。

(4) CURSOR：指定变量是局部游标变量。

(5) table_type_definition：定义表数据类型。表声明包括列定义、名称、数据类型和约束。允许的约束类型只包括 PRIMARY KEY、UNIQUE KEY、NULL 和 CHECK。

(6) n：表示可以指定多个变量并对变量赋值的占位符。

声明局部变量后要给局部变量赋值，可以使用 SET 或 SELECT 语句，如下所示。

```
SET @local_variable=expression
SELECT @local_variale=expression[,…n]
```

其中，@local_variable 是除 cursor、text、ntext、image 外的任何类型变量名，expression 是任何有效的 SQL Server 表达式。

如果将局部变量 hello 声明为 char 类型，长度值为 20，并为其赋值为 "hello,China！"，其 SQL 语句如下。

```
DECLARE @hello char(20)
SET @hello='hello,China!'
```

注意： 如果要存储的数据比允许的字符数多，数据就会被截断。

例如，局部变量 hello2 被定义为 char 类型，长度值为 5，并同样为其赋值为 "hello,China！"，则 SQL Server 2008 将该字符串截断为 hello，如图 5.15 所示。

图 5.15　局部变量示例

提示： ① 变量常用于在批处理或过程中，用来保存临时信息。

② 局部变量的作用域是其被声明时所在的批处理或过程。

③ 声明一个变量后，该变量将被初始化为 NULL。

下面通过一个示例来说明局部变量是如何应用于数据库的。在这个示例中查看 "grademanager" 数据库中的学生信息，而条件只是查看 student 表中 "政治面貌" 为 "党员" 的学生信息。在 SQL Server 2008 的【新建查询】窗口中运行如下语句。

```
USE grademanager
GO
DECLARE @政治面貌 char(10)
SET @政治面貌='党员'
SELECT sno,sname,saddress
FROM  student
WHERE  spstatus=@政治面貌
GO
```

在该语句中，首先打开要使用的 grademanager 数据库，然后定义字符串变量"政治面貌"并赋值为"党员"，最后在 WHERE 语句中使用带变量的表达式，执行后的结果如图 5.16 所示。

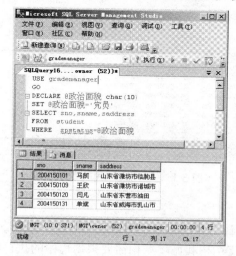

图 5.16　使用变量查询数据的示例

提示：① 在上例中，GO 不是 Transact-SQL 语句，它是 sqlcmd 和 osql 实用工具以及 SSMS
代码编辑器识别的命令。

② SQL Server 实用工具将 GO 解释了应该向 SQL Server 实例发送当前批 Transact-SQL
语句的信号。当前批处理由上一个 GO 命令后的所有语句组成。

③ 所谓批处理是指多条语句放在一起依次执行，批处理语句之间用 GO 隔开。

④ GO 命令和 Transact-SQL 语句不能在同一行中，在 GO 命令行中可包含注释。

2. 表达式

在 Transact-SQL 语言中，表达式由变量、常量、运算符、函数等元素组成。表达式可以在查询语句中的任何位置使用。例如，检索数据的条件，指定数据的值等。

例如，如下所示为一个使用表达式的 SELECT 查询语句。

```
SELECT A.sno,AVG(degree) AS '平均成绩',
sname+SPACE(6)+ssex+SPACE(4)+ classno+'班'+SPACE(4)+left(classno,4)+'年级'
AS '考生信息'
FROM sc A INNER JOIN student B ON A.sno=B.sno
GROUP BY A.sno,sname,ssex,classno
ORDER BY 平均成绩 DESC
```

在上述语句中同时使用了表别名、列别名、字符串连接运算符、求平均值函数、系统字符串函数、内连接和各种数据列等。查询的结果为一个按平均成绩降序排列的结果集，包括学生"学号"、"平均成绩"及"考生信息"3 列，其中考生信息列又由学生"姓名"、"性别"、"班级编号"和"年级"这些来自 student 表的数据组成。

在 grademanager 数据库中执行上述语句后会得到如图 5.17 所示的查询结果。

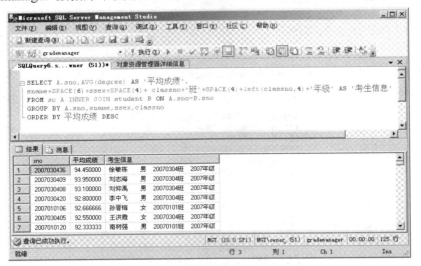

图 5.17　使用表达式的查询结果

3. Transact-SQL 流程控制

一般地，结构化程序设计语言的基本结构是顺序结构、条件分支结构和循环结构。顺序结构是一种自然结构，条件分支结构和循环结构需要根据程序的执行情况对程序的执行顺序进行调整和控制。在 Transact-SQL 语言中，流程控制语句就是用来控制程序执行流程的语句，也称流控制语句或控制流语句。

1) BEGIN…END 语句块

BEGIN…END 可以定义 Transact-SQL 语句块，这些语句块作为一组语句执行，允许语句嵌套。关键字 BEGIN 定义 Transact-SQL 语句的起始位置，END 定义同一块 Transact-SQL 语句的结尾。它的语法格式如下。

```
BEGIN
{
sql_statement|statement_block
}
END
```

其中，sql_statement 是使用语句块定义的任何有效的 Transact-SQL 语句；statement_block 是使用语句块定义的任何有效 Transact-SQL 语句块。

2) IF…ELSE 条件语句

用于指定 Transact-SQL 语句的执行条件。如果条件为真，则执行条件表达式后面的 Transact-SQL 语句。当条件为假时，可以用 ELSE 关键字指定要执行的 Transact-SQL 语句。它的语法格式如下。

```
IF Boolean_expression
{sql_statement|statement_block}
ELSE
{sql_statement|statement_block }
```

其中，Boolean_expression 是返回 true 或 false 的逻辑表达式。如果布尔表达式中含有 SELECT 语句，必须用圆括号将 SELECT 语句括起来。

例如，使用 IF…ELSE 条件语句查询计算机系的办公室位置，如果空，则显示"办公地点不详"，否则显示其办公地点。

```
USE grademanager
GO
IF (SELECT office FROM department WHERE deptname='计算机系') IS NULL
BEGIN
    PRINT '办公地点不详'
    SELECT * FROM department WHERE deptname='计算机系'
END
ELSE
SELECT office FROM department WHERE deptname='计算机系'
```

提示：IF…ELSE 语句可以进行嵌套，即在 Transact-SQL 语句块中可能包含一个或多个 IF…ELSE 语句。

3) CASE 分支语句

CASE 关键字可根据表达式的真假来确定是否返回某个值，可以允许使用表达式的任何位置使用这一关键字。使用 CASE 语句可以进行多个分支的选择。CASE 语句具有如下两种格式。

① 简单格式：将某个表达式与一组简单表达式进行比较以确定结果。

② 搜索格式：计算一组布尔表达式以确定结果。

(1) 简单 CASE 格式的语法如下。

```
CASE input_expression
WHEN when_expression THEN result_expression
[...n]
[ELSE else_result_expression]
END
```

上述语句中参数说明如下。

① input_expression：使用 CASE 语句时所计算的表达式，可以是任何有效的表达式。

② when_expression：用来和 input_expression 表达式做比较的表达式，input_expression 和每个 when_expression 表达式的数据类型必须相同，或者可以隐性转换。

③ result_expression：指当 input_expression=when_expression 的取值为 true 时，需要返回的表达式。

④ else_result_expression：指当 input_expression=when_expression 的取值为 false 时，需要返回的表达式。

(2) 搜索 CASE 格式的语法如下。

```
CASE
WHEN Boolean_expression THEN result_expression
```

```
[...n]
[ELSE else_result_expression]
END
```

语句中参数的含义与 CASE 格式的参数含义类似。例如，利用 CASE 语句查询学生的考试成绩，显示成绩的档次(A～D)。

```
USE grademanager
GO
SELECT sname AS '姓名',degree=
CASE
WHEN degree>=90 THEN 'A'
WHEN degree>=75 AND degree<90  THEN 'B'
WHEN degree>=60 AND degree <75 THEN 'C'
WHEN degree<60 AND degree >=0  THEN 'D'
END
FROM student a,sc b WHERE a.sno=b.sno
```

以上实例运行效果如图 5.18 所示。

图 5.18　CASE 语句使用

4) WHILE 循环语句

WHILE 语句是设置重复执行 Transact-SQL 语句或语句块的条件。当指定的条件为真时，重复执行循环语句。可以在循环体内设置 BREAK 和 CONTINUE 关键字，以便控制循环语句的执行过程，其语法格式如下。

```
WHILE Boolean_expression
{sql_statement|statement_block}
[BREAK]
{sql_statement|statement_block}
[CONTINUE]
{sql_statement|statement_block}
```

其中，Boolean_expression、sql_statement、statement_block 的解释同前面。

BREAK：导致从最内层的 WHILE 循环中退出，将执行出现在 END 关键字后面的任何语句块，END 关键字为循环结束标记。

CONTINUE：使 WHILE 循环重新开始执行，忽略 CONTINUE 关键字后的任何语句。

例如，使用 WHILE 语句求 1~100 之和。

```
DECLARE @i int,@sum int
SELECT @i=1,@sum=0
WHILE @i<=100
    BEGIN
        SET @sum=@sum+@i
        SET @i=@i+1
    END
SELECT @sum
```

提示：和 IF…ELSE 语句一样，WHILE 语句也可以嵌套，即循环体仍然可以包含一条或多条 WHILE 语句。

4. 注释

注释是程序代码中不被执行的文本字符串，用于对代码进行说明或进行诊断的部分语句。在 SQL Server 2008 系统中，支持两种注释方式，即双连字符(--)注释方式和正斜杠星号字符(/*…*/)注释方式。

双连字符(--)：从双连字符到行尾都是注释内容。

正斜杠星号字符(/*…*/)：开始注释对(/*)和结束注释对(*/)之间的所有内容均视为注释。

例如，下面的程序代码中包含注释符号。

```
USE grademanager
GO
--查看学生的所有信息
SELECT * FROM student
/*
查看软件系的所有学生的学号、姓名、系名及性别
附加条件是女生
*/
SELECT sno,sname,sdeptname,ssex FROM student a,department b
WHERE a.deptno=b.deptno AND ssex='女'
```

5.4.2　常用函数

SQL Server 2008 为 Transact-SQL 语言提供了大量的系统函数，使用户对数据库进行查询和修改时更加方便，同时还允许用户使用自定义的函数。表 5-3 列出了常用的字符串、数学和日期时间函数等。

表 5-3　SQL Server 2008 常用函数表

函数类型	函数名称	功能描述
字符串函数	ASCII	ASCII 函数，返回字符表达式中最左侧的字符的 ASCII 代码值
	CHAR	ASCII 代码转换函数，返回指定 ASCII 代码的字符
	LEFT	左子串函数，返回字符串从左边开始指定个数的字符
	RIGHT	右子串函数，返回字符串从右边开始指定个数的字符
	LEN	字符串长度函数，返回指定字符串表达式的字符数，不包含尾随空格
	LOWER	小写字母函数，将大写字符转换为小写字符后返回字符表达式
	UPPER	大写字母函数，与 LOWER 函的功能相反
	LTRIM	删除前导空格函数，返回删除了前导空格之后的字符表达式
	RTRIM	删除尾随空格函数，返回删除了尾随空格之后的字符表达式
	REPLACE	替换函数，用第三个表达式替换第一个字符串表达式中出现的所有第二个指定字符表达式的匹配项
	STR	数字向字符转换函数，返回由数字数据转换来的字符数据
	SUBSTRING	子串函数，返回字符表达式、二进制表达式、文本表达式或图像表达式的一部分
数学函数	ABS	返回数值表达式的绝对值
	CEILING	返回大于或等于数值表达式的最小整数
	FLOOR	返回小于或等于数据表达式的最大整数
	ROUND	返回舍入指定长度或精度的数值表达式
	SIGN	返回数值表达式的正号、负号或零
	SQUARE	返回数值表达式的平方
	SQRT	返回数值表达式的平方根
日期时间函数	DATEADD	返回给指定日期加上一个时间间隔后的新 datetime 值
	DATEDIFF	返回跨两个指定日期的日期边界数和时间边界数
	DATENAME	返回表示指定日期的日期部分的字符串
	DAY	返回一个整数，表示指定日期的"天"部分
	GETDATE	以 datetime 值的 SQL Server 2008 标准内部格式返回当前系统日期和时间
	MONTH	返回表示指定日期的"月"部分的整数
	YEAR	返回表示指定日期的年份的整数

5.4.3　游标

游标(Cursor)是类似于 C 语言指针一样的结构，在 SQL Server 2008 中，它是一种数据访问机制，允许用户访问单独的数据行，而不是对整个行集进行操作。

在 SQL Server 2008 中，游标主要包括游标结果集和游标位置两部分，游标结果集是由定义游标的 SELECT 语句返回行的集合，游标位置则是指向这个结果集中的某一行的指针。

在使用游标之前首先要声明游标，定义 Transact-SQL 服务器游标的属性，例如游标的滚动行为和用于生成游标所操作的结果集的查询。声明游标的语法格式如下。

```
DECLARE cursor_name CURSOR
FOR select_statement
```

例如，在 grademanager 数据库中为了 teacher 表创建一个普通的游标，定义名称为 T_cursor，可用语句如下所示。

```
DECLARE T_cursor CURSOR
FOR SELECT * FROM teacher
```

在声明游标以后，就可对游标进行操作。主要包括打开游标、检索游标、关闭游标和释放游标。

1. 打开游标

使用游标之前必须首先打开游标，打开游标的语法如下所示。

```
OPEN   cursor_name
```

例如，打开前面创建的 T_cursor 游标，使用如下语句。

```
OPEN T_cursor
```

2. 检索游标

在打开游标以后，就可以打开游标提取数据。FETCH 语句的功能就是从游标中将数据检索出来，以便用户能够使用这个数据。语法如下。

```
FETCH
[[NEXT|PRIOR|FIRST|LAST
|ABSOLUTE{n|@nvar}
|RELATIVE{n|@nvar}
]
FROM
]
cursor_name
```

前面曾经提过，游标是带一个指针的记录集，其中指针指向记录集中的某一条特定记录。从 FETCH 语句的上述定义中不难看出，FETCH 语句用来移动这个记录指针。

下面所示就是在打开的 T_cursor 游标之后，使用 FETCH 语句来检索游标中的可用的数据。

```
FETCH NEXT FROM T_cursor
WHILE @@FETCH_STATUS=0
BEGIN
  FETCH NEXT FROM T_cursor
END
GO
```

上述语句中的@@FETCH_STATUS 全局变量保存的就是 FETCH 操作的结束信息。如果其值为零，则表示有记录检索成功。如果值不为零，则 FETCH 语句由于某种原因而操作失败。

3. 关闭游标

打开游标以后，SQL Server 2008 服务器会专门为游标开辟一定的内存空间，以存放游标操作的数据结果集，同时游标的使用也会根据具体情况对某些数据进行封锁。所以在不使用游标的时候，一定要关闭游标，以通知服务器释放游标所占用的资源。

关闭游标的具体语法如下所示。

```
CLOSE cursor_name
```

在检索游标 T_cursor 后可用如下语句来关闭它。

```
CLOSE T_cursor
```

4. 释放游标

游标结构本身也会占用一定的计算机资源,所以在使用完游标后,为了回收被游标占用的资源,应该将游标释放。当释放最后的游标引用时,组成该游标的数据结构由 SQL Server 2008 释放。具体语法如下所示。

```
DEALLOCATE  cursor_name
```

当释放完游标以后,如果要重新使用这个游标,必须重新执行声明游标的语句。释放游标 T_cursor 的语句如下。

```
DEALLCOCATE T_cursor
```

经过上面的操作,完成了对游标 T_cursor 的声明、打开、检索、关闭和释放操作。T_cursor 作用于 teacher 表,执行后的结果如图 5.19 所示。

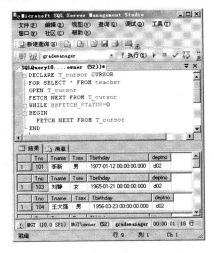

图 5.19 使用 T_cursor 游标

5.5 存储过程

【任务分析】

为了提高访问数据的速度与效率,设计人员可以利用存储过程管理数据库。

【课堂任务】

本节要求掌握存储过程的概念及应用。

- 存储过程的概念
- 存储过程的创建及管理
- 存储过程中参数的使用

5.5.1 存储过程概述

1. 什么是存储过程

存储过程(Stored Procedure)是一组完成特定功能的 SQL 语句集,经编译后存储在数据库中。存储过程可包含程序流、编辑及对数据库的查询。它们可以接受参数、输出参数、返回单个或者多个结果集及返回值。

在 SQL Server 2008 系统中,有多种可用的存储过程,下面将简要介绍每种存储过程。

1) 用户定义的存储过程

该类存储过程是指封装了可重用代码的模块或者例程。存储过程可以接受输入函数、向客户端返回表格或者标量结果和消息、调用数据定义语言(DDL)和数据操作语言(DML)语句,然后返回输入参数。在 SQL Server 2008 中,用户定义的存储过程有两种:Transact-SQL 和 CLR。

(1) Transact-SQL 存储过程是指保存的 Transact-SQL 语句集合,可以接受和返回用户提供的参数。

(2) CLR 存储过程是指对 Microsoft .NET Framework 公共语言运行时(CLR)方法的引用,可以接受和返回用户提供的参数。它们在.NET Framework 程序集中作为类的公共静态方法实现。

2) 扩展存储过程

扩展存储过程允许使用编程语言(例如 C 语言)建立自己的外部例程。扩展存储过程是指 Microsoft SQL Server 2008 的实例可以动态加载和运行 DLL。扩展存储过程直接在 SQL Server 2008 的实例的地址空间中运行,可以使用 SQL Server 扩展存储过程 API 完成编程。

3) 系统存储过程

SQL Server 2008 中的许多管理活动都通过执行一种特殊的存储过程实现,这种存储过程被称为系统存储过程。例如,sys.sp_changedbowner 就是一个系统存储过程。

虽然 SQL Server 2008 中的系统存储过程被放在 master 数据库中,但是仍可以在其他数据库中对其进行调用,而且在调用时不必再在存储过程名前加上数据库名。

2. 存储过程的特点

存储过程具有以下特点。

(1) 接受输入参数并以输出参数的格式向调用过程或者批处理返回多个值。

(2) 包含用于在数据库中执行操作(包括调用其他过程)的编程语句。

(3) 向调用过程或者批处理返回状态值,以指明成功或者失败(以及失败的原因)。

注意: 存储过程与函数不同,因为存储过程不返回取代其名称的值,也不能直接在表达式中使用。

在 SQL Server 2008 中使用存储过程,而不是用存储在客户端计算机本地的 Transact-SQL 程序有以下几点优点。

(1) 存储过程与其他应用程序共享应用程序逻辑,因而确保了数据访问和修改的一致性。

(2) 存储过程提供了安全机制。即使是没有访问存储过程引用的表或者视图权限的用户,也可以被授权执行该存储过程。

(3) 存储过程允许模块化程序设计。存储过程一旦创建,以后即可在程序中调用任意次。

这可以改进应用程序的可维护性，并允许应用程序统一访问数据库。

(4) 存储过程可以减少网络通信流量。用户可以通过发送一个单独的语句实现一个复杂的操作，而不需要在网络上发送几百个 Transact-SQL 代码，这样减少了在服务器和客户机之间传递请求的数量。

5.5.2 使用存储过程

前面对存储过程进行了介绍，了解存储过程的类型、优点及创建规则。下面就介绍如何创建、使用存储过程等相关知识。

1. 创建存储过程

在 Microsoft SQL Server 2008 系统中，可以使用 CREATE PROCEDURE 语句创建存储过程。需要强调的是，必须具有 CREATE PROCEDURE 权限才能创建存储过程。存储过程是架构作用域中对象，只能在本地数据库创建存储过程。

使用 CREATE PROCEDURE 语句创建存储过程的语法如下。

```
CREATE PROCEDURE procedure_name
[{@parameter data_type} [=default][OUTPUT][,…n]

AS sql_statement[…n]
```

其中各参数含义如下。

(1) procedure_name：存储过程的名称。

(2) @parameter：过程中的参数。在 CREATE PROCEDURE 语句中可以声明一个或者多个参数。

(3) data_type：参数的数据类型。

(4) default：参数的默认值。如果定义 default 值，则无需指定此参数的值即可执行过程。默认值必须是常量或者 NULL。如果过程使用带 LIKE 关键字的参数，则可包含下列通配符：%、_、[]、[^]。

(5) OUTPUT：指示参数的输出参数。此选项的值可以返回给调用的 EXECUTE 的语句。

(6) <sql_statement>：要包含在过程中的一个或者多个 Transact-SQL 语句。

例如，下面创建一个基本存储过程，从数据库 grademanager 的 student 表中检索出所有籍贯为"青岛"的学生的学号、姓名、班级号及家庭地址等信息。具体语句如下。

```
USE grademanager
GO
CREATE PROCEDURE pro_学生信息
AS
  SELECT sno,sname,classno,saddress
  FROM student
  WHERE address LIKE '%青岛%'
  ORDER BY sno
GO
```

执行存储过程"pro_学生信息"，返回所有"青岛"籍的学生信息，如图 5.20 所示。

图 5.20　执行简单存储过程

2. 使用存储过程参数

1）参数的定义

SQL Server 2008 的存储过程可以使用两种类型的参数：输入参数和输出参数。参数用于在存储过程以及应用程序之间交换数据。

(1) 输入参数允许用户将数据值传递到存储过程或者函数。

(2) 输出参数允许存储过程将数据值或者游标变量传递给用户。

(3) 每个存储过程向用户返回一个整数代码，如果存储过程没有明显设置返回代码的值，返回代码为零。

2）输入参数

输入参数，即在存储过程中有一个条件，在执行存储过程时为这个条件指定值，通过存储过程返回相应的信息。使用输入参数可以向同一存储过程多次查找数据库。例如，可以创建一个存储过程，用于返回 grademanager 数据库中班级名称为"计算机 2"的所有学生信息。通过建立一个性别参数为同一存储过程指定不同的性别，来返回不同性别的学生信息，如下所示。

```
USE  grademanager
GO
CREATE PROCEDURE pro_学生_性别_信息
@性别 NVARCHAR(10)
AS
  SELECT sno,sname,ssex,classname,header
  FROM student A,class B
  WHERE A.classno=B.classno
  AND classname='计算机 2'
  AND A.ssex=@性别
GO
```

"pro_学生_性别_信息"存储过程使用一个字符串型参数"@性别"来执行。执行带有输入参数的存储过程时，SQL Server 2008 提供了两种传递参数的方式。

(1) 按位置传递。这种方式是在执行过程的语句中，直接给出参数的值。当有多个参数时，给出参数的顺序与创建过程的语句中的参数一致，即参数传递的顺序就是参数定义的顺序。使用这种方式执行"pro_学生_性别_信息"存储过程的代码如下。

```
EXEC pro_学生_性别_信息 '女'
```

（2）通过参数名传递。这种方式是在执行存储过程的语句中，使用"参数名=参数值"的形式给出参数值。通过参数名传递的好处是，参数可以以任意顺序给出。用这种方式执行"pro_学生_性别_信息"存储过程的代码如下。

```
EXEC pro_学生_性别_信息 @性别='男'
```

使用上述两种传递参数的方式传递不同的参数并执行存储过程，具体的结果如图 5.21 所示。

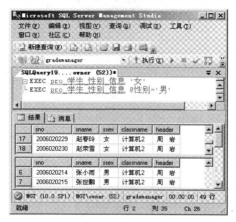

图 5.21　执行带参数的存储过程

3）使用默认参数值

执行存储过程"pro_学生_性别_信息"时，如果没有指定参数，则系统运行就会出错；如果希望不给出参数时也能够正确运行，则可以通过给参数设置默认值来实现。因此，可以将"pro_学生_性别_信息"存储过程的状态参数设置默认值为"男"，具体代码如下所示。

```
USE  grademanager
GO
CREATE  PROCEDURE pro_学生_性别_信息
@性别 NVARCHAR(10)='男'
AS
  SELECT sno,sname,ssex,classname,header
  FROM student A,class B
  WHERE A.classno=B.classno
  AND classname='计算机2'
  AND A.ssex=@性别
GO
```

为参数设置默认值以后，再执行存储过程时，就可以不指定具体的参数，默认返回状态为"男"的学生信息，如图 5.22 所示。

4）输出参数

通过定义输出参数，可以从存储过程中返回一个或者多个值。为了使用输出参数，必须在CREATE PROCEDURE 语句和 EXECUTE 语句中指定关键字 OUTPUT。在执行存储过程时，如果忽略 OUTPUT 关键字，存储过程仍然会执行但不返回值。

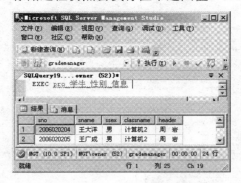

图 5.22　执行带默认值参数的存储过程

```
USE  grademanager
GO
CREATE PROCEDURE pro_getteachername
 @学生姓名 NVARCHAR(20)='徐红',
 @班主任 NVARCHAR(20) OUTPUT
AS
  SELECT @班主任=B.header
  FROM student A,class B
  WHERE A.classno=B.classno
  AND sname=@学生姓名
GO
```

以上代码创建了一个名为"pro_getteachername"的存储过程。它使用两个参数："@学生名称"为输入参数，用于指定要查询的学生姓名，默认参数值为"徐红"；"@班主任"为输出参数，用来返回该班学生的班主任姓名。

为了接收某一存储过程的返回值，需要一个变量来存放返回参数的值，在该存储过程的调用语句中，必须为这个变量加上 OUTPUT 关键字来声明。具体代码如下所示。

```
USE  grademanager
GO
DECLARE @班主任 NVARCHAR(20)
EXEC pro_getteachername '李浩',@班主任 OUTPUT
SELECT '李浩的班主任是：'+ @班主任 AS '结果'
GO
```

上面的代码显示了如何调用"pro_ getteachername"，并将得到的结果返回到"@学生姓名"中，其运行效果如图 5.23 所示。

3．执行存储过程

在 SQL Server 2008 系统中，可以使用 EXECUTE 语句执行存储过程。如果将要执行的存储过程需要参数，应该在存储过程名称后面带上参数值。其语法格式如下。

```
[[EXEC[UTE]]
{
[@return_status=]
{procedure_name[;number]|@procedure_name_var}
```

```
[[@parameter=]{value|@variable[OUTPUT]|[DEFAULT]}
[,…n]
```

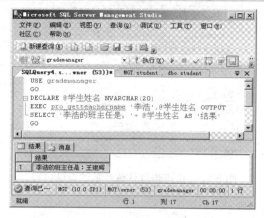

图 5.23　执行带输出参数的存储过程

下面来执行上一节创建的 3 个存储过程。前面创建的存储过程"pro_学生信息"中没有参数，所以可以直接使用 EXEC 语句来执行，具体情况如图 5.20 所示。

如果要使用带参数的存储过程，需要在执行过程中提供存储过程的参数值。可以使用两种方式来提供存储过程的参数值。

(1) 直接方式：该方式在 EXEC 语句中直接为存储过程的参数提供数据值，并且这些数据值的数量和顺序与定义存储过程时参数的数据和顺序相同。如果参数是字符类型或者日期类型，还应该将这些参数值使用引号括起来。

例如，为执行前面创建的存储过程"pro_学生_性别_信息"提供一个字符串数据为"女"，具体执行情况如图 5.21 所示。

(2) 间接方式：该方式是指在执行 EXEC 语句之前，声明参数并且为这些参数赋值，然后在 EXEC 语句中引用这些已经获取数据值的参数名称。

例如在 EXEC 语句执行存储过程"pro_学生_性别_信息"之前，使用 DECLARE 语句声明了变量，然后使用 SET 语句为已声明的变量进行赋值。最后，在 EXEC 语句中引用变量名称作为存储过程的参数值。具体情况如图 5.24 所示。

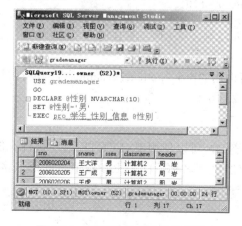

图 5.24　通过间接方式提供参数

　　无论是直接方式，还是间接方式，都需要严格按照存储过程中定义的顺序提供数据值。

注意：如果在 EXEC 语句中，明确使用@parameter_name=value 语句提供参数值，则可以不考虑存储过程的参数顺序。

　　4. 管理存储过程

　　1) 修改存储过程

　　使用 ALTER PROCEDURE 语句来修改现有的存储过程，这与删除和重建存储过程不同，因为它仍保持存储过程的权限不发生变化。在使用 ALTER PROCEDURE 语句修改存储过程时，SQL Server 2008 会覆盖以前定义的存储过程。修改存储过程的基本语法格式如下。

```
ALTER PROCEDURE procedure_name[;number]
[{@parameter data_type} [=default][OUTPUT]
[,…n]
AS
sql_statement[…n]
```

技巧：建议不要直接修改系统存储过程，相反，可以通过从现有的存储过程中复制语句来创建用户定义的系统存储过程，然后修改它以满足要求。

　　以下示例通过修改"pro_学生信息"存储过程来返回所有"潍坊"的学生信息。具体语句如下所示。

```
USE grademanager
GO
ALTER PROCEDURE pro_学生信息
AS
  SELECT sno,sname,classno,saddress
  FROM student
  WHERE saddress LIKE '%潍坊%'
  ORDER BY sno
```

　　执行上述语句修改存储过程，然后使用下面的语句来执行"pro_学生信息"存储过程。

```
USE grademanager
GO
EXEC pro_学生信息
```

　　执行结果如图 5.25 所示。

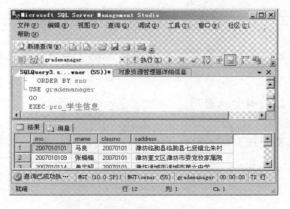

图 5.25　修改后的存储过程的执行结果

2) 删除存储过程

可使用 DROP PROCEDURE 语句从当前的数据库中删除用户定义的存储过程。删除存储过程的基本语法格式如下。

```
DROP PROCEDURE{procedure}[,…n]
```

例如删除"pro_学生信息"存储过程，就可以使用如下代码。

```
DROP PROC pro_学生信息
```

如果另一个存储过程调用某个已被删除的存储过程，SQL Server 2008 将在执行调用进程时显示一条错误消息。

注意：在删除存储过程前，先执行 sp_depends 存储过程来确定是否有对象信赖于此存储过程。

3) 查看存储过程

查看存储过程的定义信息，可以使用 sys.sql_modules 目录视图、OBJECT_DEFINITION 元数据函数、sp_helptext 系统存储过程等。例如，在如图 5.26 所示的示例中，使用 OBJECT_DEFINITION 元数据函数查看"pro_学生_性别_信息"存储过程的定义文本信息。

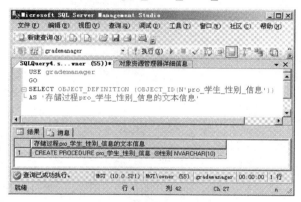

图 5.26　使用元数据函数查看存储过程定义

5.6　触　发　器

【任务分析】

为了确保数据完整性，设计人员可以采触发器实现复杂的业务规则。

【课堂任务】

本节要求掌握触发器的概念及应用。

● 触发器的概念

● 触发器的创建及管理

5.6.1　触发器概述

触发器(Trigger)是一种特殊的存储过程，它与表紧密相连，可以是表定义的一部分。当用户修改指定表或者视图中的数据时，触发器将会自动执行。

1. 触发器的定义

触发器基于一个表创建，但是可以针对多个表进行操作。所以触发器可以用来对表实施复杂的完整性约束，当触发器所保存的数据发生改变时，触发器被自动激活，从而防止对数据的不正确修改。其优点如下。

(1) 触发器自动执行，在表的数据做了任何修改(比如手工输入或者使用程序采集的操作)之后立即激活。

(2) 触发器可以通过数据库中的相关表进行层叠更改。这比直接把代码写在前台的做法更安全合理。

(3) 触发器可以强制限制，这些限制比用 CHECK 约束所定义的更复杂。与 CHECK 约束不同的是，触发器可以引用其他表中的列。

2. 触发器的分类

在 SQL Server 2008 系统中，按照触发事件的不同，可以把提供的触发器分成两大类型，即 DDL 触发器和 DML 触发器。

1) DDL 触发器

当服务器或者数据库中发生数据定义语言(DDL)事件时，DDL 触发器将被调用。

2) DML 触发器

DML 触发器是当数据库服务器中发生数据操作语言(DML)事件时要执行的操作。通常所说的 DML 触发器主要包括 3 种：INSERT 触发器、UPDATE 触发器和 DELETE 触发器。DML 触发器可以查询其他表，还可以包含复杂的 Transact-SQL 语句。将触发器和触发语句作为可在触发器内回滚的单个事务对待。如果检测到错误，则整个事务自动回滚。

SQL Server 2008 为每个触发器语句创建两种特殊的表：deleted 表和 inserted 表。这两个逻辑表由系统来自创建和维护，用户不能对它们进行修改。

提示：① deleted 表和 inserted 表存放在内存而不是数据库中。
② 这两个表的结构总是与被该触发器作用的表的结构相同。
③ 触发器执行完成后，与该触发器相关的这两个表也会被删除。

deleted 表存放由执行 DELETE 或者 UPDATE 语句而要从表中删除的所有行。在执行 DELETE 或者 UPDATE 操作时，被删除或被修改的行从触发触发器的表中被移到 deleted 表。

inserted 表存放由执行 INSERT 或者 UPDATE 语句而要向表中插入的所有行。在执行 INSERT 或者 UPDATE 事务中，新插入或修改后的行同时添加到触发触发器的表和 inserted 表中，inserted 表的内容是触发触发器的表中新行的副本。

提示：deleted 表和触发触发器的表中不会有相同的行。

5.6.2　创建触发器

1. DML 触发器

因为 DML 触发器是一种特殊的存储过程，所以 DML 触发器的创建和存储过程的创建方式有很多相似之处，创建 DML 触发器的基本语法如下。

```
CREATE TRIGGER trigger_name
ON {table|view}
{
    {{FOR|AFTER|INSTEAD OF}
        {[DELETE[[,][INSERT][,][UPDATE] }
    AS
      sql_statement
    }
}
```

在 CREATE TRIGGER 的语法中，各主要参数含义如下。

(1) trigger_name：是要创建的触发器的名称。

(2) table|view：是在其上执行触发器的表或者视图，有时称为触发器表或者触发器视图。可以选择是否指定表或者视图的所有者名称。

(3) FOR、AFTER、INSTEAD OF：指定触发器触发的时机。

① AFTER：指定触发器只有在 SQL 语句中指定的所有操作都已成功执行后才触发，只有在所有的引用级联操作和约束检查成功完成后才能执行此触发器。如果仅指定 FOR 关键字，则 AFTER 是默认设置。

② INSTEAD OF：指定执行触发器而不是执行触发的 SQL 语句，从而替代触发语句的操作。在表或视图上，每个 INSERT、UPDATE 或 DELETE 语句最多可以定义一个 INSTEAD OF 触发器。

(4) DELETE、INSERT、UPDATE：指定在表或视图上执行哪些语句时将触发触发器的关键字。必须至少指定一个选项。在触发器定义中允许使用以任意顺序组合的这些关键字。如果指定的选项多于一个，需用逗号分隔这些选项。

(5) sql_statement：指定触发器所执行的 Transact-SQL 语句。

可以把 SQL sever 2008 系统提供的 DML 触发器分成 4 种，即 INSERT 触发器、DELETE 触发器、UPDATE 触发器和 INSTEAD OF 触发器。下面分别结合例子对这 4 种基本类型的 DML 触发器进行详细介绍。

1) INSERT 触发器

INSERT 触发器就是当对目标表(触发器的基表)执行 INSERT 语句时调用的触发器。

例如在 grademanager 数据库中，当向 student 表添加一条学生信息时，同时还需要更新 class 表中的"classnumber"列。通过创建一个 INSERT 触发器，在用户每次向 student 表中添加新的学生信息时便更新相应的班级的人数。这个触发器的名称为"trig_更新班级人数"，其定义语句如下。

```
USE grademanager
GO
CREATE TRIGGER trig_更新班级人数
ON student
AFTER INSERT
AS
UPDATE class SET classnumber=classnumber+1
WHERE classno IN(SELECT left(sno,8) FROM inserted)
GO
```

提示：为确保找到学生的班号，利用 left()函数取学生学号的前 8 位，这样，在输入学生信息时，如果 classno 列为空，也不会出现在 inserted 表中找不到的情况。

执行上面的语句，就创建了一个"trig_更新班级人数"触发器。接下来，使用 INSERT 语句插入一条新的学生信息，以验证触发器是否会自动执行。这里由于触发器基于 student 表，因此插入也针对此表，在 INSERT 语句之前之后各添加一条 SELECT 语句，比较一下插入记录前后处理状态的变化。测试语句如图 5.27 所示。从图中可以看到，执行 INSERT 语句后的班级人数已经更改，比执行 INSERT 语句前多 1，说明 INSERT 触发器已经成功执行。

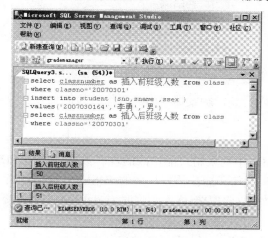

图 5.27 调用 INSERT 触发器

2) DELETE 触发器

当针对目标数据库运行 DELETE 语句时，就会激活 DELETE 触发器。DELETE 触发器用于约束用户能够从数据库中删除的数据。

提示：使用 DELETE 触发器时，需要考虑的事项和原则如下。

① 当某行被添加到 deleted 表中时，就不再存在于数据库表中，因此，deleted 表和数据库表没有相同的行。

② 创建 deleted 表时，空间从内存中分配。deleted 表总是被存储在高速缓存中。

③ 为 DELETE 动作定义的触发器并不执行 TRUNCATE TABLE 语句，原因在于日志不记录 TRUNCATE TABLE 语句。

例如，在 grademanager 数据库的 teacher 表中，定义一个触发器，当一个教师的信息被删除时，显示它的相关信息。具体代码如下。

```
USE grademanager
GO
CREATE TRIGGER trig_删除教师信息
ON teacher
AFTER DELETE
AS
SELECT tno,tname as 被删除教师姓名
FROM deleted
GO
```

执行上述代码，就创建了一个"trig_删除教师信息"触发器，执行结果如图 5.28 所示。

图 5.28　调用 DELETE 触发器

从图 5.28 的结果可以看到，触发器"trig_删除教师信息"已经被触发，返回被删除教师的信息。

3) UPDATE 触发器

UPDATE 触发器专门用于约束用户能修改的现有数据。可将 UPDATE 语句看作两步操作：捕获数据前像的 DELETE 语句和捕获数据后像的 INSERT 语句。当在定义有触发器的表上执行 UPDATE 语句时，原始行(前像)被移入到临时表 deleted 表中，更新行(后像)被移入到临时表 inserted 表中。

触发器检查 deleted 表和 inserted 表以及被更新的表，来确定是否更新了多行及如何执行触发器动作。

可以使用 IF UPDATE 语句定义一个监视指定列数据更新的触发器，这样，就可以让触发器容易地隔离出特定列的活动。当它检测到指定列已经更新时，触发器就会进一步执行适当的动作。

例如创建一个触发器，当 class 表中班级编号发生变更时，同时更新 student 表中的相应的班级编号信息，具体代码如下所示。

```
USE grademanager
GO
CREATE TRIGGER trig_班级信息更新
ON class
FOR UPDATE
AS
IF UPDATE(classno)
BEGIN
UPDATE student SET classno=(SELECT classno FROM inserted)
WHERE classno IN(SELECT classno FROM deleted)
END
```

更改 2007 级电子 1 班的班号为"20070511"，代码如下。

```
UPDATE class SET classno='20070511'
WHERE classname='2007 级电子 1 班'
```

用 SELECT 语句查看结果，从图 5.29 可以看出，student 表中的班号信息已经成功更改。

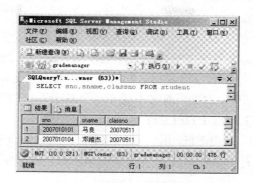

图 5.29　验证 UPDATE 触发器执行结果

如果数据表中的某一列不允许被修改，那么就可以在指定列上定义 UPDATE 触发器，并且使用 ROLLBACK TRANSACTION 选项回滚事务。例如不允许修改 course 表中的 "cname"列，就可使用如下代码。

```
USE grademanager
GO
CREATE TRIGGER trig_修改课程信息
ON course
FOR UPDATE
AS
IF UPDATE(cname)
BEGIN
RAISERROR('该事务不能被处理,cname 列的值不能被改变',10,1)
ROLLBACK TRANSACTION
END
```

执行上面的 UPDATE 触发器命令，然后使用 UPDATE 语句修改 cno 为 c01 的课程信息，将其 cname 改为 "计算机公共基础"。具体语句如下所示。

```
USE grademanager
GO
UPDATE course SET cname='计算机公共基础'
WHERE cno='c01'
```

一旦执行上面的语句，就会出现如图 5.30 所示的结果。

图 5.30　阻止用户修改特定数据

4) INSTRAD OF 触发器

INSTEAD OF 触发器的主要优点是可以使不能更新的视图支持更新。基于多个基表的视图必须使用 INSTEAD OF 触发器来支持引用多个表中数据的插入、更新和删除操作。INSTEAD OF 触发器的另一个优点是使用户可以编写这样的逻辑代码：在允许批处理的其他部分成功的同时拒绝批处理中的某些部分。例如，通常不能在一个基于连接的视图上进行 DELETE 操作。然而，可以编写一个 INSTEAD OF DELETE 触发器来实现删除。

下面创建一个用于替代 DELETE 语句的 INSTEAD OF DELETE 触发器，用于实现在 grademanager 数据库中删除 student 表中的一个学生信息时，级联删除该学生对应的 sc 表中的成绩信息。

默认时，由于 student 表和 sc 表在"sno"列上存在外键约束，因此，不允许直接删除 student 表中的内容。通过创建一个 INSTRAD OF DELETE 触发器，在检测到有 DELETE 语句执行时，先删除外键表 sc 中对应的信息，再删除 student 表中的内容。具体代码如下。

```
USE grademanager
GO
CREATE TRIGGER trig_DELETE
ON student
INSTEAD OF DELETE
AS
BEGIN
DELETE sc WHERE sno IN(SELECT sno FROM deleted)
DELETE student WHERE sno IN(SELECT sno FROM deleted)
END
```

接下来编写测试语句，删除学号为"2007010102"的学生信息，并且在删除语句的前后使用 3 条 SELECT 语句对比删除前后的变化，具体代码如下所示。

```
USE grademanager
GO
SELECT * FROM sc WHERE sno='2007010102'
DELETE student WHERE sno ='2007010102'
SELECT * FROM sc WHERE sno='2007010102'
SELECT sno,sname,ssex FROM student  WHERE sno='2007010102'
```

从图 5.31 中可以看出，INSTEAD OF 触发器已经执行成功，student 表中的学号为"2007010102"的学生信息已经不存在了，sc 表中该生的成绩信息也被删除了。

2. DDL 触发器

DDL 触发器和 DML 触发器一样，为了响应事件而激活。创建 DDL 触发器的语法格式如下。

```
CREATE TRIGGER trigger_name
ON {ALL SERVER|DATABASE}
WITH ENCRYPTION
{FOR|AFTER|{enent_type}
AS sql_statement
```

(1) ALL SERVER：用于表示 DDL 触发器的作用域是整个服务器。
(2) DATABASE：用于表示该 DDL 触发器的作用域是整个数据库。

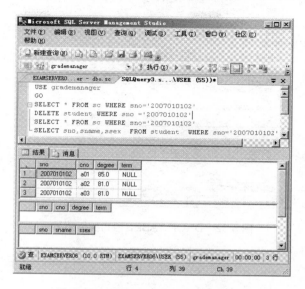

图 5.31　调用 INSTEAD OF 触发器

(3) event_type：用于指定触发 DDL 触发器的事件。

如果想要控制哪位用户可以修改数据库结构及如何修改，甚至想跟踪数据库结构上发生的修改，那么使用 DDL 触发器非常合适。例如，对一些重要数据库，内部的结构及其数据都很重要，是不能轻易删除或者改变的，即便能也要在改动之前做好备份，以免丢失重要数据。为此，就可以创建一个 DDL 触发器来防止这种情况发生。

例如，创建一个 DDL 触发器用于防止删除或更改 grademanager 数据库中的数据表。

具体实现语句如下所示。

```
USE grademanager
GO
CREATE TRIGGER trig_DDL 学生信息
ON DATABASE
FOR DROP_TABLE,ALTER_TABLE
AS
BEGIN
  PRINT '不能删除或者修改当前数据库的内容！'
  ROLLBACK
END
```

执行上述语句后，将在 SQL Server 2008 中创建一个触发器。

```
USE grademanager
GO
DROP TABLE student
```

执行上述语句将看到一条错误信息，指出不能删除表，如图 5.32 所示。

从图 5.32 可以看出，前面创建的 DDL 触发器"trig_DDL 学生信息"对数据库 grademanager 进行了保护，所以导致这次删除操作失败。

图 5.32　DROP TABEL 语句执行结果

5.6.3　管理触发器

1. 修改触发器

如果需要修改触发器的定义和属性，有两种方法：一是先删除原来的触发器的定义，再重新创建与之同名的触发器；二是直接修改现有的触发器的定义。例如，将上述的 DDL 触发器"trig_DDL 学生信息"修改成只对 ALTER TABLE 语句进行保护。具体语句如下。

```
USE grademanager
GO
ALTER TRIGGER trig_DDL 学生信息
ON DATABASE
FOR ALTER_TABLE
AS
BEGIN
  PRINT '不能修改当前数据库的内容！'
  ROLLBACK
END
```

将上述语句在【新建查询】窗口中执行，就修改了以前的触发器定义。

2. 禁用触发器

在修改表的 ALTER TABLE 语句中，使用 DISABLE TRIGGER 子句可以使该表上的某一触发器无效。当再次需要时，可以使用 ALTER TABLE 语句的 ENABLE TRIGGER 子句使触发器重新有效。

例如，要使"student"表的"trig_更新班级人数"触发器无效。可以使用如下语句。

```
USE grademanager
GO
ALTER TABLE student
DISABLE TRIGGER trig_更新班级人数
```

提示：① 默认情况下，创建触发器后会启用触发器。

② 禁用触发器不会删除该触发器，该触发器仍然作为对象存在于当前数据库中。

③ 禁用触发器后，执行相应的 Transact-SQL 语句时，不会引发触发器。

④ 使用 ENABLE TRIGGER 语句可以重新启用 DML 和 DDL 触发器。

⑤ 也可以使用 ALTER TABLE 语句来禁用或启用为表所定义的 DML 触发器。

为了使"trig_更新班级人数"触发器再次有效，可以使用下面的语句。

```
ALTER TABLE student
ENABLE TRIGGER trig_更新班级人数
```

3. 删除触发器

使用 DROP TRIGGER 语句可删除当前数据的一个或者多个触发器。例如，删除触发器 "trig_更新班级人数"和"trig_班级信息更新"可以使用如下语句。

```
USE grademanager
GO
DROP TRIGGER trig_更新班级人数,trig_班级信息更新
```

4. 使用 SSMS 管理触发器

使用 SSMS 管理触发器的具体步骤如下。

(1) 在【对象资源管理器】中，展开要使用的服务组、服务器。

(2) 展开【数据库】节点，展开要操作的数据库，这里展开 grademanager 数据库。

(3) 展开数据库中具有触发器的任一数据表，然后展开【触发器】节点。

(4) 右键单击任一触发器，弹出快捷菜单，如图 5.33 所示。

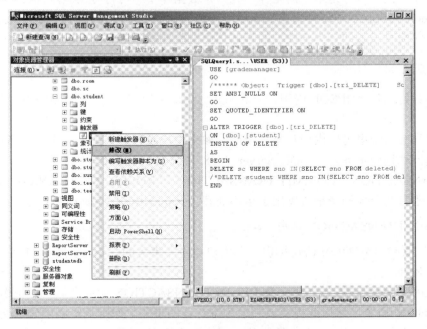

图 5.33　触发器的快捷菜单

(5) 根据操作的需要来选择相应的命令，完成与上述 SQL 语句同样的操作。例如图 5.33 所示的右边窗格就是选择【修改】命令后打开的窗口。

5.7 事 务

【任务分析】

为了确保数据的完整性和有效性,设计人员可以使用事务确保同时发生的行为与数据的有效性不发生冲突。

【课堂任务】

本节要求掌握事务的概念及应用。

● 事务的基本概念及分类

● 事务的 4 个属性

事务在 SQL Server 中相当于一个工作单元,使用事务可以确保同时发生的行为与数据的有效性不发生冲突,并且维护数据的完整性,确保 SQL 数据的有效性。

5.7.1 事务概述

所谓事务就是用户定义的一个数据库操作序列,这些操作要么全做要么全不做,是一个不可分割的工作单位。事务是单个的工作单元,是数据库中不可再分的基本部分。

SQL Server 2008 系统具有事务处理功能,能够保证数据库操作的一致性和完整性,使用事务可以确保同时发生的行为与数据的有效性不发生冲突。

5.7.2 事务的定义

一个事务可以是一组 SQL 语句、一条 SQL 语句或整个程序,一个应用程序可以包括多个事务。

事务的开始与结束可以由用户显式控制。如果用户没有显式地定义事务,则由 DBMS 按照默认规则自动划分事务。在 SQL Server 2008 系统中,定义事务的语句主要有下列 3 条:BEGIN TRANSACTION、COMMIT TRANSACTION 和 ROLLBACK TRANSACTION。

此外,还有两个全局变量可以用于事务处理:@@ERROR 和@@TRANCOUNT。

1. BAGIN TRANSACTION 语句

BAGIN TRANSACTION 语句标识一个用户自定义事务的开始。此语句可以简化为 BEGIN 或 BEGIN TRAN。

事务是可以嵌套的,在发布了一条 BEGIN TRANSACTION 命令之后,发布另一个 BEGIN TRANSACTION 命令,然后或提交或回退等待处理的事务。原则上是必须先提交或回退内层事务,然后提交或回退外层事务,即一条 COMMIT TRANSACTION 或 ROLLBACK TRANSACTION 语句对应最近的一条 BEGIN TRANSACTION 语句。

2. COMMIT TRANSACTION 语句

COMMIT TRANSACTION 语句用于结束一个用户定义的事务,保证对数据的修改已经成功地写入数据库。此时事务正常结束。此语句可简化为 COMMIT。

3. ROLLBACK TRANSACTION 语句

ROLLBACK TRANSACTION 语句用于事务的回滚，即在事务运行的过程中发生某种故障时，事务不能继续执行，SQL Server 2008 系统将抛弃自最近一条 BEGIN TRANSACTION 语句以后的所有修改，回滚到事务开始时的状态。

4. @@TRANCOUNT 变量

@@TRANCOUNT 是系统全局变量，用来报告当前等待处理的嵌套事务数量。如果没有等待处理的事务，这个变量则为零。例如，这个变量适合用来确定在 Transact-SQL 批处理所启动的一个事务的中间是否有正在执行的触发器。

BEGIN TRANSACTION 语句将@@TRANCOUNT 加 1。ROLLBACK TRANSACTION 将@@TRANCOUNT 递减为零。COMMIT TRANSACTION 将@@TRANCOUNT 递减 1。

5. @@ERROR 变量

@@ERROR 变量也是系统全局变量，用来保存来自任何一条 Transact-SQL 语句的最新错误号。每当一条不引起错误的语句执行完毕时，这个变量就为零，每当一条语句成功地执行完毕时，该变量就复位为零。因此，如果需要在以后的某个时候检查语句是否引起错误，则需要将@@ERROR 变量的值先保存到局部变量中。

5.7.3　事务的 ACID 特性

事务是由有限的数据库操作序列组成的，但并不是任意的数据库操作序列都能成为事务，为了保护数据的完整性，一般要求事务具有以下 4 个特征。

1. 原子性(Atomic)

一个事务是一个不可分割的工作单位，事务在执行时，应该遵守"要么不做，要么全做(Nothing or All)"的原则，即不允许事务部分地完成，即使因为故障而使事务未能完成，它执行的部分结果要被取消。

保证原子性是数据系统本身的职责，由 DBMS 的事务管理子系统实现。

2. 一致性(Consistency)

事务对数据库的作用是使数据库从一个一致状态转变到另一个一致状态。

所谓数据库的一致状态是指数据库中的数据满足完整性约束。例如，在银行企业中，"从账号 A 转移资金额 R 到账号 B"是一个典型的事务，这个事务包括两个操作，从账号 A 中减去资金额 R 和在账号 B 中增加资金额 R，如果只执行其中的一个操作，则数据库处于不一致状态，账务会出现问题，也就是说，两个操作要么全做，要么全不做，否则就不能成为事务。可见事务的一致性与原子性是密切相关的。

确保单个事务的一致性是编写事务的应用程序员的职责，在系统运行中，是由 DBMS 的完整性子系统实现的。

3. 隔离性(Isolation)

如果多个事务并发执行，应像各个事务独立执行一样，一个事务的执行不能被其他事务干扰，即一个事务内部的操作及使用的数据对并发的其他事务是隔离的。并发控制就是为了保证事务间的隔离性。

隔离性是由 DBMS 的并发控制子系统实现的。

4. 持久性(Durability)

最后,一个事务一旦提交,它对数据库中数据的改变就应该是持久的。如果提交一个事务以后计算机瘫痪,或数据库因故障而受到破坏,那么重新启动计算机后,DBMS 也应该能够恢复,该事务的结果将依然是存在的。

事务的持久性是由 DBMS 的恢复管理子系统实现的。

例如,使用 Transact-SQL 语言的 UPDATE 语句更新表数据,就可以被看作 SQL Server 2008 的单个事务来运行,语句如下所示。

```
UPDATE sc
  SET cno='c01',
      degree= -75,
      cterm=2
WHERE sno='2006010121'
GO
```

当运行该更新语句时,SQL Server 2008 认为用户的意图是在单个事务中同时修改列"cno(课程号)"、"degree(成绩)"、"cterm(学期)"的数据。假设在"degree"列存在不允许值小于零的约束,那么,更新列"degree"的操作就会失败,则全部更新都无法实现。由于三条更新语句同在一个 UPDATE 语句中,所以 SQL Server 2008 将这 3 个更新操作作为同一事务来执行,当一个更新操作失败后,其他操作便一起失败。

如果用户希望 3 个更新操作能够被独立地执行,则可以将上述语句改写为如下所示。

```
UPDATE sc
  SET cno='c01'
WHERE sno='2006010121'
UPDATE sc
  SET degree=-75
WHERE sno='2006010121'
UPDATE sc
  SET cterm=2
WHERE sno='2006010121'
```

这样做的目的是,即使对约束列的更新失败,也对其他列的更新没有影响,因为这是 3 个不同的事务处理操作。

下面使用上述的 3 条 UPDATE 语句,将它们组合成一个事务,从而实现一个 UPDATE 语句的功能,即同时更新"cno(课程号)"、"degree(成绩)"和"cterm(学期)"列信息,否则数据保持不变。

```
DELCARE @KC INT,@CJ INT,@XQ INT
BEGIN TRANSACTION
  UPDATE sc
    SET cno='c01'
  WHERE sno='2006010121'
  SET @KC=@@ERROR
  UPDATE sc
    SET degree= -75
  WHERE sno='2006010121'
```

```
SET @CJ=@@ERROR
UPDATE sc
    SET cterm=2
WHERE sno='2006010121'
SET @XQ=@@ERROR
IF @KC=0 AND @CJ=0 AND @XQ=0
   COMMINT TRANSACTION
ELSE
ROLLBACK TRANSACTION
GO
```

事务上述 4 个性质的英文术语的第一个字母的组合为 ACID，因此，这 4 个性质被称为事务的 ACID 属性。

5.8　锁

【任务分析】

为了解决并发操作带来的问题，设计人员可以使用锁来实现并发控制，以确保多个用户能够同时操作同一个数据库中的数据而不发生数据不一致性。

【课堂任务】

本节要求掌握锁的概念及应用。

● 并发操作引起的问题

● 锁的类型

● 死锁的处理

SQL Server 2008 的关键特性之一是支持多用户共享同一数据库。但是，当某些用户同时对同一个数据进行操作时，会产生一定的并发问题。使用事务便可以解决用户存取数据的这个问题，从而保证数据库的完整性和一致性。然而如果防止其他用户修改另一个还没完成的事务中的数据，就必须在事务中使用锁。

5.8.1　并发操作引起的问题

当同一数据库系统中有多个事务并发运行时，如果不加以适当控制，就可能产生数据的不一致性问题。

例如，并发取款操作。假设存款余额 $R=1000$ 元，甲事务 $T1$ 取走存款 100 元，乙事务 $T2$ 取走存款 200 元，如果正常操作，即甲事务 $T1$ 执行完毕再执行乙事务 $T2$，存款余额更新后应该是 700 元，但是如果按照如下顺序操作，则会有不同的结果。

(1) 甲事务 $T1$ 读取存款余额 $R=1000$ 元。

(2) 乙事务 $T2$ 读取存款余额 $R=1000$ 元。

(3) 甲事务 $T1$ 取走存款 100 元，修改存款余额 $R=R-100=900$，把 $R=900$ 写回到数据库。

(4) 乙事务 $T2$ 取走存款 200 元，修改存款余额 $R=R-200=800$，把 $R=800$ 写回到数据库。

结果两个事务共取走存款 300 元，而数据库中的存款却只少了 200 元。

得到这种错误的结果是由于甲、乙两个事务并发操作引起的，数据库的并发操作导致的数据库的不一致性主要有 3 种：丢失更新、读"脏"数据和不可重复读。

1. 丢失更新(Lost Update)

当两个事务 T1 和 T2 读入同一数据做修改并发执行时，T2 把 T1 或 T1 把 T2 的修改结果覆盖掉，造成了数据的丢失更新问题，导致数据的不一致。

仍以上例中的操作为例进行分析。

在表 5-4 中，数据库中 R 的初值是 1000，事务 T1 包含 3 个操作：读入 R 初值(Find R)；计算(R=R-100)；更新 R(Update R)。

事务 T2 也包含 3 个操作：Find R；计算(R=R-200)；Update R。

如果事务 T1 和 T2 顺序执行，则更新后，R 的值是 700。但如果 T1 和 T2 按照表 5-4 并发执行，则 R 的值是 800，得到了错误的结果，原因在于 t7 时刻丢失了 T1 对数据库的更新操作。

因此，这个并发操作不正确。

表 5-4　丢失更新问题

时间	事务 T1	R 的值	事务 T2
t0		1000	
t1	Find R		
t2			Find R
t3	R=R-100		
t4			R=R-200
t5	Update R		
t6		900	Update R
t7		800	

2. 读"脏"数据(Dirty Read)

读"脏"数据也称"污读"。事务 T1 更新了数据 R，事务 T2 读取了更新后的数据 R，事务 T1 由于某种原因被撤销，修改无效，数据 R 恢复原值。这样事务 T2 得到的数据与数据库的内容不一致，这种情况称为"污读"。

在表 5-5 中，事务 T1 把 R 的值改为 900，但此时尚未做 COMMIT 操作，事务 T2 将修改过的值 900 读出来，之后事务 T1 执行 ROLLBACK 操作，R 的值恢复为 1000，而事务 T2 将仍在使用已被撤销了的 R 值 900。

原因在于 t4 时刻事务 T2 读取了 T1 未提交的更新操作结果，这种值是不稳定的，在事务 T1 结束前随时可能执行 ROLLBACK 操作。

对于这些未提交的随后又被撤销的更新数据称为"脏"数据。例如，这里事务 T2 在 t4 时刻读取的就是"脏"数据。

表 5-5　读"脏"数据问题

时间	事务 T1	R 的值	事务 T2
t0		1000	
t1	Find R		
t2	R=R-100		

续表

时间	事务 $T1$	R 的值	事务 $T2$
$t3$	Update R		
$t4$		900	Find R
$t5$	ROLLBACK		
$t6$		1000	

3. 不可重复读(Unrepeatable Read)

事务 $T1$ 读取了数据 R，事务 $T2$ 读取并更新了数据 R，当事务 $T1$ 再读取数据 R 以进行核对时，得到的两次读取值不一致，这种情况称为"不可重复读"，见表 5-6。

在表 5-6 中，在 $t1$ 时刻事务 $T1$ 读取 R 的值为 1000，但事务 $T2$ 在 $t4$ 时刻将 R 的值更新为 800，所以 $T1$ 所使用的值已经与开始读取的值不一致了。

表 5-6　不可重复读问题

时间	事务 $T1$	R 的值	事务 $T2$
$t0$		1000	
$t1$	Find R		
$t2$			Find R
$t3$			$R=R-200$
$t4$			Update R
$t5$	Find R	800	

SQL Server 通过锁来防止数据并发操作过程中引起的问题。锁就是防止其他事务访问指定资源的手段，它是实现并发控制的主要方法，是多个用户能够同时操作同一个数据库中的数据而不发生数据不一致性现象的重要保障。

5.8.2　锁的类型

SQL Server 2008 中提供了多种锁模式，主要包括：排他锁、共享锁、更新锁、意向锁、键范围锁、架构锁和大容量更新锁，在表 5-7 中列出了这些锁的说明。

表 5-7　SQL Server 2008 中的锁模式

锁类型	说明
排他锁(X)	如果事务 $T1$ 获得了数据项 R 上的排他锁，则 $T1$ 对数据项既可读又可写。事务 $T1$ 对数据项 R 加上排他锁，则其他事务对数据项 R 的任务封锁请求都不会成功，直至事务 $T1$ 释放数据项 R 上的排他锁
共享锁(S)	如果事务 $T1$ 获得了数据项 R 上的共享锁，则 $T1$ 对数据项 R 可以读但不可以写。事务 $T1$ 对数据项 R 加上共享锁，则其他事务对数据项 R 的排他锁请求不会成功，而对数据项 R 的共享锁请求可以成功
更新锁(U)	更新锁可以防止死锁情况出现。当一个事务查询数据以便进行修改时，可以对数据项施加更新锁，如果事务修改资源，则更新锁会转换成排他锁。否则会转换成共享锁。一次只有一个事务可以获得资源上的更新锁，它允许其他事务对资源的共享式访问，但阻止排他式的访问

续表

锁类型	说明
意向锁	意向锁用来保护共享锁或排他锁放置在锁层次结构的底层资源上。之所以命名为意向锁,是因为在较低级别锁前可获取它们,因此会通知意向锁将锁放置在较低级别上
键范围锁	键范围锁可以防止污读。通过保护行之间键的范围,它还防止对事务访问的记录集进行幻象插入和删除
架构锁	执行表的 DDL 操作(例如添加列)时使用架构修改锁。在架构修改锁起作用期间,会防止对表的并发访问。这意味着在释放架构锁之前,该锁之外的所有操作都将被阻止
大容量更新锁	大容量更新锁允许多个进程将数据并行地大容量复制到同一表中,同时防止其他不进行大容量复制的进程访问该表

5.8.3 查看锁

在 SQL Server 2008 中使用 sys.dm_tran_locks 动态管理视图可以返回有关当前活动的锁管理器资源的信息。同时,也可以使用系统存储过程 sp_lock 查看锁的信息。

1. 使用 sys.dm_tran_locks 视图

在默认情况下,任何一个拥有 VIEW SERVER STATE 权限的用户均可以查询 sys.dm_tran_locks 视图。例如,在查询窗口输入下列语句。

```
SELECT * FROM sys.dm_tran_locks
```

执行语句,如图 5.34 所示。

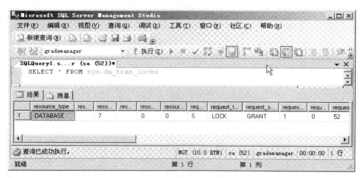

图 5.34　使用 sys.dm_tran_locks 视图

Sys.dm_tran_locks 视图有两个主要用途。

(1) 第一个用途是帮助数据库管理员查看服务器上的锁,如果 sys.dm_tran_locks 视图的输出包含许多状态为 WAIT 或 CONVERT 的锁,就应该怀疑存在死锁问题。

(2) 第二个用途是 sys.dm_tran_locks 视图可以帮助了解一条 SQL 语句所放置的实际锁,因为用户可能检索一个特定进程的锁。

2. 使用系统存储过程 sp_lock

使用系统存储过程 sp_lock 可以查看 SQL Server 系统或指定进程对资源的锁定情况,基本语句格式如下所示。

```
Sp_lock [spid1][, spid2]
```

其中，spid1 和 spid2 为进程标识号。指定 spid1、spid2 参数时，SQL Server 显示这些进程的锁定情况，否则显示整个系统的锁使用情况。进程标识号为一个整数，可以使用系统存储过程 sp_who 检索当前启动的进程及各进程所对应的标识号。

例如，对 department 表执行插入和查询操作，检查在程序执行过程中锁的使用情况。

```
USE grademanager
GO
BEGIN TRANSACTION
SELECT * FROM department
EXEC sp_lock
INSERT INTO department VALUES('d07', '机电系','张强','209','2222222')
SELECT * FROM department
EXEC sp_lock
COMMIT TRANSACTION
```

执行结果如图 5.35 所示。

图 5.35　执行结果

5.8.4　死锁的处理

两个或两个以上的事务分别申请封锁对方已经封锁的数据对象，导致长期等待而无法继续运行下去的现象称为死锁。死锁状态如图 5.36 所示。

(1) 任务 $T1$ 具有资源 $R1$ 的锁(通过从 $R1$ 指向 $T1$ 的箭头指示)，并请求资源 $R2$ 的锁(通过从 $T1$ 指向 $R2$ 的箭头指示)。

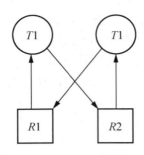

图 5.36　死锁状态

(2) 任务 T2 具有资源 R2 的锁(通过从 R2 指向 T2 的箭头指示)，并请求资源 R1 的锁(通过从 T2 指向 R1 的箭头指示)。

两个用户分别锁定一个资源，之后双方又都等待对方释放所锁定的资源，就产生一个锁定请求环，从而出现死锁现象。死锁会造成资源的大量浪费，甚至会使系统崩溃。

在多用户环境下，数据库系统出现死锁现象是难免的。SQL Server 数据库引擎会自动检测 SQL Server 中的死锁循环，并选择一个会话作为死锁牺牲品，然后终止当前事务(出现错误)来打断死锁。

5.9　课堂实践

5.9.1　架构和索引

1. 实践目的

(1) 理解索引的概念与类型。
(2) 掌握创建、更改、删除索引的方法。
(3) 掌握维护索引的方法。

2. 实践内容和要求

1) 创建和删除架构
(1) 使用 Transact-SQL 语句和 SSMS 分别创建架构。
在学生管理系统数据库 grademanager 中创建名称为 test1 和 test2 的架构。
(2) 使用 Transact-SQL 语句和 SSMS 分别将 test1 和 test2 删除。
2) 使用对象资源管理器创建、管理索引
(1) 创建索引。为 student 表创建一个以学号为索引关键字的唯一聚簇索引 stud_index。
(2) 重命名索引。将索引文件 stud_index 重新命名为 stud_index1。
(3) 删除索引。将索引文件 stud_index1 删除。
3) 使用 Transact-SQL 语句创建、管理索引
(1) 创建索引。
① 使用 Transact-SQL 语句为 teacher 表创建一个索引名为 t_index 的唯一性非聚簇索引，索引关键字为 tno，升序，填充因子为 85%。
② 用 Transact-SQL 语句为 sc 表创建一个索引名为 sc_index 的非聚簇复合索引，索引关键字为 sno+cno，升序，填充因子为 50%。

(2) 重命名索引。将 teacher 表的索引 t_index 更名为 teacher_index。

(3) 删除索引。将 teacher 表的索引 teacher_index 删除。

3. 思考题

(1) 数据库中索引被损坏后会产生什么结果？

(2) 视图上能创建索引吗？

(3) 创建复合索引应注意什么？

5.9.2　视图

1. 实践目的

(1) 理解视图的概念。

(2) 掌握视图的创建、修改和删除。

(3) 掌握使用视图来访问数据的方法。

2. 实践内容和要求

1) 使用 Transact-SQL 语句创建、管理视图

(1) 创建视图。

① 创建一个名为 sc_view1 的水平视图，从数据库 grademanager 的 sc 表中查询出成绩大于 90 分的所有学生选修成绩的信息。

② 创建一个名为 sc_view2 的投影视图，从数据库 grademanager 的 sc 表中查询出成绩小于 80 分的所有学生的学号、课程号、成绩等信息。

③ 创建一个名为 sc_view3 的加密视图，由数据库 grademanager 的 student、course、sc 表创建一个显示"20070303"班学生选修课程(包括学生姓名、课程名称、成绩等信息)的视图。

④ 创建一个从视图 sc_view1 中查询出课程号"c01"的所有学生的视图。

(2) 查看视图的创建信息及视图中的数据。

① 用两种方法查看视图 sc_view1 的创建信息。

② 查看视图的定义脚本。

a. 查看未加密视图 sc_view1 的定义脚本。

b. 查看加密视图 sc_view3 的定义脚本。

③ 查看视图 sc_view1 中的数据。

(3) 修改视图的定义。

修改视图 sc_view1，使其从数据库 grademanager 的 sc 表中查询出成绩大于 90 分且第 3 学期的所有学生选修成绩的信息。

(4) 视图的更名与删除。

① 将视图 sc_view1 更名为 sc_view5。

② 将视图 sc_view5 删除。

(5) 管理视图中的数据。

① 从视图 sc_view2 中查询出学号为"2007030125"、课程号为"a01"的学生选修成绩的信息。

② 将视图 sc_view2 中学号为"2007030122"、课程号为"c02"的成绩改为 87。

③ 从视图 sc_view2 中将学号为"2007030123"、课程号为"a01"的学生信息删除。

2) 使用对象资源管理器创建、管理视图

(1) 创建视图。

使用对象资源管理器，在 student 表上创建一个名为 stud_query2_view 的视图，该视图能查询 1984 年出生的学生学号、姓名、家庭住址信息。

(2) 修改视图。

使用对象资源管理器，在 student 表上创建一个名为 stud_query3_view 的视图，该视图能查询 1984 年出生的女学生的学号、姓名、家庭住址信息。

(3) 查看视图 stud_query2_view 信息。

(4) 管理视图中的数据。

① 查看视图 stud_query3_view 中的数据。

② 将视图 stud_query3_view 中学号为"2007030301"的学生姓名由"于军"改为"于君"。

3. 思考题

(1) 向视图中插入的数据能进入到基本表中去吗？

(2) 修改基本表的数据会自动反映到相应的视图中去吗？

(3) 如何保证视图使用的安全性？

5.9.3 Transact-SQL 语言基础

1. 实践目的

(1) 理解常量与变量的概念。

(2) 掌握常量与变量的使用方法。

(3) 掌握表达式的使用方法。

(4) 理解 Transact-SQL 流程控制语句的使用。

(5) 掌握常用函数的功能及使用方法。

2. 实践内容和要求

(1) 在一个批处理中，定义一个整型局部变量 iAge 和可变长字符型局部变量 vAddress，并分别赋值 20 和"中国山东"，最后输出变量的值，并要求通过注释对批处理中语句的功能进行说明。

(2) 编写一个批处理，通过全局变量获得当前服务器进程的 ID 标识和 SQL Server 服务器的版本。

(3) 查阅"联机丛书"，了解常用的全局变量。

(4) 求 1～100 的偶数和与所有的质数。

(5) 对于字符串"Welcome to SQL Server 2008"，进行以下操作。

① 将字符串转换为全部大写。

② 将字符串转换为全部小写。

③ 去掉字符串前后的空格。

④ 截取从第 12 个字符开始的 10 个字符。

(6) 使用日期型函数，获得输出结果见表 5-8。

表 5-8　输出结果

年份	月份	日期	星期几
2009	11	16	星期一

（7）根据 sc 表中的成绩进行处理：成绩大于等于 60 分的显示"及格"，小于 60 分的显示"不及格"，为 NULL 的显示"无成绩"。

（8）在 student 表中查找"李艳"同学的信息，若找到，则显示该生的学号、姓名、班级名称及班主任，否则显示"查无此人"。

3．思考题

（1）全局变量与局部变量的区别是什么？

（2）使用变量的前提是什么？

5.9.4　存储过程

1．实践目的

（1）理解存储过程的概念。

（2）了解存储过程的类型。

（3）掌握创建各种存储过程的方法。

（4）掌握执行存储过程的方法。

（5）掌握查看、修改、删除存储过程的方法。

2．实践内容和要求

1）使用 Transact-SQL 语句创建存储过程

（1）创建不带参数的存储过程。

① 创建一个从 student 表查询班级号为"20070301"班的学生资料的存储过程 proc_1，其中包括学号、姓名、性别、出生年月等。调用 proc_1 存储过程，观察执行结果。

② 在 grademanager 数据库中创建存储过程 proc_2，要求实现如下功能：存在不及格情况的学生选课情况列表，其中包括学号、姓名、性别、课程号、课程名、成绩、系别等。调用 proc_2 存储过程，观察执行结果。

（2）创建带输入参数的存储过程。

创建一个从 student 表查询学生资料的存储过程 proc_3，其中包括学号、姓名、性别、出生年月、班级等。要查询的班级号通过执行语句中的输入参数传递给存在过程。

其中，"20070303"为要传递给存储过程 proc_3 的输入参数，也即是要查询的资料的班级号。

（3）创建带输出参数的存储过程。

创建一个从 sc 表查询某一门课程考试成绩总分的存储过程 proc_4。

在以上存储过程中，要查询的课程号通过执行语句中的输入参数@cno 传递给存储过程，@sum_degree 作为输出参数用来存放查询得到的总分。执行此存储过程，观察执行结果。

（4）创建带重编译选项的存储过程。

在 sc 表中，创建一个带重编译选项的存储过程 proc_5，实现如下功能：输入学生学号，根据该学生所选课程的平均分显示提示信息，平均分大于等于 90，则显示"该生成绩优秀"，平均分小于 90 但大于等于 80，则显示"该生成绩良好"，平均分小于 80 但大于等于 60，显示"该生成绩合格"，小于 60 则显示"该生成绩不及格"。调用此存储过程，显示"2007030301"学生的成绩情况，并加密该存储过程的定义。

2) 使用 Transcant-SQL 语句查看、修改和删除存储过程

(1) 查看存储过程。

用户的存储过程被创建以后，可以用系统存储过程来查看其有关信息。

① 查看存储过程的定义。使用系统存储过程 sp_helptext 查看存储过程 proc_1、proc_3 的定义。

② 使用系统存储过程 sp_help 查看存储过程 proc_1 的信息。

(2) 修改存储过程。

使用 ALTER PROCEDURE 语句将存储过程 proc_1 修改为查询班级号为"20070302"班的学生资料。

(3) 删除存储过程。

将存储过程 proc_1 删除。

3) 使用对象资源管理器 SSMS 创建、查看、修改和删除存储过程

(1) 创建存储过程。

创建一个从 student 表查询班级号为"20070303"班的学生资料的存储过程 proc_6。

在创建存储过程时，进行语法检查，检查 SQL 语句是否存在语法错误。创建完成后观察数据库 grademanager 中是否存在存储过程 proc_6。

(2) 查看存储过程。

分别查看存储过程 proc_1、proc_6，观察其区别。

(3) 修改存储过程。

将存储过程 proc_3 功能改为从 student 表查询班级号为"20070303"班的男生的资料。

(4) 删除存储过程。

将存储过程 proc_5 删除，在删除存储过程时查看其对数据库的影响。

3．思考题

(1) 如何理解存储过程为不可见？

(2) 如何在不影响现有权限的情况下修改存储过程？

5.9.5　触发器

1．实践目的

(1) 理解触发器的概念与类型。

(2) 理解触发器的功能及工作原理。

(3) 掌握创建、更改、删除触发器的方法。

(4) 掌握利用触发器维护数据完整性的方法。

2. 实践内容和要求

1) 使用 Transcat-SQL 语句创建触发器

(1) 创建插入触发器并进行触发器的触发执行。

为表 sc 创建一个插入触发器 student_sc_insert，当向表 sc 插入数据时，必须保证插入的学号有效地存在于 student 表中，如果插入的学号在 student 表中不存在，给出错误提示。

向表 sc 中插入一行数据：sno, cno, degree 分别是('20070302', 'c01',78)，该行数据插入后，观察插入触发器 student_sc_insert 是否触发工作，再插入一行数据，观察插入触发器是否触发工作。

(2) 创建删除触发器。

为表 student 创建一个删除触发器 student_delete，当删除表 student 中的一个学生的基本信息时，将表 sc 中该生相应的学习成绩删除。

将学生"张小燕"的资料从表 student 中删除，观察删除触发器 student_delete 是否触发工作，即 sc 表中该生相应的学习成绩是否被删除。

(3) 创建更新触发器。

为 student 表创建一个更新触发器 student_sno，当更改 student 表中某学号学生的学号时，同时将 sc 表中该学生的学号更新。

将 student 表中"2007030112"的学号改为"2007030122"，观察触发器 student_sno 是否触发工作，即 sc 表中是否也全部改为"2007030122"。

2) 查看、修改删除触发器

(1) 查看触发器的相关信息。

① 查看 student 表中的触发器信息。

② 查看 student_sc_insert 触发器的定义。

③ 查看触发器的相关性。

(2) 修改、删除触发器。

① 使用 ALTER TRIGGER 语句将触发器 student_delete 的功能修改为当删除 student 表应届毕业生的基本信息时，同时删除该届毕业生的学习成绩。

② 使用 DROP TRIGGER 删除 student_sno 触发器。

3) 使用 SSMS 工具

使用 SSMS 工具完成触发器 student_sc_insert、触发器 student_delete 和触发器 student_sno 的创建、修改和删除。

3. 思考题

(1) 创建触发器的默认权限是谁？该权限能转让给其他用户吗？

(2) 能否在当前数据库中为其他数据库创建触发器？

(3) 触发器何时被激发？

5.9.6 游标及事务的使用

1. 实践目的

(1) 理解游标的概念。

(2) 掌握定义、使用游标的方法。

(3) 理解事务的概念及事务的结构。

(4) 掌握事务的使用方法。

2. 实践内容和要求

1) 使用游标

(1) 定义及使用游标。在 student 表中定义一个班级号为"2007030101",包含 sno、sname、ssex 的只读游标 stud01_cursor，并将游标中的记录逐条显示出来。

(2) 使用游标修改数据。在 student 表中定义一个游标 stud02_cursor，将游标中绝对位置为 3 的学生姓名改为"李平"，性别改为"女"。

(3) 使用游标删除数据。将游标 stud02_cursor 中绝对位置为 3 学生记录删除。

2) 使用事务

(1) 比较以非事务方式及事务方式执行 SQL 脚本的异同。

① 以事务方式修改 student 表中学号为"2007020101"的学生姓名及出生年月。执行完修改脚本后，查看 student 表中该学号记录。注意：在做该实验之前 student 表中的 sbirth 字段应该设置 CHECK 约束 sbirth<getdate()。

② 以非事务方式修改 student 表中学号为"2007020101"的学生姓名及出生年月。执行脚本，查看 student 表中该学号的记录。比较两种方式对执行结果的影响有何不同。

(2) 以事务方式向表中插入数据。

以事务方式向 class 表中插入 3 个班的资料，内容自定。

其中 header 字段的属性为 NOT NULL。

编写事务脚本并执行，分析回滚操作如何影响分列于事务不同部分的 3 条 INSERT 语句。

3. 思考题

(1) 退出对象资源管理器后游标还存在吗？

(2) 使用游标用于数据检索有什么好处？

(3) 事务的特点是什么？

5.10 课外拓展

操作内容及要求如下。

1. 索引和视图

(1) 查询显示购物者的名字及其所订购的玩具的总价。

    Select vFirstName,mTotalCost
    From shopper join Orders
    On shopper.cShopperId=Orders.cShopperId

上述查询的执行要花费很长的时间。创建相应的索引来优化上述查询。

(2) 表 Toys 经常用作查询，查询一般基于属性 cToyId，用户必须优化查询的执行。同时，确保属性 cToyId 没有重复。

(3) 表 Category 经常用于查询，查询基于表中的属性 cCategory。属性 cCategoryId 被定义为主关键字，在表上创建相应的索引，加快查询的执行。同时确保属性 cCategory 没有重复。

(4) 要完成下面这些查询：

① 显示购物者的名字和他们所订购的玩具的名字。

```
select shopper.vFirstName, vToyName
from shopper join orders
on shopper.cShopperId=Orders.cShopperId
join orderDetail
on Orders.cOrderNo=OrderDetail.cOrderNo
join Toys
on OrderDetail.cToyId=Toys.cToyId
```

② 显示购物者的名字和他们订购的玩具的名字和订购的数量。

```
Select shopper.vFirstName,vToyName,siQty
From shopper join orders
On shopper.cshopperId=Orders.cShopperId
Join OrderDetail
On Orders.cOrderNo=OrderDetail.cOrderNo
Join Toys
On OrderDetail.cToyId=Toys.cToyId
```

③ 显示购物者的名字和他们所订购的玩具的名字和玩具价格。

```
select shopper.vFirstName,vToyName,mToyCost
from shopper join orders
on shopper.cShopperId=orders.cShopperId
join orderDetail
on orders.cOrderNo=orderDetail.cOrderNo
join Toys
on OrderDetail.cToyId=Toys.cToyId
```

简化完成这些查询。

(5) 视图定义如下。

```
create view vwOrderWrapper
as
    select cOrderNO, cToyId, siQty, vDescription, mWrapperRate
    from OrderDetail join Wrapper
    on OrderDetail.cWrapperId=Wrapper.cWrapperId
```

当使用下列更新命令更新 siQty 和 mWrapperRate 时，该命令给出一个错误。

```
update vwOrderWrapper
set siQty=2,mWrapperRate= mWrapperRate
from vwOrderWrapper
where cOrderNo='000001'
```

修改更新命令，在基表中更新所需的值。

① 需要获得订货代码为"000003"的货物的船运状况，如果该批订货已经投递，则应该显示消息"the order has been delivered"。否则，显示消息"the order has been shipped but not delivered"。

提示：如果该批订货已经船运但未投递，则属性 cDeliveryStatus 将包含"s"，如果该批订货已经投递，则属性 cDeliveryStatus 包含"d"。

② 将每件玩具的价格增加￥0.5，直到玩具的平均价格达到约￥22.5。

③ 将每件玩具的价格增加￥0.5，直到玩具的平均价格达到约￥24.5。此外，任何一件玩具的价格最高不得超过￥53。

2. 存储过程和触发器

(1) 频繁地需要一份包含所有玩具的名称、说明、价格的报表。在数据库中创建一个对象，消除获得报表时因网络阻塞造成的延时。

(2) 对报表的查询如下。

```
select vFirstName，vLastName，vEmailId
from shopper
```

为上述查询创建存储过程。

(3) 创建存储过程，接收一个玩具代码，显示该玩具的名称和价格。

(4) 创建一个存储过程，将下列数据添加到表 ToyBrand 中，见表 5-9。

表 5-9　ToyBrand

Brand Id(品牌代码)	Brand Name(品牌名称)
009	Fun World

(5) 创建一个叫 prcAddCategory 的存储过程，将下列数据添加到表 Category 中，见表 5-10。

表 5-10　Category

Category Id(种类代码)	Category(种类名称)	Description(说明)
018	Electronic Games	这些游戏中包含了一个和孩子们交互的屏幕

(6) 删除过程 prcAddCategory。

(7) 创建一个叫 prcCharges 的触发器，按照给定的订货代码返回船运费和包装费。

(8) 创建一个叫 prcHandlingChanges 的触发器，接收一个订货代码并显示处理费。触发器 prcHandlingCharges 中应该用到触发器 prcCharges，以取得船运费和包装费。

提示：处理费 = 船运费 + 包装费。

3. 事务

(1) 当完成了订购之后，订购信息被存放在表 OrderDetail 中，系统应当将玩具的现有数量减少，减少数量为购物者订购的数量。

(2) 存储过程 prcGenOrder 生成数据库中现有的订货数量。

```
Create procedure prcGenOrder
@OrderNo char(6) output
as
    select @OrderNo=max(cOrderNo) from orders
    select @OrderNo=case
```

```
when @OrderNo>=0 and @OrderNo<9 then '00000'+convert(char,@OrderNO+1)
when @OrderNo>=9 and @OrderNo<99  then '0000'+convert(char,@OrderNO+1)
when @OrderNo>=99 and @OrderNo<999 then '000'+convert(char,@OrderNO+1)
when @OrderNo>=999 and @OrderNo<9999  then '00'+convert(char,@OrderNO+1)
when @OrderNo>=9999and @OrderNo<99999  then '0'+convert(char,@OrderNO+1)
when @OrderNo>=99999  then  convert(char,@OrderNO+1)
end
return
```

当购物者确认一次订购时，依次执行下列步骤。

① 通过上述过程生成订货代码。

② 将订货代码、当前日期、车辆代码、购物者代码添加到表 Order 中。

③ 将订货代码、玩具代码、数量添加到表 OrderDetail 中。

④ OrderDetail 表中的玩具价格应该更新。

提示： 玩具价格 = 数量 × 玩具单价。

注意： 上述步骤应当具有原子性。

将上述事务转换成存储过程，该过程接受车辆代码和购物者代码作为参数。

(3) 当购物者为某个特定的玩具选择礼品包装时，依次执行下列步骤。

① 属性 cGiftWrap 中应当存放 "Y"；属性 cWrapperId 应根据选择的包装代码进行更新。

② 礼品包装费用应当更新

注意： 上述步骤应当具有原子性。

将上述事务转换成存储过程，该过程接收订货代码，玩具代码和包装代码作为参数。

(4) 如果购物者改变了订货数量，则玩具价格将自动修改。

提示： 玩具价格 = 数量 × 玩具单价。

5.11　阅　读　材　料

5.11.1　阅读材料一：学生信息管理系统的存储过程

1. 学生信息管理系统——记录的插入、删除和修改存储过程代码

1) Insert 存储过程

```
CREATE PROCEDURE p_insertclass
(
    @classno char(8),
    @classname char(20)=null,
    @speciality varchar(60)=null,
    @inyear char(4)=null,
    @classnumber tinyint=null,
    @header char(10)=null,
    @deptno char(4)=null,
    @classroom varchar(16)=null,
    @monitor char(8)=null,
```

```
            @classxuezhi tinyint=null
)
AS
      insert into class values(@classno,@classname,@speciality,@inyear,
      @classnumber,@header,@deptno,@classroom,@monitor,@classxuezhi)
GO
```

2) UPDATE 存储过程

```
CREATE PROCEDURE p_updateclass
(
@oldclassno char(8),
      @classno char(8),
      @classname varchar(20)=null,
      @speciality varchar(60)=null,
      @inyear char(4)=null,
      @classnumber tinyint=null,
      @header char(10)=null,
      @deptno char(4)=null,
      @classroom varchar(16)=null,
      @monitor char(8)=null,
      @classxuezhi tinyint=null
)
AS
      update class set classno=@classno,classname=@classname,
      speciality=@speciality,inyear=@inyear,
      classnumber=@classnumber,header=@header,
      deptno=@deptno,classroom=@classroom,monitor=@monitor ,
      classxuezhi=@classxuezhi
      where classno=@oldclassno
GO
```

3) DELETE 存储过程

```
CREATE PROCEDURE p_updateclass1
(
      @oldclassno char(8),
      @classno char(8),
      @classname varchar(20)=null,
      @speciality varchar(60)=null,
      @inyear char(4)=null,
      @classnumber tinyint=null,
      @header char(10)=null,
      @deptno char(4)=null,
      @classroom varchar(16)=null,
      @monitor char(8)=null
)
AS
      delete from class where classno=@oldclassno
      exec p_insertclass @classno,@classname,
      @speciality,@inyear,
      @classnumber,@header,
      @deptno,@classroom,@monitor
GO
```

2. 学生量化成绩排名次存储过程代码

```
CREATE proc mingci as
declare @i int,
@j int,
@m1 int,
@m2 int,
@c1 numeric(6,2),
@c2 numeric(6,2)
set @i=1
declare
curscore cursor scroll for select mingci,lhscore from lhscoretemp order by
lhscore desc
open curscore
fetch absolute @i from curscore into @m1,@c1
    while @@fetch_status=0
    begin
        update lhscoretemp
            set mingci=@i
        where current of curscore set @j=@i+1
        fetch absolute @j from curscore into @m2,@c2
        while @c2=@c1 and @@fetch_status=0
        begin
            update lhscoretemp set mingci=@i where current of curscore
            set @j=@j+1
            fetch absolute @j from curscore into @m2,@c2
        End
        set @i=@j
        fetch absolute @i from curscore into @m1,@c1
    End
Close curscore
deallocate curscore
GO
```

5.11.2　阅读材料二：创建触发器(银行取款机系统)

在银行的取款机系统中有两个表，一个是账户信息表 bank，另一个是交易信息表 transInfo。
账户信息表 bank 如图 5.37 所示。

	customerName	cardID	currentMoney
1	张三	1001 0001	1000.0000
2	李四	1001 0002	1.0000

图 5.37　账户信息表

在 bank 表中，张三开户 1000 元，李四开户 1 元。
交易信息表 transInfo 如图 5.38 所示。

	transDate	cardID	transType	transMoney
1	2005-10-11 11:30:46.623	1001 0001	支取	200.0000

图 5.38　交易信息表

1. 创建 INSERT 触发器

在 transInfo 表中创建 INSERT 触发器，其功能是在 transInfo 表中，张三取钱 200 元，但问题是，在 bank 表中没有自动修改张三的余额。

解决的办法是当向交易信息表(transInfo)中插入一条交易信息时，应自动更新对应账户的余额。具体做法如下。

(1) 在交易信息表上创建 INSERT 触发器。

(2) 从 inserted 临时表中获取插入的数据行。

(3) 根据交易类型(transType)字段的值是存入/支取，增加/减少对应账户的余额。

其关键代码如下。

```
CREATE TRIGGER trig_transInfo
ON transInfo
FOR INSERT
AS
  DECLARE @type char(4),@outMoney MONEY
  DECLARE @myCardID char(10),@balance MONEY
  SELECT @type=transType,@outMoney=transMoney,@myCardID=cardID
 FROM inserted          //从 inserted 表中获取交易类型、交易金额等
   IF (@type='支取')    //根据交易类型，减少或增加对应卡号的余额
     UPDATE bank SET currentMoney=currentMoney-@outMoney
         WHERE cardID=@myCardID
   ELSE
     UPDATE bank SET currentMoney=currentMoney+@outMoney
         WHERE cardID=@myCardID
  ......
GO
```

2. 创建 DELETE 触发器

在 transInfo 表中创建 DELETE 触发器，其功能是当删除交易信息表时，要求自动备份被删除的数据到表 backupTable 中。

具体做法如下。

(1) 在交易信息表上创建 DELETE 触发器。

(2) 被删除的数据可以从 deleted 表中获取。

关键代码如下。

```
CREATE TRIGGER trig_delete_transInfo
  ON transInfo
   FOR DELETE
    AS
      print '开始备份数据，请稍后......'
     IF NOT EXISTS(SELECT * FROM sysobjects  WHERE name='backupTable')
      SELECT * INTO backupTable FROM deleted //从 deleted 表中获取被删除的交易
记录
     ELSE
        INSERT INTO backupTable SELECT * FROM deleted
      print '备份数据成功，备份表中的数据为:'
      SELECT * FROM backupTable
   GO
```

3. 创建 UPDATE 触发器

在 bank 表中创建 UPDATE 触发器，其功能是跟踪用户的交易，交易金额超过 20 000 元，则取消交易，并给出错误提示。

具体做法如下。

(1) 在 bank 表上创建 UPDATE 触发器。

(2) 修改前的数据可以从 deleted 表中获取。

(3) 修改后的数据可以从 inserted 表中获取。

关键代码如下。

```
CREATE TRIGGER trig_update_bank
 ON bank
  FOR UPDATE
   AS
   DECLARE @beforeMoney MONEY,@afterMoney MONEY
   SELECT @beforeMoney=currentMoney
   FROM deleted          //从 deleted 表中获取交易前的余额
   SELECT @afterMoney=currentMoney
   FROM inserted          //从 inserted 表中获取交易后的余额
      IF ABS(@afterMoney-@beforeMoney)>20000    //交易金额是否>2 万
        BEGIN
           print '交易金额:'+convert(varchar(8),
             ABS(@afterMoney-@beforeMoney))
           RAISERROR ('每笔交易不能超过 2 万元，交易失败',16,1)
             ROLLBACK TRANSACTION    //回滚事务，撤销交易
          END
GO
```

4. 在 transInfo 表上创建 UPDATE 触发器

交易日期一般由系统自动产生，默认为当前日期。触发器的功能是为了安全起见，禁止修改交易日期，以防舞弊。

```
CREATE TRIGGER trig_update_transInfo
 ON transInfo
  FOR UPDATE
   AS
     IF UPDATE(transDate)   //检查是否修改了交易日期列 transDate
       BEGIN
          print '交易失败……'
          RAISERROR ('安全警告：交易日期不能修改，由系统自动产生',16,1)
          ROLLBACK TRANSACTION    //回滚事务，撤销交易
       END
GO
```

习　题

1. 选择题

(1) 下列关于 SQL 语言中索引(Index)的叙述中，哪一条是不正确的？(　　)

    A．索引是外模式

    B．一个基本表上可以创建多个索引

    C．索引可以加快查询的执行速度

    D．系统在存取数据时会自动选择合适的索引作为存取路径

(2) 为了提高特定查询的速度，对 SC(S#, C#, DEGREE)关系创建唯一性索引，应该创建在哪一个(组)属性上？(　　)

    A．(S#, C#)   B．(S#, DEGREE)

    C．(C#, DEGREE)   D．DEGREE

(3) 设 S_AVG(SNO,AVG_GRADE)是一个基于关系 SC 定义的学号和他的平均成绩的视图。下面对该视图的操作语句中，(　　)是不能正确执行的。

Ⅰ．UPDATE S_AVG SET AVG_GRADE=90 WHERE SNO='2004010601'

Ⅱ．SELECT SNO, AVG_GRADE FROM S_AVG WHERE SNO='2004010601'

    A．仅Ⅰ   B．仅Ⅱ   C．都能   D．都不能

(4) 在视图上不能完成的操作是(　　)。

    A．更新视图   B．查询

    C．在视图上定义新的基本表   D．在视图上定义新视图

(5) 在 SQL 语言中，删除一个视图的命令是(　　)。

    A．DELETE   B．DROP   C．CLEAR   D．REMOVE

(6) 为了使索引键的值在基本表中唯一，在创建索引的语句中应使用保留字(　　)。

    A．UNIQUE   B．COUNT   C．DISTINCT   D．UNION

(7) 创建索引是为了(　　)。

    A．提高存取速度 B．减少 I/O   C．节约空间   D．减少缓冲区个数

(8) 在关系数据库中，视图(View)是三级模式结构中的(　　)。

    A．内模式   B．模式   C．存储模式   D．外模式

(9) 视图是一个"虚表"，视图的构造基于(　　)。

Ⅰ．基本表 Ⅱ．视图 Ⅲ．索引

    A．Ⅰ 或Ⅱ   B．Ⅰ 或Ⅲ   C．Ⅱ 或Ⅲ   D．Ⅰ、Ⅱ 或Ⅲ

(10) 已知关系：STUDENT(Sno，Sname，Grade)，以下关于命令"CREATE CLUSTER INDEX S index ON STUDENT(Grade)"的描述中，正确的是(　　)。

    A．按成绩降序创建了一个聚簇索引

    B．按成绩升序创建了一个聚簇索引

    C．按成绩降序创建了一个非聚簇索引

    D．按成绩升序创建了一个非聚簇索引

(11) 在关系数据库中，为了简化用户的查询操作，而又不增加数据的存储空间，则应该

创建的数据库对象是(   )。

    A．Table(表)   B．Index(索引)   C．Cursor(游标) D．View(视图)

(12) 下面关于关系数据库视图的描述，正确的是(   )。

    A．视图是关系数据库三级模式中的内模式

    B．视图能够对机密数据提供安全保护

    C．视图对重构数据库提供了一定程度的逻辑独立性

    D．对视图的一切操作最终要转换为对基本表的操作

(13) 触发器的类型有 3 种，下面哪一种是错误的触发器类型？(   )

    A．UPDATED B．DELETED   C．ALTERED   D．INSERTED

(14) 以下关于视图的描述，错误的是(   )。

    A．视图是从一个或几个基本表或视图导出的虚表

    B．视图并不实际存储数据，只在数据字典中保存其逻辑定义

    C．视图里面的任何数据不可以进行修改

    D．SQL 中的 SELECT 语句可以像对基表一样，对视图进行查询

(15) 如果需要加密视图的定义文本，可以使用下面哪个子句？(   )

    A．WITH CHECK OPTION   B．WITH SCHEMABINDING

    C．WITH NOCHECK   D．WITH ENCRYPTION

(16) 下列几种情况下，不适合创建索引的是(   )。

    A．列的取值范围很少   B．用作查询条件的列

    C．频繁搜索范围的列   D．连接中频繁使用的列

(17) CREATE UNIQUE NONCLUSTERED INDEX writer_index ON 作者信息(作者编号)语句创建了一个(   )索引。

    A．唯一聚集索引   B．聚集索引

    C．主键索引   D．唯一非聚集索引

(18) 如果希望查看索引的碎片信息，可以使用下列哪些方式？(   )

    A．sys.indexes 系统目录   B．UPDATE STATISTICS

    C．sys.dm_db_index_physical_stats 系统函数 D．CREATE INDEX 命令

(19) 临时存储过程总是在(   )数据库中创建的。

    A．model   B．master   C．msdb   D．tempdb

(20) 一个触发器能定义在多少个表中？(   )

    A．只有一个   B．一个或者多个   C．一个到 3 个   D．任意多个

(21) 下面选项中不属于存储过程的优点的是(   )。

    A．增强代码的重用性和共享性   B．可以加快运行速度，减少网络流量

    C．可以作为安全性机制   D．编辑简单

(22) 在一个表上可以有(   )不同类型的触发器。

    A．一种   B．两种   C．3 种   D．无限制

(23) 使用(   )语句删除触发器 trig_Test。

    A．DROP * FROM trig_Test   B．DROP trig_Test

    C．DROP TRIGGER WHERE NAME='trig_Test'   D．DROP TRIGGER trig_Test

2. 填空题

(1) 视图是从_____中导出的表，数据库中实际存放的是视图的_____，而不是_____。

(2) 当对视图进行 UPDATE、INSERT 和 DELETE 操作时，为了保证被操作的行满足视图定义中子查询语句的谓词条件，应在视图定义语句中使用可选择项_____。

(3) SQL 语言支持数据库 3 级模式结构。在 SQL 中，外模式对应于_____和部分基本表，模式对应于基本表全体，内模式对应于存储文件。

(4) 在 Microsoft SQL Server 2008 系统中，可以把视图分成 3 种类型，即_____、索引视图和_____。

(5) 查看视图的基本信息可以使用系统存储过程_____，查看视图 order_view 的定义文本信息，可以使用_____语句。

(6) 如果在视图中删除或修改一条记录，则相应的_____也随着视图更新。

(7) 在 Microsoft SQL Server 2008 系统中，有两种基本类型的索引：_____和_____。

(8) 创建唯一性索引时，应保证创建索引的列不包括重复的数据，并且没有两个或两个以上的空值。如果有这种数据，必须先将其_____，否则索引不能成功创建。

(9) 系统存储过程创建和保存在_____数据库中，以_____为名称的前缀在任何数据库中使用系统存储过程。

(10) 在无法得到定义该存储过程的脚本文件而又想知道存储过程的定义语句时，使用_____系统存储过程查看定义存储过程的 Transact-SQL 语句。

(11) SQL Server 2008 中触发器可分为 DML 触发器和_____。其中，DML 触发器又分为 AFTER 触发器、_____和 CLR 触发器。

(12) 每个表最多可同时拥有_____个聚集索引和_____个非聚集索引。

3. 简答题

(1) 简述索引的作用。
(2) 视图与表有何不同？
(3) 简述存储过程、触发器各有的特点，总结并讨论各适用于何处。
(4) 为什么要使用架构？
(5) 什么是游标？为什么要使用游标？
(6) 关闭游标与释放游标有什么不同？
(7) 简述视图的优缺点。
(8) 通过视图修改数据需要遵循哪些准则？
(9) 简述通过视图操作数据的限制条件。
(10) 利用索引检索数据有哪些优点？
(11) 聚集索引和非聚集索引有什么特点？主要区别是什么？
(12) 如何创建一个存储过程？
(13) 列举几个常用的系统存储过程和扩展存储过程。
(14) 简述 DDL 触发器与 DML 触发器有什么区别。
(15) 创建触发器应该注意哪些事项？
(16) 在什么情况下要使用事务？事务有哪些属性？

第 6 章　SQL Server 2008 数据库保护

  任务要求：

　　当在服务器上运行 SQL Server 时，数据库管理员总是要想方设法使用 SQL Server 免遭用户的侵入，拒绝其访问数据库，保证数据库的安全性。

  学习目标：

- 了解 SQL Server 2008 的安全性概况
- 掌握设置 SQL Server 2008 验证模式的方法
- 理解登录名和用户的创建
- 理解权限的概念、类型及常用操作
- 掌握服务器角色和数据库角色的管理
- 掌握备份设备的创建和管理
- 掌握创建备份数据及数据库的恢复

 学习情境：

　　训练学生掌握登录名及用户的创建方法；服务器角色和数据库角色的创建方法；数据库的备份与恢复等。

6.1 SQL Server 2008 安全机制

【课堂任务】

本节要理解 SQL Server 2008 的安全机制。

- SQL Server 2008 的验证模式
- SQL Server 2008 登录
- SQL Server 2008 权限操作

SQL Server 2008 除继承以前版本的可靠性、可用性、可编程性、易用性等方面的特点外，还在安全性方面做了很大改进。本节将全面介绍 SQL Server 2008 安全机制。

6.1.1 SQL Server 安全机制简介

在 SQL Server 2008 中，数据库中的所有对象都是位于架构内的。每一架构的所有者是角色，而不是独立的用户，它允许多用户管理数据库对象。用户仅须更改架构的所有权，而不用去更改每一个对象的所有权。

SQL Server 2008 的安全性机制可以分为 5 个等级：客户机安全机制、网络传输安全机制、实例级别安全机制、数据库级别安全机制、对象级别安全机制。

每个等级就好像一道门，如果门没有上锁，或者用户拥有开门的钥匙，则用户可以通过这道门进入下一个安全等级。如果用户通过了所有的门，用户就可以实现对数据库的访问。各个等级之间的关系如图 6.1 所示。

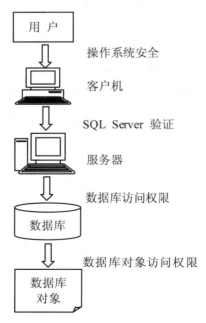

图 6.1 SQL Server 2008 的安全等级

1. 客户机安全机制

数据库管理系统必须运行在某一特定操作系统平台上,所以客户机操作系统的安全性直接影响到 SQL Server 2008 的安全性。

在使用客户机通过网络实现对 SQL Server 服务器的访问时,用户首先要获得客户机操作系统的使用权。通常情况下,在能够实现网络互连的前提下,用户没有必要向运行 SQL Server 2008 服务器的主机进行登录,除非 SQL Server 2008 服务器就运行在本地计算机上。SQL Server 2008 可以直接访问网络端口,所以可以实现对 Windows NT 安全体系以外的服务器及其数据库的访问。

2. 网络传输安全机制

SQL Server 2008 提供了两种对数据加密的方式:数据加密和备份加密。

1) 数据加密

在 SQL Server 2008 中,可以通过编写使用数据库引擎的加密功能的定制 Transact-SQL 来加密数据库中的数据。SQL Server 2008 在此基础上推出了透明数据加密。透明数据加密执行所有的数据库级别的加密操作,这消除了应用程序开发人员创建定制的代码来加密和解密数据的要求。数据在写到磁盘时进行加密,从磁盘读出的时候解密。通过使用 SQL Server 来透明地管理加密和解密,可以保护数据库的业务数据,而不必对现有的应用程序做任何修改。

2) 备份加密

SQL Server 2008 备份加密的方式可以防止数据泄漏和被篡改。另外,备份的恢复可以限于特定的用户。

3. 实例级别安全机制

SQL Server 2008 的服务器级安全性建立在控制服务器登录和密码的基础上。SQL Server 2008 采用了标准 SQL Server 登录和集成 Windows 登录两种方式。无论使用哪种登录方式,用户在登录时提供的登录账号和密码决定了用户能否获得 SQL Server 2008 的访问权限及在获得访问权限后,用户在访问 SQL Server 2008 进程时可以拥有的权利。

4. 数据库级别安全机制

用户通过 SQL Server 2008 服务器的安全性检查以后,将直接面对不同的数据库入口,这是用户将接受的第三次安全检验。

在建立用户的登录账号信息时,SQL Server 2008 会提示用户选择默认的数据库。以后用户每次连接上服务器后,都会自动转到默认的数据库上。对任何用户来说,如果在设置登录账号时没有指定默认数据库,则用户的权限将局限在 master 数据库以内。

默认情况下,数据库的拥有者可以访问该数据库的对象,可以分配访问权给别的用户,以便让别的用户也拥有针对该数据库的访问权利。在 SQL Server 2008 中并不是所有的权利都可以自由转让和分配的。

提示:由于 master 数据库存储了大量的系统信息,对系统的安全和稳定起着至关重要的作用,所以建议用户在建立新的登录账号时,最好不要将默认的数据库设置为 master 数据库。而应该根据用户将要进行的工作,将默认的数据库设置在具有实际操作意义的数据库上。

5. 对象级别安全机制

数据库对象的安全性是核查用户权限的最后一个安全等级。在创建数据库对象时，SQL Server 2008 将自动把该数据库对象的拥有权赋给该对象的所有者。对象的所有者可以实现该对象的完全控制。

数据对象访问的权限定义了用户对数据库中数据对象的引用、数据操作语句的许可权限。这部分工作通过定义对象和语句的许可权限来实现。

默认情况下，只有数据库的拥有者才可以在该数据库中进行操作。当一个非数据库拥有者想访问数据库中的对象时，必须事先由数据库拥有者赋予用户对指定对象执行特定操作的权限。

例如，一个用户 user 想访问 grademanager 数据库中的 student 表中的信息，则必须在成为该数据库合法用户的前提下，获得由数据库 grademanager 拥有者分配的 student 表的访问权限。

6.1.2　SQL Server 2008 验证模式

SQL Server 2008 提供了 Windows 身份验证和混合安全身份验证模式，每一种身份验证都有一个不同类型的登录账户。无论哪种模式，SQL Server 2008 都需要对用户的访问进行两个阶段的检验：验证阶段和许可确认阶段。

(1) 验证阶段。用户在 SQL Server 2008 上获得对任何数据库的访问权限之前，必须登录到 SQL Server 2008 上，并且被认为是合法的。SQL Server 或者 Windows 对用户进行验证。如果验证通过，用户就可以连接到 SQL Server 2008 上；否则，服务器将拒绝用户登录。

(2) 许可确认阶段。用户通过验证后登录到 SQL Server 2008 上，此时系统检查用户是否有访问服务器上数据的权限。

提示：如果在服务器级别配置的安全模式下，他们会应用到服务器上的所有数据库。但是，由于每个数据库服务器实例有独立的安全体系结构，这意味着不同的数据库服务器实例可以使用不同的安全模式。

1. Windows 身份验证

当数据库仅在内部访问时，使用 Windows 身份验证模式可以获得最佳工作效率。在使用 Windows 身份验证模式时，可以使用 Windows 域中的有效用户和组账户进行身份验证。这种模式下，域用户不需要独立的 SQL Server 用户账户和密码就可以访问数据库。

这对于普通用户来说是非常有益的，因为这意味着域用户不需记住多个密码。如果用户更新了自己的域密码，也不必更改 SQL Server 2008 的密码。但是，该模式下用户仍然要遵从 Windows 安全模式的所有规则，并可以用这种模式去锁定账户、审核登录和迫使用户周期性地更改登录密码。

当使用 Windows 身份验证时，SQL Server 2008 基于用户账户的名称或他们的组成员自动验证用户。如果已授予用户或用户的组访问数据库的权限，用户会自动被授予访问数据库的权限。

如图 6.2 所示，图中"MGT"代表当前的计算机名称；"MGT\owner"是指登录该计算机时使用的 Windows 账户名称，是 SQL Server 2008 默认的身份验证模式。

图 6.2　Windows 身份验证模式

当使用 Windows 身份验证连接时，Windows 将完全负责对客户端进行身份验证。在这种情况下，将按其 Windows 用户账号来识别客户端。当用户通过 Windows 用户账户进行连接时，SQL Server 使用 Windows 操作系统中的信息验证账户名和密码。

提示：用户平时在管理和维护数据库时，尽可能使用 Windows 身份验证连接 SQL Server 2008 服务器，以增强 SQL Server 安全。

2. 混合安全验证

使用混合安全的身份验证模式，可以同时使用 Windows 身份验证和 SQL Server 登录。SQL Server 登录主要用于外部的用户，例如那些可能从 Internet 访问数据库的用户。可以配置从 Internet 访问 SQL Server 2008 的应用程序以自动地使用指定的账户或提示用户输入有效的 SQL Server 用户账户和密码。

使用混合安全模式时，SQL Server 2008 首先确定用户的连接是否使用有效的 SQL Server 用户账户登录。如果用户有有效的登录和正确的密码，则接受用户的连接；如果用户有有效的登录，但是使用了不正确的密码，则用户服务的连接被拒绝。仅当用户没有有效的登录时，SQL Server 2008 才检查 Windows 账户的信息。在这样的情况下，SQL Server 2008 确定 Windows 账户是否有连接到服务器的权限。如果账户有权限，连接被接受；否则，连接被拒绝。

如图 6.3 所示为使用 SQL Server 身份验证的界面。在使用 SQL Server 身份验证模式时，用户必须提供登录名和密码，SQL Server 通过检查是否注册了该 SQL Server 登录账户或指定的密码是否与以前记录的密码相匹配来进行身份验证。如果 SQL Server 未设置登录账户，则身份验证将失败，而且用户会收到错误信息。

图 6.3　SQL Server 身份验证

提示：所有 SQL Server 2008 服务器都有内置的 sa 登录账户，也可能还会有 Network Service 和 System 登录(这依赖于服务器实例的配置)账户。此外，所有数据库也有内置的 SQL Server 用户账户，像 dbo 和 sys 等。

3. 配置身份验证模式

在第一次安装 SQL Server 2008 或者使用 SQL Server 2008 连接其他服务器的时候，需要指定验证模式。对于已指定验证模式的 SQL Server 2008 服务器，还可以对它进行修改。具体步骤如下。

(1) 打开 SSMS 窗口，选择一种身份验证模式，建立与服务器的连接。

(2) 在【对象资源管理器】窗格中右击服务器名称，在弹出的快捷菜单中选择【属性】命令，打开【服务器属性】对话框，如图 6.4 所示。

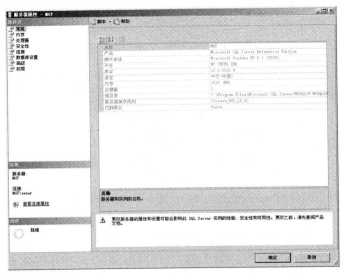

图 6.4　【服务器属性】对话框

在默认打开的【常规】选项卡中显示了 SQL Server 2008 服务器的常规信息，包括：SQL Server 2008 的版本、操作系统版本、运行平台、默认语言，以及内存和 CPU 等。

(3) 打开左侧的【选择页】列的【安全性】页面，如图 6.5 所示，在此选项页中可以设置身份验证模式。通过单选按钮来选择使用 SQL Server 2008 服务器身份验证模式。不管使用哪种模式，都可以通过审核来跟踪访问 SQL Server 2008 的用户，默认设置下仅审核失败的登录。

当启用审核后，用户的登录被记录于 Windows 应用程序日志、SQL Server 2008 错误日志两者之中，这取决于如何配置 SQL Server 2008 的日志。可用的审核选项如下。

① 无：禁止跟踪审核。

② 仅限失败的登录：默认设置，选择后仅审核失败的登录尝试。

③ 仅限成功的登录：仅审核成功的登录尝试。

④ 失败和成功的登录：审核所有成功和失败的登录尝试。

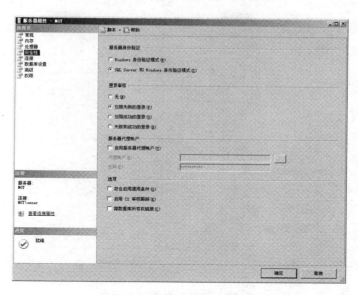

图 6.5　【安全性】页面

6.1.3　SQL Server 2008 登录

1. 创建 SQL Server 登录

SQL Server 2008 内置的登录名都具有特殊的含义和作用，因此不应该将它们分配给普通用户使用，而是创建一些适用于用户权限的登录名。

(1) 使用 SSMS 创建登录名，具体步骤如下。

① 打开 SSMS 窗口，展开【服务器】节点，然后展开【安全性】节点。

② 右击【登录名】节点，从弹出的菜单中选择【新建登录名】命令，将打开【登录名-新建】窗口，然后在【登录名】文本框中输入"xuser"。

③ 在下方选中【SQL Server 身份验证】单选按钮，并输入登录名密码及确认密码，这里注意密码区分大小写。

④ 在【默认数据库】下拉列表中设置使用 xuser 会进入 grademanager。再根据需要设置其他选项，或者使用默认值，如图 6.6 所示。

⑤ 单击【用户映射】选项，打开【用户映射】页面，启用 grademanager 数据库前的复选框，其他选项保持如图 6.7 所示。

⑥ 设置完成后，单击【确定】按钮，完成新登录名的创建。

⑦ 为了测试创建的登录名是否成功，下面用新的登录名 xuser 来登录。打开 SSMS，从【身份验证】下拉表中，选择【SQL Server 身份验证】选项，在【登录名】文本框中输入"xuser"，在【密码】文本框输入前面设置的密码，如图 6.8 所示。

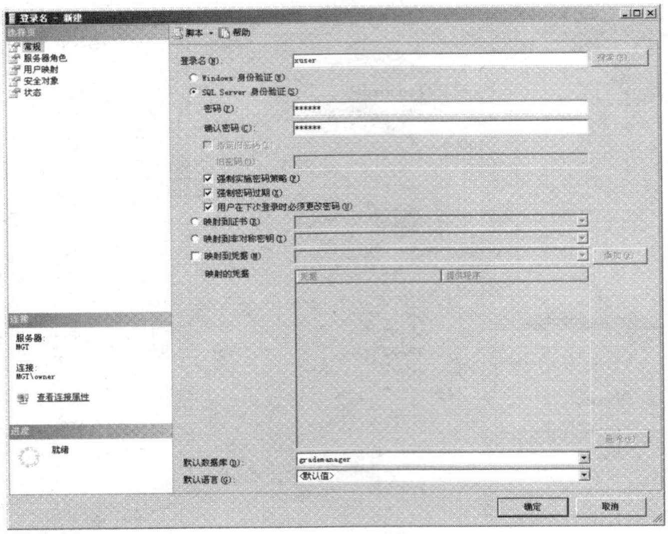

图 6.6 【登录名-新建】窗口

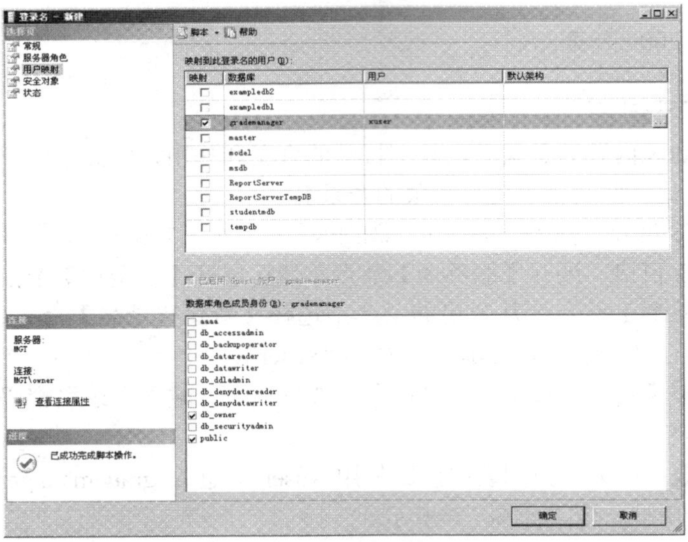

图 6.7 【用户映射】页面

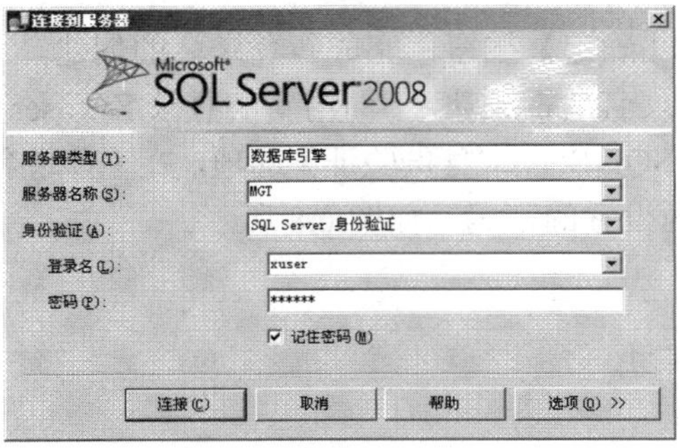

图 6.8 【连接到服务器】对话框

⑧ 单击【连接】按钮，将打开针对数据库 grademanager 的查询窗口。

如果用刚创建的登录名 xuser 连接到 SQL Server 2008，那么登录成功后，只能使用 grademanager 数据库，若使用其他数据库将弹出错误消息，如图 6.9 所示。

图 6.9　错误消息

(2) 使用 sp_addlogin 系统存储过程创建 SQL Server 登录名。

【例 6-1】创建一个 SQL Server 身份验证连接，用户名为 MGT_xuser，密码为 abc123ABC，默认数据库为 grademanager。

```
EXECUTE sp_addlogin 'MGT_xuser','abc123ABC','grademanager'
```

(3) 使用 sp_droplogin 系统存储过程可以删除由 sp_addlogin 添加的 SQL Server 登录名。

【例 6-2】　删除由 sp_addlogin 添加的 SQL Server 登录名"MGT_xuser"。

```
EXECUTE sp_droplogin 'MGT_xuser'
```

提示：展开【登录名】节点后，在列表中右击一个登录名可以进行很多日常操作，如重命名登录名、删除或者新建登录名及查看登录名的属性等。

2. 创建 Windows 登录

SQL Server 默认的身份验证类型为 Windows 身份验证，如果使用 Windows 身份验证登录 SQL Server，该登录账户必须存在于 Windows 系统的账户数据库中。创建 Windows 账户登录的第一步是在操作系统中创建用户账户。具体步骤如下。

(1) 打开【控制面板】|【管理工具】中的【计算机管理】窗口，展开【系统工具】|【本地用户和组】节点，如图 6.10 所示。

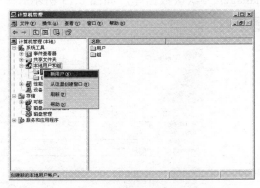

图 6.10　【计算机管理】窗口

(2) 右击【用户】节点，选择【新用户】命令，在弹出的【新用户】对话框中输入相应信息，设置【用户名】为"xuser"，【描述】为"学生管理系统管理员"，设置相应的密码并且启用【密码永不过期】复选框，如图 6.11 所示。

(3) 设置完成后，单击【创建】按钮完成新用户的创建。

图 6.11　【新用户】对话框

(4) 在创建了用户账户与组之后，就可以创建要映射到这些账户的 Windows 登录。打开 SSMS 窗口，并展开【服务器】节点，然后展开【安全性】|【登录名】节点。

(5) 右击【登录名】节点，从弹出的快捷菜单中选择【新建登录名】命令，打开【登录名 -新建】窗口。

(6) 单击【搜索】按钮，在弹出的【选择用户或组】对话框中单击【高级】按钮，在弹出的对话框中单击【立即查找】按钮。从用户列表对话框中把刚刚创建的用户 MGT\xuser 添加进来，如图 6.12 所示。

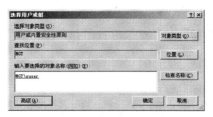

图 6.12　选择用户

(7) 单击【确定】按钮返回。在【登录名-新建】窗口中，选中【Windows 身份验证】单选按钮，并且选择 grademanager 为默认数据库，如图 6.13 所示。

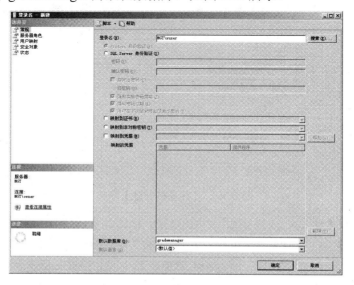

图 6.13　新建 Windows 登录

(8) 最后，单击【确定】按钮，完成创建 Windows 登录名。

提示：对于 grademanager 数据库，如果有 20 人或者更多人要访问这个数据库，那么就会有 20 个登录需要管理。但是如果给这 20 人创建一个 Windows 组，并将一个 SQL Server 登录映射到这个组上，就可以只管理一个 SQL Server 登录。

6.1.4 SQL Server 权限管理

SQL Server 2008 使用权限为访问权限设置的最后一道安全设施。在 SQL Server 2008 数据库里的每一个数据库对象都由一个该数据库的用户所拥有，拥有者以数据库赋予的 ID 作为标识。

1. 权限类型

权限确定了用户能在 SQL Server 2008 或数据库中执行的操作，并根据登录 ID、组成员关系和角色成员关系对用户授予相应权限。在用户执行更改数据库定义或访问数据库的任何操作之前，用户必须有适当的权限。在 SQL Server 2008 中可以使用的权限有：对象权限和语句权限。

1) 对象权限

在 SQL Server 2008 中，所有对象权限都是可授予的。可以为特定的对象、特定类型的所有对象和所有属于特定架构的对象管理权限。通过授予、拒绝或撤销执行特殊语句或存储过程的操作来控制对这些对象的访问。例如，可以授予用户在表中选择(SELECT)信息的权限，但是拒绝在表中插入(INSERT)、更新(UPDATE)或删除(DELETE)信息的权限。

2) 语句权限

语句权限是用于控制创建数据库或数据库中的对象所涉及的权限。例如，如果用户需要在数据库中创建表，则应该向该用户授予 CREATE TABLE 语句权限。只有 sysadmin、db_owner 和 db_securityadmin 角色成员才能够授予用户语句权限。

表 6-1 中列出了 SQL Server 2008 中可以授予、拒绝或撤销的语句权限。

表 6-1　权限语句

CREATE DATABASE	确定登录是否能创建数据库，要求用户必须在此 master 数据库中或必须是 sysadmin 服务器角色的成员
CREATE DEFAULT	确定用户是否具有创建表的列默认值的权限
CREATE FUNCTION	确定用户是否具有在数据库中创建用户自定义函数的权限
CREATE PROCEDURE	确定用户是否具有创建存储过程的权限
CREATE RULE	确定用户是否具有创建表的列规则的权限
CREATE TABLE	确定用户是否具有创建表的权限
CREATE VIEW	确定用户是否具有创建视图的权限
BACKUP DATABASE	确定用户是否具有备份数据库的权限
BACKUP LOG	确定用户是否具有备份事务日志的权限

提示：在默认的情况下，正常的登录不授予语句权限，必须指定将此权限仅授予非管理员的登录。

2. 操作权限

在 SQL Server 2008 中，用户和角色的权限以记录的形式存储在各个数据库的 sysprotects 系统表中。权限分为 3 种状态：授予、拒绝、撤销。

1) 授予权限——GRANT

为了允许用户执行某些活动或者操作数据，需要授予相应的权限，使用 GRANT 语句进行授权活动。授予命令权限语句的语法格式如下。

```
GRANT {ALL|statement[,…n]}
TO security_account[,…n]
```

各参数的含义如下。

(1) ALL：表示授予所有可以应用的权限。其中在授予命令权限时，只有固定的服务器角色成员 sysadmin 可以使用 ALL 关键字；而在授予对象权限时，固定服务器角色成员 sysadmin、固定数据库角色成员 db_owner 和数据库对象拥有者都可以使用关键字 ALL。

(2) statement：表示可以授予权限的命令，例如，CREATE DATABASE。

(3) security_account：定义被授予权限的用户单位。security_account 可以是 SQL Server 的数据库用户、SQL Server 的角色、Windows 的用户或工作组。

【例 6-3】 使用 GRANT 语句授予角色 xuser_Role 对 grademanager 数据库中的 student 表的 INSERT、UPDATE 和 DELETE 权限。

```
USE grademanager
GO
GRANT INSERT,UPDATE,DELETE
ON student
TO xuser_Role
GO
```

提示：权限只能授予本数据库的用户，如果将权限授予了 public 角色，则数据库里的所有用户都将默认为获得了该项的权限。

2) 撤销权限——REVOKE

通过撤销某种权限可以停止以前授予或拒绝的权限。使用 REVOKE 语句撤销以前的授予或拒绝的权限。撤销类似于拒绝，但是撤销权限是删除已授予的权限，并不是妨碍用户、组或角色从更高级别集成已授予的权限。撤销对象权限的基本语法如下。

```
REVOKE {ALL|statement[,…n]}
FROM security_account[,...n]
```

撤销权限的语法基本与授予权限的语法相同。

【例 6-4】 在 grademanager 数据库中使用 REVOKE 语句撤销 xuser_Role 角色对 student 所拥有的 INSERT、UPDATE 和 DELETE 权限。

```
USE grademanager
GO
REVOKE INSERT,UPDATE,DELETE
ON OBJECT::student
FROM xuser_Role CASCADE
```

3) 拒绝权限——DENY

在授予了用户对象权限后，数据库管理员可以根据实际情况在不撤销用户访问权限的情况下，拒绝用户访问数据库对象。拒绝对象权限的基本语法如下。

```
DENY {ALL|statement[,…n]}
FROM security_account[,...n]
```

拒绝访问的语法要素与授予权限和撤销权限的语法要素意义完全一致。

【例 6-5】 把在 grademanager 的 student 表中执行 INSERT 操作的权限授予 public 角色，并拒绝用户 guest 拥有该项权限。

```
USE grademanager
GO
GRANT INSERT
ON student
TO public
GO
DENY INSERT
ON student
TO guest
```

提示：如果使用了 DENY 命令拒绝某用户获得某项权限，即使该用户后来加入了具有该项权限的某工作组或角色，该用户将仍然无法使用该项权限。

6.2　用户和角色管理

【课堂任务】

本节要理解 SQL Server 2008 数据库用户和角色的管理。

- SQL Server 2008 的数据库用户的管理
- SQL Server 2008 数据库角色的管理
- SQL Server 2008 服务器角色的管理

6.2.1　数据库用户

数据库用户是数据库级的主体，是登录名在数据库中的映射，是在数据库中执行操作和活动的行动者。在 SQL Server 2008 系统中，数据库用户不能直接拥有表、视图等数据库对象，而是通过架构拥有这些对象的。

1. 数据库用户

使用数据库用户账户限制访问数据库的范围，默认的数据库用户有：dbo、guest 和 sys 等。

1) dbo 用户

数据库所有者或 dbo 是一个特殊类型的数据库用户，并且被授予特殊的权限。一般来说，创建数据库的用户是数据库的所有者。dbo 被隐式授予对数据库的所有权限，并且能将这些权限授予其他用户。因为 sysadmin 服务器角色的成员被自动映射为特殊用户 dbo，以 sysadmin 角色登录能执行 dbo 能执行的任何任务。

在 SQL Server 数据库中创建的对象也有所有者，这些所有者是指数据库对象所有者。通过 sysadmin 服务器角色成员创建的对象自动属于 dbo 用户。通过非 sysadmin 服务器角色成员创建的对象属于创建对象的用户，当其他用户引用它们的时候必以用户的名称来限定。

2) guest 用户

guest 用户是一个加入到数据库并且允许登录任何数据库的特殊用户。以 guest 账户访问数据库的用户账户被认为是 guest 用户的身份并且继承着 guest 账户的所有权限和许可。

默认情况下，guest 用户存在于 model 数据库中，并且被授予 guest 的权限。由于 model 是创建所有数据库的模板，这意味着新的数据库将包括 guest 账户，并且该账户将授予 guest 权限。

提示：除 master 和 tempdb 数据库外的所有数据库都能添加/删除 guest。因为，有许多用户以 guest 访问 master 和 tempdb 数据库，而且 guest 账户在 master 和 tempdb 数据库中有被限制的许可和权限。

在使用 guest 账户之前，应该注意以下几点关于 guest 账户的信息。

(1) guest 用户是公共服务器角色的一个成员，并且继承这个角色的权限。

(2) 在任何人以 guest 访问数据库以前，guest 必须存在于数据库中。

(3) guest 用户仅用于用户账户具有访问 SQL Server 的权限，但是不能通过这个用户账户访问数据库。

2. 创建数据库用户

创建数据库用户可分为两步，首先，创建数据库用户使用的 SQL Server 2008 登录名，如果使用内置的登录名则可省略这一步。然后，再为数据库创建用户，指定到创建的登录名。

1) 使用 SSMS 来创建数据库用户账户

使用 SSMS 来创建数据库用户账户，并给用户授予访问数据库 grademanager 的权限。具体步骤如下。

(1) 打开 SSMS 窗口，展开【服务器】|【数据库】|grademanager 节点。

(2) 再展开【安全性】|【用户】节点并右击，从弹出的快捷菜单中选择【新建用户】命令，打开【数据库用户-新建】窗口。

(3) 在【用户名】文本框中输入"xuser_dbu"来指定要创建的数据库用户名称。

(4) 单击【登录名】文本框旁边的【选项】按钮，打开【选择登录名】窗口，然后单击【浏览】按钮，打开【查找对象】窗口。

(5) 启用 xuser 旁边的复选框，单击【确定】按钮，返回【选择登录名】窗口，然后再单击【确定】按钮，返回【数据库用户-新建】窗口。

(6) 用同样的方式，选择【默认架构】为"dbo"，结果如图 6.14 所示。

(7) 单击【确定】按钮，完成"xuser"登录名指定数据库中用户"xuser_dbu"的创建。

(8) 为了验证是否创建成功，可以刷新【用户】节点，此时【用户】节点列表中就可看到刚才创建的"xuser_dbu"用户账户。

提示：展开【安全性】|【用户】节点后，右击一个用户名可以进行很多日常操作，例如，删除用户、查看该用户的属性及新建一个用户等。

2) 使用系统存储过程 sp_grantdbaccess 添加数据库用户账户

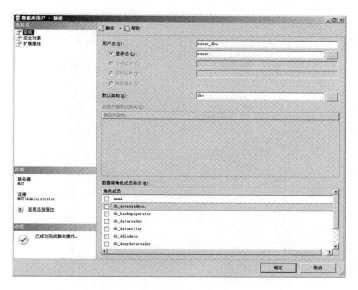

图 6.14　【数据库用户-新建】窗口

使用系统存储过程 sp_grantdbaccess 添加数据库用户账户，语法格式如下。

```
sp_grantdbaccess [@loginname=]'login'
[,[@name_in_db=]'name_in_db']
```

(1) @loginname：映射到新数据库用户的 Windows 组、Windows 登录名或 SQL Server 登录名的名称。

(2) @name_in_db：新数据库用户的名称。name_in_db 是 OUTPUT 变量，其数据类型为 sysname，默认值为 NULL。如果不指定，则使用 login。如果指定值为 NULL 的 OUTPUT 的变量，则@name_in_db 将设置为 login。name_in_db 不存在于当前数据库中。

【例 6-6】　使用 sp_addlogin 系统存储过程创建一个到"grademanager"数据库的登录名 xuser_exam，并使用 sp_grantdbaccess 系统存储过程将该登录名作为数据库用户进行添加。

```
EXEC sp_addlogin 'xuser_exam','123456','grademanager'
GO
USE grademanager
GO
EXEC sp_grantdbaccess xuser_exam
```

6.2.2　管理角色

角色是 SQL Server 2008 用来集中管理数据库或者服务器权限的方式。数据库管理员将操作数据库的权限赋予角色，然后数据库管理员再将角色赋予数据库用户或者登录账户，从而使数据库用户或者登录账户拥有了相应的权限。

1. 服务器角色

服务器级角色也称为固定服务器角色，因为不能创建新的服务器级角色。服务器级角色的权限作用域为服务器范围，可以向服务器级角色中添加 SQL Server 登录名、Windows 账户和 Windows 组。固定服务器角色的每个成员都可以向其所属角色添加其他登录名。

使用系统存储过程 sp_helpsrvrole 可以查看预定义服务器角色的内容，如图 6.15 的示。

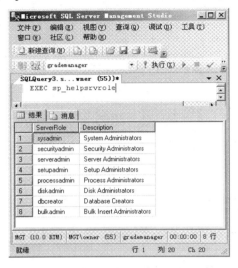

图 6.15　预定义服务器角色

注意： 可以通过 SSMS 来浏览服务器角色。从【对象资源管理器】窗格中展开【安全性】|【服务器角色】节点。

下面按照从低级别的角色到高级别的角色顺序，对图 6.15 中所示的角色进行描述。

1）bulkadmin

这个服务器角色的成员可以运行 BULK INSERT 语句。这条语句允许从文本文件中将数据导入到 SQL Server 2008 数据库中，为需要执行大容量插入到数据库的域账户而设计。

2）dbcreator

这个服务器角色的成员可以创建、更改、删除和还原任何数据库。这不仅是适合助理 DBA 的角色，也是适合开发人员的角色。

3）diskadmin

这个服务器角色用于管理磁盘文件，比如镜像数据库和添加备份设备。它适合助理 DBA。

4）processadmin

SQL Server 2008 能够多任务化，也就是说可以通过执行多个进程做多个事件。例如，SQL Server 2008 可以生成一个进程用于向高速缓存写数据，同时生成另一个进程用于从高速缓存中读取数据。这个角色的成员可以删除进程。

5）securityadmin

这个服务器角色的成员将管理登录名及其属性。它们可以授权、拒绝和撤销服务器级权限，也可以授权、拒绝和撤销数据库级权限。另外，它们可以重置 SQL Server 2008 登录名的密码。

6）serveradmin

这个服务器角色的成员可以更改服务器范围的配置选项和关闭服务器。例如 SQL Server 2008 可以使用多大内存或监视通过网络发送多少信息，或者关闭服务器，这个角色可以减轻管理员的一些管理负担。

7) setupadmin

为需要管理链接服务器和控制启动的存储过程的用户而设计。 这个角色的成员能添加到 setupadmin，能增加、删除和配置链接服务器，并能控制启动过程。

8) sysadmin

这个服务器角色的成员有权在 SQL Server 2008 中执行任何任务。不熟悉 SQL Server 2008 的用户可能会意外地造成严重问题，所以给这个角色指派用户时应该特别小心。通常情况下，这个角色仅适合数据库管理员(DBA)。

表 6-2 中列出了这些预定义角色能够执行的权限。

表 6-2 权限列表

服务器角色	权限
bulkadmin	ADMINISTER BULK OPERATIONS
dbcreator	CREATE DATABASE
diskadmin	ALTER RESOURCES
processadmin	ALTER SERVER STATE,ALTER ANY CONNECTION
securityadmin	ALTER ANY LOGIN
serveradmin	ALTER SETTING,SHUTDOWN,CREATE ENDPOINT,ALTER SERVER
setupadmin	ALTER ANY LINKED SERVER
sysadmin	CONTROL SERVER

2. 固定数据库角色

SQL Server 2008 提供了固定的数据库角色，这些角色是内置的且不能被更改的权限。使用固定角色指派数据库管理权限，可以指派单一地登录到多个角色，最常用的预定义数据库角色如下。

(1) db_owner：在数据库中拥有全部权限。

(2) db_accessadmin：可以添加或删除用户账号，来指定谁可以访问数据库。

(3) db_securityadmin：可以管理全部权限、对象所有权、角色和角色成员资格。

(4) db_ddladmin：可以发出 ALL DDL，但不能发出 GRANT(授权)、REVOKE 或 DENY 语句。

(5) db_backupoperator：可以备份该数据库。

(6) db_datareader：可以选择数据库中任何用户表中的所有数据。

(7) db_datawriter：可以更改数据库中任何用户表中的所有数据。

(8) db_denydatareader：不能选择数据库中任何用户表中的任何数据，但可以执行架构修改。

(9) db_denydatawriter：不能更改数据库中任何用户表中的任何数据。

(10) public：在 SQL Server 2008 中，每个数据库用户都属于 public 数据库角色。当尚未对某个用户授予或拒绝安全对象的特定权限时,则该用户将继承授予该安全对象的 public 角色的权限。这个数据库角色不能删除。

6.2.3 管理服务器角色

1. 使用 SSMS 将登录指派到角色

1）使用 SSMS 将登录指派到角色

为前面创建的登录名指派或者更改服务器角色，步骤如下。

(1) 打开 SSMS 窗口，选择一身份验证模式，建立与 SQL Server 2008 服务器的连接。

(2) 在【对象资源管理器】窗格中展开【服务器】|【安全性】|【登录名】节点。

(3) 从展开的列表中右击登录名"xuser"，选择【属性】命令弹出【登录属性-xuser】窗口。

(4) 在窗口中从左侧单击打开【服务器角色】窗口，如图 6.16 所示。

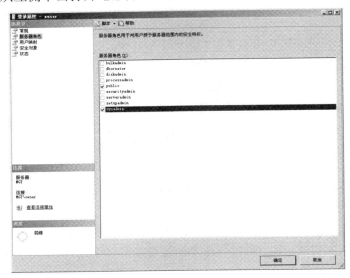

图 6.16　【服务器角色】窗口

  (5) 在图中右侧【服务器角色】列表中，通过启用复选框来授予 xuser 不同的服务器角色，例如 sysadmin。

  (6) 设置完成后，单击【确定】按钮返回。

2）使用系统存储过程 sp_addsrvrolemember 增加登录到服务器角色

使用系统存储过程 sp_addsrvrolemember 增加登录到服务器角色，语法格式如下。

```
SP_addsrvrolemember [@loginame=] 'login',[@rolename=] 'role'
```

【例 6-7】　将 Windows 登录名"xuser"添加到 sysadmin 服务器角色中。

```
EXEC sp_addsrvrolemember 'xuser','sysadmin'
```

3）使用系统存储过程 sp_dropsrvrolemember 删除登录到服务器角色

使用系统存储过程 sp_dropsrvrolemember 删除登录到服务器角色，语法格式如下。

```
sp_dropsrvrolemember [@loginame=] 'login',[@rolename=] 'role'
```

【例 6-8】　从 sysadmin 服务器角色中删除登录 xuser。

```
EXEC sp_dropsrvrolemember 'xuser','sysadmin'
```

2. 指派角色到多个登录

当多个登录名需要同时具有相同的 SQL Server 2008 操作(管理)权限时，可以将它们同时指定到一个角色。例如，学生管理新增了 2 名管理员，他们都具有管理员角色(职位)，可以执行管理员角色具有的任何操作(查看数据表、修改学生管理信息、制作数据库备份等)。

要指派角色到多个登录，最简单、方便、快捷的方式是使用【服务器角色属性】窗口，具体操作如下。

(1) 打开 SSMS 窗口，登录到 SQL Server 2008 服务器。

(2) 从【对象资源管理器】窗格中展开【服务器】|【安全性】|【服务器角色】节点。

(3) 在【服务器角色】列表中右击要配置的角色，选择【属性】命令，打开【服务器角色属性】窗口，如图 6.17 所示。

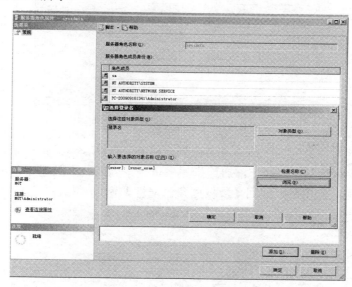

图 6.17　【服务器角色属性】窗口

(4) 单击【添加】按钮，然后使用【选择登录名】对话框来选择要添加的登录名。可以输入部分名称，再单击【检查名称】按钮来自动补齐。单击【浏览】按钮可以在弹出的窗口中搜索名称。

(5) 要删除登录名，可以在【角色成员】列表中选择该名称再单击【删除】按钮。

(6) 完成服务器角色的配置后，单击【确定】按钮返回。

6.2.4　管理数据库角色

数据库角色是具有相同访问权限的数据库用户账号或组的集合。数据库角色应用于单个数据库。通过数据库用户和角色来控制数据库的访问和管理。在 SQL Server 中，数据库角色可以分为两种。

(1) 标准角色。由数据库成员所组成的组，此成员可以是用户或其他的数据库角色。

(2) 应用程序角色。用来控制应用程序存取数据库中的数据，本身并不包含任何成员。

1. 将登录指派到角色

将登录名添加到数据库角色中来限定该登录对数据库拥有的权限，步骤如下。

(1) 打开 SSMS 窗口，在【对象资源管理器】窗格中，展开【数据库】|grademanager 节点。

(2) 展开【安全性】节点下的【数据库角色】节点，右击 db_denydatawriter 节点，选择【属性】命令，打开【数据库角色属性】窗口。

(3) 单击【添加】按钮，打开【选择用户数据库或角色】窗口，然后单击【浏览】按钮打开【查找对象】对话框，如图 6.18 所示。

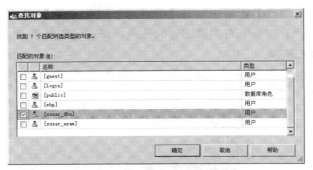

图 6.18　【查找对象】对话框

(4) 在【匹配的对象】列表中启用【名称】列前的复选框，然后单击【确定】按钮，返回【选择用户数据库或角色】窗口。全部启用指派多个登录到同一个数据库角色。

(5) 再单击【确定】按钮，返回【数据库角色属性】窗口，如图 6.19 所示。

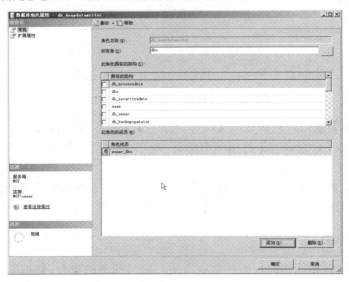

图 6.19　【数据库角色属性】窗口

(6) 添加完成后，单击【确定】按钮关闭【数据库角色属性】窗口。

(7) 使用【SQL Server 身份验证】方式建立连接，在【用户名】文本框中输入前面指定的数据库用户"xuser"，在【密码】文本框中输入前面设定的密码，单击【连接】按钮打开一个新的查询窗口。

(8) 单击【新建查询】按钮，打开一个新的 SQL Server 查询窗口，在查询窗口输入以下测试角色修改是否生效的语句。

```
USE grademanager
INSERT INTO student(sno,sname,ssex)
VALUES('2007020212','江南','男')
```

(9) 执行上述语句会返回错误结果，如图 6.20 所示。xuser 是 db_denydatawriter 角色成员，不能向数据库中添加新的数据。

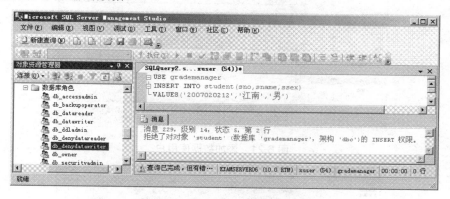

图 6.20　执行结果

2. 标准数据库角色

由于固定的数据库角色不能更改权限，因此，有时可能不能满足需要。这时，可以对为特定数据库创建的角色来设置权限。

例如，假设有一个数据库有 3 种不同类型的用户：需要查看数据的普通用户、需要能够修改数据的管理员和需要能修改数据库对象的开发员。在这种情况下，可以创建 3 个角色以处理这些用户类型；然后仅管理这些角色，而不用管理许多不同的用户账户。

在创建数据库角色时，先给该角色指派权限，然后将用户指派给该角色；这样用户将继承给这个角色指派的任何权限。这不同于固定数据库角色，因为在固定角色中不需要指派权限，只需要添加用户。创建自定义数据库角色的步骤如下。

(1) 打开 SSMS 窗口，在【对象资源管理器】窗格中，展开【数据库】|grademanager 节点。

(2) 展开【安全性】|【角色】节点，右击【数据库角色】节点，选择【新建数据库角色】命令，打开【数据库角色】窗口。在【角色名称】文本框输入"school_role"，设置【所有者】为"dbo"。

(3) 单击【添加】按钮，将数据库用户 guest、public 和 xuer_dbu 添加到【此角色成员】列表中，如图 6.21 所示。

(4) 打开【安全对象】选项页，通过单击【搜索】按钮，添加 student 表为【安全对象】，启用【选择】后面【授予】列的复选框，如图 6.22 所示。

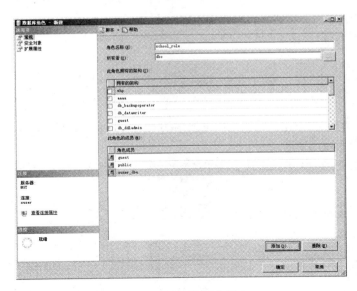

图 6.21　添加数据库用户

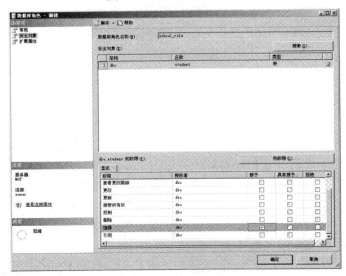

图 6.22　添加 student 表为【安全对象】

(5) 单击【确定】按钮，创建这个数据库角色，并返回 SSMS 窗口。

(6) 关闭 SSMS 窗口，然后再次打开，使用 xuser 登录连接 SQL Server 2008 服务器。

(7) 新建一个【查询】窗口，输入下列测试语句。

```
USE grademanager
GO
SELECT * FROM student
```

(8) 这条语句将会成功执行，因为 xuser 是新建的 school_role 角色的成员，而该角色具有执行 SELECT 的权限。

(9) 执行下列语句将会失败，因为 xuser 作为角色 school_role 的成员只能对 student 表进行 SELECT 操作。

```
USE grademanager
GO
INSERT INTO student(sno,sname,ssex)
VALUES('2007010255','张小朋','男')
```

3. 应用程序角色

应用程序角色是一个数据库主体,它使应用程序能够用其自身的、类似用户的特权来运行。使用应用程序角色,可以只允许通过特定应用程序连接的用户访问特定数据。与数据库角色不同的是,应用程序角色默认情况下不包含任何成员,而且是非活动的。应用程序角色使用两种身份验证模式,如果不启动应用程序角色,就不能够访问任何应用程序角色所专有的数据。可以使用 sp_setapprole 来激活,并且需要密码。因为应用程序角色是数据库级别的主体,所以它们只能通过其他数据库中授予 guest 用户账户的权限来访问这些数据库。因此,任何已禁用 guest 用户账户将无法访问对其他数据库中的应用程序角色。

提示:应用程序角色与标准角色有以下区别。

① 应用程序角色不包含成员。
② 默认情况下,应用程序角色是非活动的,需要用密码激活。
③ 应用程序角色不使用标准权限。

一旦激活了应用程序角色,SQL Server 2008 就不再将用户作为他们本身来看待,而是将用户作为应用程序来看待,并给他们指派应用程序角色权限。创建并测试一个应用程序角色,具体步骤如下。

(1) 打开 SSMS 窗口,在【对象资源管理器】窗格中,展开【数据库】|grademanager 节点。

(2) 展开【安全性】|【角色】节点,右击【应用程序角色】节点,选择【新建应用程序角色】命令,打开【应用程序角色-新建】窗口。在【角色名称】文本框输入"approle_xuser",设置【默认架构】为"dbo",设置密码为"abc",如图 6.23 所示。

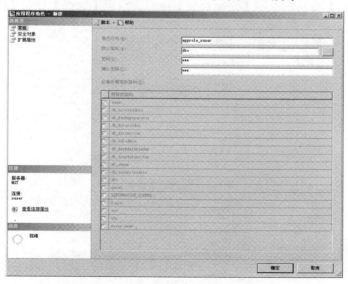

图6.23　【应用程序角色-新建】窗口

(3) 打开【安全对象】选项页,单击【搜索】按钮,从打开的【添加对象】对话框中选中

【特定对象】单选按钮，如图 6.24 所示。

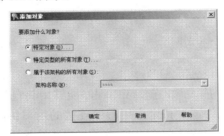

图 6.24 【添加对象】对话框

(4) 单击【确定】按钮，弹出【选择对象】对话框，单击【对象类型】按钮，选择【表】选项，单击【确定】按钮返回。

(5) 再单击【浏览】按钮，从打开的【查找对象】对话框中，启用 student 表旁边的复选框，单击【确定】按钮返回，如图 6.25 所示。

图 6.25 【选择对象】对话框

(6) 单击【确定】按钮，返回【安全对象】窗口，启用【选择】后面【授予】列的复选框，如图 6.26 所示。

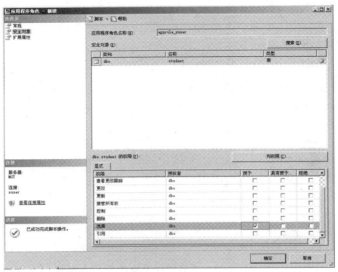

图 6.26 【安全对象】窗口

(7) 单击【确定】按钮，完成应用程序角色的创建。

(8) 单击【新建查询】按钮，打开一个新的 SQL Server 查询窗口，并使用【使用 SQL Server 身份验证】方式以 "xuser" 登录。

(9) 在查询窗口，执行如下所示语句。

```
USE grademanager
GO
SELECT * FROM student
```

执行结果如图 6.27 所示。

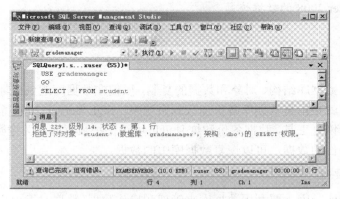

图 6.27　执行结果

(10) 现在来激活应用程序角色，具体语句如下所示。

```
SP_SETAPPROLE @ROLENAME='AppRole_xuser',@PASSWORD='abc'
```

(11) 重新执行第(9)步中的语句，可以看到这次查询是成功的，如图 6.28 所示。

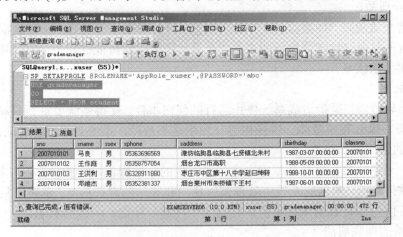

图 6.28　成功执行结果

在激活了应用程序角色后，SQL Server 2008 将用户看成角色 "AppRole_xuser"，而这个角色拥有 student 表的 SELECT 权限。所以在执行 SELECT 语句时可以看到正确的执行结果。

6.3　SQL Server 的数据备份和恢复

【课堂任务】

本节要掌握 SQL Server 2008 的数据备份与恢复。

- SQL Server 2008 备份设备的创建与管理
- SQL Server 2008 的数据备份
- SQL Server 2008 的数据恢复

6.3.1　备份概述

备份就是制作数据库结构、对象和数据的复制，以便在数据库遭到破坏的时候能够恢复数据库。数据库恢复就是指将数据库备份加载到系统中。SQL Server 2008 系统提供了一套功能强大的数据备份和恢复工具，数据备份和恢复可以用于保护数据库的关键数据。在系统发生错误的时候，利用备份的数据，可以恢复数据库中的数据。

1.　备份的重要性

用户使用数据库是因为要利用数据库来管理和操作数据，数据对于用户来说是非常宝贵的资产。数据存放在计算机上，但是即使是最可靠的硬件和软件也会出现系统故障或产生故障。所以，应该在意外发生之前做好充分的准备工作，以便在意外发生之后有相应的措施能快速地恢复数据库，并使丢失的数据量减少到最小。可能造成数据损失的因素有很多种，大致可分为以下几类。

1) 存储介质故障

即外存储介质故障。如磁盘损坏、磁头碰撞、瞬时强磁场干扰等。这类故障使数据库受到破坏，并影响正在存取这部分数据的事务。介质故障发生的可能性较小，但破坏性很强，有时会造成数据库无法恢复。

2) 系统故障

通常称为软故障，是指造成系统停止运行的任何事件，使得系统要重新启动。例如突然停电、CPU 故障、操作系统故障、误操作等。发生这类故障，系统必须重新启动。

3) 用户的错误操作

如果用户无意或恶意地在数据库上进行了大量的非法操作，如删除了某些重要数据、甚至删除了整个数据库等，数据库系统将处理难以使用和管理的混乱局面。重新恢复条理性的最好办法是使用备份信息将数据系统重新恢复到一个可靠、稳定、一致的状态。

4) 服务器的彻底崩溃

再好的计算机，再稳定的软件也有漏洞存在，如果某一天数据库服务器彻底瘫痪，用户面对的将是重建系统的艰巨局面。如果事先进行过完善而彻底的备份操作，用户就可以迅速地完成系统的重建工作，并将数据灾难造成的损失减少到最小。

5) 自然灾害

不管硬件性能有多么地出色，如果遇到台风、水灾、火灾、地震，一切将无济于事。

6) 计算机病毒

这是人为故障，轻则使部分数据不正确，重则使整个数据库遭到破坏。

还有许多想象不到的原因时刻都在威胁着人们的电脑，随时可能使系统崩溃而无法正常工作。或许在不经意间，用户的数据以及长时间积累的资料就会化为乌有。唯一的恢复方法就是拥有一个有效的备份。

提示：备份是一种十分耗费时间和资源的操作，不能频繁操作。应该根据数据库使用情况确定一个适当的备份周期。

2.　备份和恢复体系结构

SQL Sever 2008 提供了高性能的备份和恢复功能，用户可以根据需求设计自己的备份策略，以保护 SQL Server 2008 数据库中的关键数据。

SQL Server 2008 提供如下 4 种数据库备份类型。

1) 完整备份

完整备份是指备份整个数据库。它备份数据库文件、文件的地址以及事务日志。这是任何备份策略中都要求完成的第一种备份类型，因为其他所有备份类型都依赖于完整备份。换句话说，如果没有执行完整备份，就无法执行差异备份和事务日志备份。

2) 差异备份

差异备份是指将从最近一次完整数据库备份以后发生改变的数据进行备份。如果在完整备份后将某个文件添加至数据库，则差异备份会包括该新文件。这样可以方便地备份数据库，而无需了解各个文件。例如，如果在星期一执行了完整备份，并在星期二执行了差异备份，那么该差异备份将记录自星期一的完整备份以来已发生的所有修改。而星期三的差异备份将记录自星期一的完整备份以来已发生的所有修改。差异备份每做一次就会变得更大一些，但仍然比完整备份小，因此差异备份比完整备份快。

3) 事务日志备份

事务日志备份(也称为"日志备份")中包括在前一个日志备份中没有备份的所有日志记录。只有在完整恢复模式和大容量日志恢复模式下才会有事务日志备份。所以，通常情况下，事务日志备份经常与完整备份和差异备份结合使用。比如，每周进行一次完整备份，每天进行一次差异备份，每小时进行一次日志备份。这样，最多会丢失一个小时的数据。

4) 文件和文件组备份

当一个数据库很大时，对整个数据库进行备份可能会花很多的时间，这时可以采用文件和文件组备份，即对数据库中的部分文件或文件组进行备份。

使用文件和文件组备份使用户可以仅还原已损坏的文件，而不必还原原数据库的其余部分，从而提高恢复速度。例如，如果数据库由位于不同磁盘上的若干个文件组成，在其中一个磁盘发生故障时，只需还原故障磁盘上的文件。

提示：为了使恢复的文件与数据库的其余部分保持一致，执行文件和文件组备份之后，必须执行事务日志备份。

3.　备份设备

备份存入在物理备份介质上，备份介质可以是磁带驱动器或者硬盘驱动器(位于本地或网络上)。SQL Server 2008 并不知道连接到服务器的各种介质形式，因此必须通知 SQL Server

2008 将备份存储在哪里。备份设备就是用来存储数据库、事务日志或文件和文件组备份的存储介质。

常见的备份设备可以分为 3 种类型：磁盘备份设备、磁带备份设备和逻辑备份设备。

1) 磁盘备份设备

磁盘备份设备就是存储在硬盘或者其他磁盘媒体上的文件，与常规操作系统文件一样。引用磁盘备份设备与引用任何其他操作系统文件一样。可以在服务器的本地磁盘上或者共享网络资源的远程磁盘上定义磁盘备份设备，磁盘备份设备根据需要可大可小。最大的文件大小相当于磁盘上可用的闲置空间。如果磁盘备份设备定义在网络的远程设备上，则应该使用统一命令方式(UNC)来引用文件，以\\Servername\Sharename\path\File 格式指定文件的位置。在网络上备份数据可能受到网络错误的影响。因此，在完成备份后应该验证备份操作的有效性。

警告：建议不要将数据库事务日志备份到数据库所在的同一物理磁盘上的文件中。如果包含数据库的磁盘设备发生故障，由于备份位于同一发故障的磁盘上，会无法恢复数据库。

2) 磁带备份设备

磁带备份设备的用法与磁盘设备相同，不过磁带设备必须物理连接到运行 SQL Server 2008 实例的计算机上。如果磁带备份设备在备份操作过程中已满，但还需要写入一些数据，SQL Server 2008 将提示更换新磁带并继续备份操作。

若要将 SQL Server 2008 数据备份到磁带，那么需要使用磁带备份设备或者 Microsoft Windows 平台支持的磁带驱动器。另外，对于特殊的磁带驱动器，仅使用驱动器制造商推荐的磁带。在使用磁带驱动器时，备份操作可能会写满一个磁带，并继续在另一个磁带上进行。所使用的第一个媒体称为"起始磁带"，该磁带含有媒体标头，每个后续磁带称为"延续磁带"，其媒体序列号比前一磁带的媒体序列号大 1。

3) 逻辑备份设备

物 理 备 份 设 备 名 称 主 要 用 来 供 操 作 系 统 对 备 份 设 备 进 行 引 用 和 管 理 。 如 ：C:\Backups\Accountiing\full.bak。逻辑备份设备是物理备份设备的别名。通常比物理备份设备更能简单、有效地描述备份设备的特征。逻辑备份设备名称被永久保存在 SQL Server 2008 的系统表中。

使用逻辑备份设备的一个优点是比使用长路径名称简单。如果将一系列备份数据写入相同的路径或磁带设备，则使用逻辑备份设备非常有用。逻辑备份设备对于标识磁带设备尤为有用。

可以编写一个备份脚本用以使用特定逻辑备份设备。这样无需更新脚本即可切换到新的物理备份设备上。切换涉及以下过程。

(1) 删除原来的逻辑备份设备。

(2) 定义新的逻辑备份设备，新设备使用原来的逻辑设备名称，但映射到不同的物理备份设备上。

6.3.2　备份数据库

在了解了备份的重要性、备份的类型及恢复体系结构后，下面具体介绍几种常见的数据库备份方法。

1. 创建备份设备

备份设备是用来存储数据库、事务日志或者文件和文件组备份的存储介质，所以在执行备份数据之前，首先介绍如何创建备份设备。

在 SQL Server 2008 中创建备份设备的方法有两种：一是在 SSMS 中使用现有命令和功能，通过方便的图形化工具创建；二是通过使用系统存储过程 sp_addumpdevice 创建。

1) 使用 SSMS 管理工具创建备份设备

使用 SSMS 管理工具创建备份设备的操作步骤如下。

(1) 在【对象资源管理器】窗格中，单击服务器名称以展开服务器树。

(2) 展开【服务器对象】节点，然后右击【备份设备】选项。

(3) 从弹出的快捷菜单中选择【新建备份设备】命令，打开【备份设备】对话框。

(4) 在【备份设备】对话框中，输入【设备名称】，并且指定该文件夹的完整路径，这里创建一个名称为"grademanager_backup"的备份设备，如图 6.29 所示。

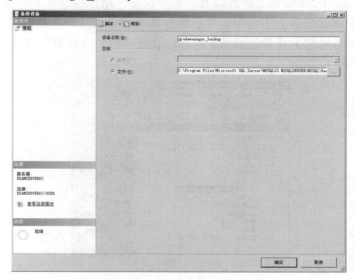

图 6.29　创建备份设备

(5) 单击【确定】按钮，完成备份设备的创建。展开【备份设备】节点就可以看到刚刚创建的名称为"grademanager_backup"的备份设备。

提示：① 由于本机中没有磁带设备，因此"磁带"备份设备不可选。

② 备份设备创建后，在进行备份时可被选择使用。

2) 使用系统存储过程 sp_addumpdevice 创建备份设备

除了使用 SSMS 创建备份设备外，还可以使用系统存储过程 sp_addumpdevice 来添加备份设备，这个存储过程可以添加磁盘和磁带设备。备份设备的类型可以是以下设备中的一种：disk、tape 和 pipe。

【例 6-9】　创建本地磁盘备份设备。

```
USE master
EXEC sp_addumpdevice'disk','backup2','c:\mssql\backup2.Bak'
```

其中，第一个参数是指备份设备的类型，第二个参数是指定在 BACKUP 和 RESTORE 语句中使用的备份设备的逻辑名称，第三个参数是指定备份设备的物理名称。物理名称必须遵从操作系统文件名规则或网络设备的通用命名约定，并且必须包含完整路径。

警告：指定存放备份设备的物理路径必须真实存在，否则将会提示"系统找不到指定的路径"，因为 SQL Server 2008 不会自动为用户创建文件夹。

2. 管理备份设备

在 SQL Server 2008 系统中，创建了备份设备以后就可以查看备份设备的信息，或者删除不用的备份设备。

1）查看备份设备

可以通过两种方式查看服务器上的所有备份设备，一种是通过 SSMS 图形化工具，另一种是通过系统存储过程 Sp_Helpdevice。

首先介绍使用 SSMS 图形化工具查看所有备份设备，操作步骤如下。

(1) 在【对象资源管理器】窗格中，单击服务器名称以展开服务器树。

(2) 展开【服务器对象】|【备份设备】节点，就可以看到当前服务器上已经创建的所有备份设备，如图 6.30 所示。

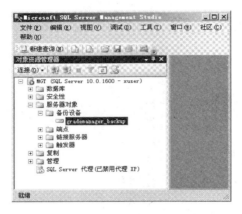

图 6.30　查看备份设备

使用系统存储过程 Sp_Helpdevice 也可以查看服务器上每个设备的相关信息，如图 6.31 所示。

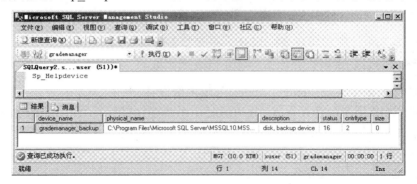

图 6.31　使用 Sp_Helpdevice 查看备份设备

2) 删除备份设备

不再需要的备份设备可以删除。删除备份设备后，其上的数据都将丢失。删除备份设备也有两种方式，一种是使用 SSMS 图形化工具，另一种是使用系统存储过程 sp_dropdevice。

使用 SSMS 图形化工具删除备份设备的操作步骤如下。

(1) 在【对象资源管理器】窗格中，单击服务器名称以展开服务器树。

(2) 展开【服务器对象】|【备份设备】节点，右击要删除的备份设备(如 backup1)，在弹出的快捷菜单中选择【删除】命令，打开【删除对象】对话框。

(3) 在【删除对象】对话框中，单击【确定】按钮即完成对该备份设备的删除操作。

也可以使用系统存储过程 sp_dropdevice，从服务器中删除备份设备，这个存储过程不仅能删除备份设备，还能删除其他设备。

【例 6-10】　删除例 6-9 创建的 backup2 备份设备。

```
EXEC sp_dropdevice 'backup2'
```

3. 备份数据库

1) 使用 SSMS 图形化工具备份数据库

(1) 完整备份。完整备份是指包含所有数据文件的完整映像的任何备份。完整备份会备份所有数据和足够的日志以便恢复数据。由于完整备份是任何备份策略中都要求完成的第一种备份类型，所以首先介绍如何进行完整数据库备份。

例如，需要对 grademanager 数据进行一次完整备份。使用 SSMS 工具对其进行完整备份的操作步骤如下。

① 打开 SSMS 工具，连接服务器。

② 在【对象资源管理器】窗格中，展开【数据库】节点，右击 grademanager 数据库，在弹出的快捷菜单中，选择【属性】命令，打开 grademanager 数据库的【数据库属性】对话框。

③ 在【选项】页面确保恢复模式为完整恢复模式，如图 6.32 所示。

图 6.32　选择恢复模式

④ 单击【确定】按钮，应用修改结果。

⑤ 右击数据库 grademanager，从弹出的快捷菜单中选择【任务】|【备份】命令打开【备份数据库】对话框，如图 6.33 所示。

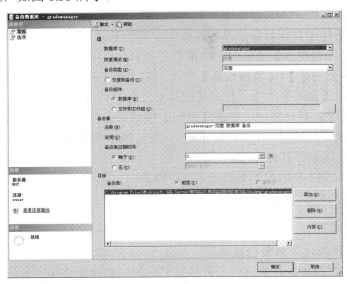

图 6.33 【备份数据库】对话框

⑥ 在【备份数据库】对话框中，从【数据库】下拉列表选择 grademanager 数据库，【备份类型】选择【完整】选项，保留【名称】文本框的内容不变。

⑦ 设备备份到磁盘的目标位置，通过【删除】按钮删除已存在的目标，然后单击【添加】按钮，打开【选择备份目标】对话框，选中【备份设备】单选按钮，选择以前建立的 grademanager_backup 备份设备，如图 6.34 所示。

图 6.34 【选择备份目标】对话框

⑧ 单击【确定】按钮，返回【备份数据库】对话框，就可看到【目标】下的文本框将增加一个"grademanager_backup"备份设备。

⑨ 打开【选项】页面，选中【覆盖所有现有备份集】单选按钮，其用于初始化新的设备或覆盖现在的设备，启用【完成后验证备份】复选框，其用来核对实际数据库与备份副本，并确保它们在备份完成之后一致。具体设置情况如图 6.35 所示。

⑩ 单击【确定】按钮完成对数据库的备份。完成备份后将弹出【备份完成】对话框。

现在已经完成了数据库 grademanager 的一个完整备份。为了确定是否真的备份完成，下面检查一下。

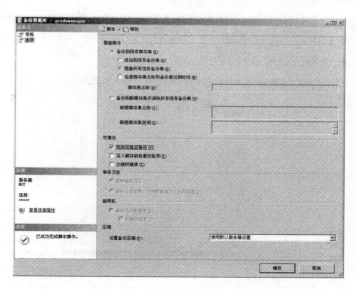

图 6.35　【选项】页面

① 在 SSMS 的【对象资源管理器】窗格中展开【服务器对象】节点下的【备份设备】节点。

② 右击备份设备 grademanager_backup，从弹出的快捷菜单中选择【属性】命令。

③ 打开【媒体内容】页面，可以看到刚刚建立的 grademanager 数据库的完整备份，如图 6.36 所示。

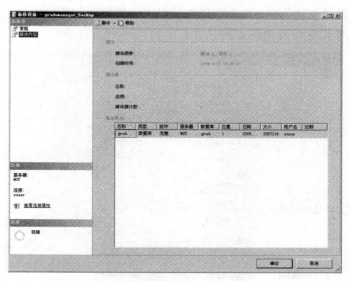

图 6.36　查看备份设备的内容

(2) 差异备份。当数据量十分庞大时，执行一次完整备份需要耗费非常多的时间和空间，因此备份不能频繁进行。创建数据库的完整备份以后，当数据库从上次备份只修改了很少的数据时，十分适合使用差异备份。进行数据库差异备份的操作步骤如下。

① 打开 SSMS 工具，连接服务器。

② 在【对象资源管理器】窗格中展开【数据库】节点，右击数据库 grademanager，从弹出的快捷菜单中选择【任务】|【备份】命令，打开【备份数据库】对话框。

③ 在【备份数据库】对话框中，从【数据库】下拉列表中选择 grademanager 数据库，【备份类型】选择【差异】选项，保留【名称】文本框的内容不变，在【目标】项下面确保存在 grademanager_backup 设备，如图 6.37 所示。

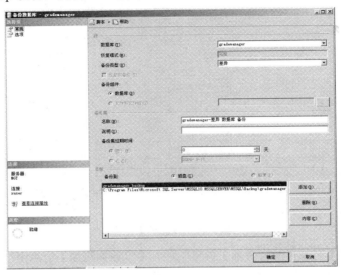

图 6.37　差异备份数据库

④ 打开【选项】页面，选中【追加到现有备份集】单选按钮，以免覆盖现有的完整备份，启用【完成后验证备份】复选框，该选项用来核对实际数据库与备份副本，并确保它们在备份完成之后一致。具体设置情况如图 6.38 所示。

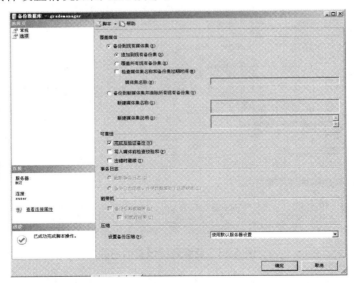

图 6.38　差异备份的【选项】页面

⑤ 设置完成后，单击【确定】按钮开始备份，完成备份后将弹出【备份完成】对话框。检查数据库 grademanager 的差异备份的方法与检查完整备份相同，在此不再赘述。

(3) 事务日志备份。前面已经执行了完整备份和差异备份，但是如果没有执行事务日志备份，则数据库可能无法正常工作。

尽管事务日志备份依赖于完整备份，但它并不备份数据库本身，这种类型的备份只记录事务日志的适当部分。明确地说是从上一个事务以来发生变化的部分。使用事务日志备份可以将数据库恢复到故障点之前或特定的时间点。一般情况下，事务日志备份比完整备份和差异备份使用的资源少，因此可以更频繁地创建事务日志备份，减少数据丢失的风险。在 SQL Server 2008 系统中日志备份有 3 种类型：纯日志备份、大容量操作日志备份和尾日志备份。具体情况见表 6-3。

表 6-3　事务日志备份类型

日志备份类型	说明
纯日志备份	仅包含一定间隔的事务日志记录而不包含在大容量日志恢复模式下执行的任何大容量更改的备份
大容量操作日志备份	包含日志记录以及由大容量操作更改的数据页的备份。不允许对大容量操作日志备份进行时间恢复
尾日志备份	对可能已损坏的数据库进行的日志备份，用于捕获尚未备份的日志记录。尾日志备份在出现故障时进行，用于防止丢失工作，可以包含纯日志记录或大容量操作日志记录

只有当启动事务日志备份序列时，完整备份或完整差异备份才必须与事务日志备份同步。每个事务日志备份的序列都必须在执行完整备份或差异备份之后启动。

执行事务日志备份至关重要。除了允许还原备份事务外，日志备份将截断日志以删除日志文件中已备份的日志记录。即使经常备份日志，日志文件也会填满。

连续的日志序列为"日志链"，日志链从数据库的完整备份开始。通常情况下，只有当第一次备份数据库或者从简单恢复模式转变到完整或大容量恢复模式需要进行完整备份时，才会启动新的日志链。

警告：当事务日志最终变成100%时，用户无法访问数据库，直到数据库管理员消除事务日志时为止。避开这个问题的最佳办法是执行定期的事务日志备份。

创建事务日志备份的过程与创建完整备份的过程也基本相同，下面使用 SSMS 工具在前面创建的备份设备"grademanager_backup"上创建数据库"grademanager"的一个事务日志备份，操作步骤如下。

① 打开 SSMS 工具，连接服务器。

② 在【对象资源管理器】窗格中展开【数据库】节点，右击数据库 grademanager，从弹出的快捷菜单中选择【任务】|【备份】命令，打开【备份数据库】对话框。

③ 在【备份数据库】对话框中，从【数据库】下拉列表中选择 grademanager 数据库，【备份类型】选择【事务日志】选项，保留【名称】文本框的内容不变，在【目标】项下面确保保存在"grademanager_backup"设备，如图 6.39 所示。

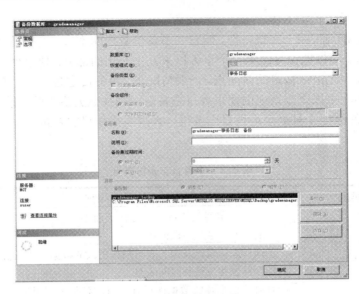

图 6.39　创建事务日志备份

④ 打开【选项】页面,选中【追加到现有备份集】单选按钮,以免覆盖现有的完整备份,启用【完成后验证备份】复选框,其用来核对实际数据库与备份副本,并确保它们在备份完成之后一致,并且选中【截断事务日志】单选按钮,具体设置情况如图 6.40 所示。

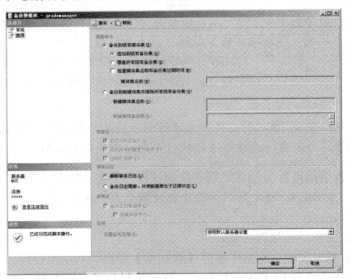

图 6.40　事务日志备份的【选项】页面

⑤ 设置完成后,单击【确定】按钮开始备份,完成备份后将弹出【备份完成】对话框。检查数据库"grademanager"的事务日志备份的方法与检查完整备份相同,在此不再赘述。

2) 使用 Transact-SQL 语句备份数据库

BACKUP 命令可以用来对指定数据库进行完整备份、差异备份、事务日志备份或文件和文件组备份,使用 BACKUP 命令需要指定备份的数据库、备份的目标设备、备份的类型及一些备份选项。

(1) 完整备份和差异备份。

```
BACKUP DATABASE database_name
TO <backup_device> [,…n]
[WITH
DIFFERENTIAL
[[,]NAME:backup_set_name]
[[,]DESCRIPTION='text']
[[,]{INIT|NOINIT}]]
```

其中，database_name 指定了要备份的数据库的名称。

backup_device 为备份的目标设备，采用"备份设备类型=设备名"的形式。

WITH 子句指定备份选项。

① INIT|NOINIT：INIT 表示新备份的数据覆盖当前备份设备上的每项内容；NOINIT 表示新备份的数据添加到备份设备上已有内容的后面。

② DIFFERENTIAL：用来指定差异备份数据库。若省略该项，则执行全库备份。

③ DESCRIPTION='text'：给出备份的描述。

【例 6-11】 对 grademanager 数据库做一次完整备份，备份设备为已创建好的 backup1 本地磁盘设备，并且此次备份覆盖以前所有的备份。

```
BACKUP DATABASE grademanager TO DISK='backup1'
WITH INIT,NAME='grademanager backup',DESCRIPTION='Full
Backup Of grademanager'
```

【例 6-12】 对 grademanager 数据库做差异备份，备份设备为 backup1 本地磁盘设备。

```
BACKUP DATABASE grademanager
TO DISK='backup1'
WITH DIFFERENTIAL, NOINIT, NAME='grademanager backup',
DESCRIPTION='Differential Backup Of grademanager'
```

(2) 日志备份。日志备份是指将从最近一次日志备份以来所有事务日志备份到备份设备上。

【例 6-13】 对 grademanager 数据库做事务日志备份，备份设备为 backup1 本地磁盘设备。

```
BACKUP LOG grademanager
TO DISK='backup1'
WITH NOINIT,NAME='grademanager backup',
DESCRIPTION='Log Backup Of grademanager'
```

6.3.3　恢复数据库

恢复数据库，就是让数据库根据备份的数据回到备份时的状态。当恢复数据库时，SQL Server 2008 会自动将备份文件中的数据全部复制到数据库，并回滚任何未完成的事务，以保证数据库中数据的完整性。

1. 常规恢复

恢复数据前，管理应当断开准备恢复的数据库和客户端应用程序之间的一切连接。此时，所有用户都不允许访问该数据库，并且执行恢复操作的管理也必须更改数据库连接到 master 或其他数据库，否则不能启动恢复进程。

在执行恢复操作前，用户要对事务日志进行备份，这样有助于保证数据的完整性。如果用户在恢复之前不备份事务日志,那么用户将丢失从最近一次数据库备份到数据库脱机之间的数据更新。

使用 SSMS 工具恢复数据库的操作步骤如下。

(1) 打开 SSMS 工具,连接服务器。

(2) 在【对象资源管理器】窗格中展开【数据库】节点,右击 grademanager 数据库,在弹出的快捷菜单中选择【任务】|【还原】|【数据库】命令,打开【还原数据库】对话框。

(3) 在【还原数据库】对话框中,选中【源设备】单选按钮,然后单击【…】按钮弹出一个【指定备份】对话框,在【备份媒体】下拉列表中选择【备份设备】选项,然后单击【添加】按钮,选择之前创建的 grademanager_backup 备份设备,如图 6.41 所示。

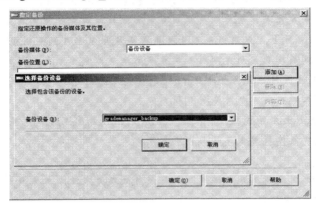

图 6.41　选择备份设备

(4) 选择完成后,单击【确定】按钮返回。在【还原数据库】对话框中就可以看到该备份设备中所有的数据库备份内容,启用【选择用于还原的备份集】下面的【完整】、【差异】和【事务日志】前的 3 种备份复选框,这可命名数据库恢复到最近一次备份的正确状态,如图 6.42 所示。

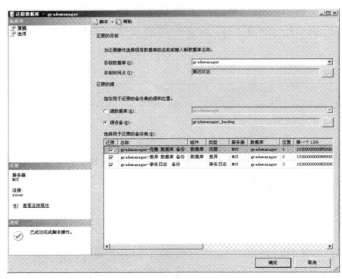

图 6.42　选择备份集

（5）如果还需要恢复别的备份文件，需要选中 RESTORE WITH NORECOVERY 单选按钮，恢复完成后，数据库会显示处于正在还原状态，无法进行操作，必须到最后一个备份还原完成为止。在【选项】页面选中 RESTORE WITH NORECOVERY 单选按钮，如图 6.43 所示。

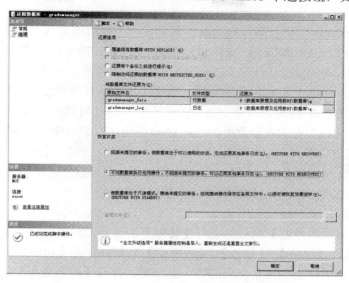

图 6.43　设置恢复状态

（6）单击【确定】按钮，完成对数据库的还原操作，弹出还原成功消息对话框，如图 6.44 所示。

图 6.44　还原成功消息对话框

由于上面对数据库的还原选中了 RESTORE WITH NORECOVERY 单选按钮，当前的数据库 grademanager 处于正在还原状态，需要执行下一个备份，如图 6.45 所示。

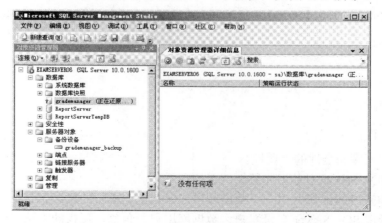

图 6.45　数据库正在还原状态

警告： 当执行还原最后一个备份的时候，必须选中 RESTORE WITH RECOVERY 单选按钮，否则数据库将一直处于还原状态。

2. 时间点恢复

在 SQL Server 2008 中进行事务日志备份的时候，不仅给事务日志中的每个事务标上日志号，还给它们都标上一个时间。这个时间与 RESTORE 语句的 STOPAT 从句结合起来，允许将数据返回一到前一个状态。但是，在使用这个过程时需要记住两点。

(1) 这个过程不适用于完整与差异备份，只适用于事务日志备份。

(2) 将失去 STOPAT 时间之后整个数据库上所发生的任何修改。

例如一个数据库每天有大量的数据，每天 12 点都会定时做事务日志备份，10：00 的时候服务器出现故障，误清除了许多重要的数据。通过对日志备份的时间点恢复，可以把时间点设置在 10:00:00，这样既可以保存 10:00:00 之前的数据修改，又可以忽略 10:00:00 之后的错误操作。

使用 SSMS 工具按照时间点恢复数据库的操作步骤如下。

(1) 打开 SSMS 工具，连接服务器。

(2) 在【对象资源管理器】窗格中展开【数据库】节点，右击 grademanager 数据库，在弹出的快捷菜单中选择【任务】|【还原】|【数据库】命令，打开【还原数据库】对话框。

(3) 单击【目标时间点】文本框后的【…】按钮，打开【时点还原】对话框，选中【具体日期和时间】单选按钮，输入具体时间 10:00:00，如图 6.46 所示。

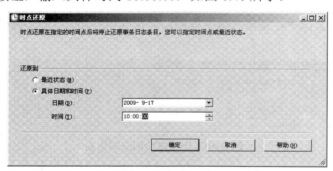

图 6.46　设置时间点还原的日期和时间

(4) 选择完成后，单击【确定】按钮返回。然后还原备份，设置时间以后的操作将会被还原。

6.4　课堂实践

6.4.1　实现数据库安全性

1. 实践目的

(1) 理解数据库安全性的重要性。

(2) 理解 SQL Server 对数据库数据的保护体系。

(3) 理解 SQL Server 登录账户、数据库用户、角色、权限的概念。

(4) 掌握管理 SQL Server 登录账户、数据库用户、角色、授权的方法。

2．实践内容和要求

1）设置安全认证模式

使用对象资源管理器进行安全认证模式的设置。进行 SQL Server、Windows 身份验证模式和混合验证两种登录验证机制的设置。重新启动 SQL Server，以使修改的值生效。

2）创建与管理登录账户

（1）用对象资源管理器创建、查看、删除 SQL Server 登录账户。

① 用对象资源管理器创建 SQL Server 登录账户 ABC。

② 查看及删除登录账户 ABC。

（2）用 Transcat-SQL 语句创建、查看、删除 SQL Server 登录账户。

① 使用系统存储过程 sp_addlogin 创建一个登录账户 ABCD，密码为 1234，使用的默认数据库为 grademanager。

② 使用系统存储过程 sp_helplogin 查看 SQL Server 登录账户。

③ 使用系统存储过程 sp_droplogin 从 SQL Server 中将登录账户 ABCD 删除。

3）创建与管理数据库用户

（1）用对象资源管理器创建、查看、删除数据库用户。

① 创建数据库用户 ABC。

② 删除数据库用户 ABC。

（2）用 Transcat-SQL 语句创建、查看、删除数据库用户。

① 重新创建登录账户 ABC。

② 使用系统存储过程 sp_grantdbaccess 为数据库 grademanager 登录账户 ABC 创建一个同名的数据库用户。

③ 使用系统存储过程 sp_helpuser 查看数据库用户。

④ 使用系统存储过程 sp_revokedbaccess 删除数据库中的 ABC 用户。

4）创建与管理角色

（1）固定服务器角色的管理。

① 用对象资源管理器创建、查看、删除数据库用户。

(a) 将登录账户 ABC 指定为固定服务器角色"sysadmin"。

(b) 收回登录账户 ABC 的"sysadmin"服务器角色。

② 用 Transcat-SQL 语句创建、查看、删除数据库用户。

(a) 将登录账户 ABC 指定为固定服务器角色"sysadmin"。

(b) 收回登录账户 ABC 的"sysadmin"服务器角色。

（2）数据库角色的管理。

① 使用 Transcat-SQL 语句管理数据库角色。

(a) 使用系统存储过程 sp_addrolemember 将数据库用户 ABC 指定为数据库角色"db_accessadmin"。

(b) 使用系统存储过程 sp_droprolemember 收回数据库用户 ABC 的数据库角色"db_accessadmin"。

② 用对象资源管理器进行数据库角色 ABC 的添加、删除。

5) 管理授权

(1) 用 Transcat-SQL 语句管理授权。

① 授权。

(a) 创建一个用户 ABCDE，并授予数据库创建表及视图的权限。

(b) 授予用户 ABCDE 对数据库中 teacher 表的查询、删除权限。

② 撤销权限。

(a) 撤销用户 ABCDE 对数据库 grademanager 创建表及视图的权限。

(b) 撤销用户 ABCDE 对数据库中 teacher 表的查询、删除权限。

(c) 拒绝用户 ABCDE 对数据库中 teacher 表的查询、删除权限。

(2) 用对象资源管理器管理权限。

① 设置 teacher 表对数据库用户的权限。

② 设置数据库用户 ABCDE 对表的权限。

3. 思考题

(1) 固定服务器角色可以由用户创建吗？

(2) 对一个登录用户的授权应由谁进行？

6.4.2 数据库的备份与恢复

1. 实践目的

(1) 理解 SQL Server 备份的基本概念。

(2) 了解备份设备的基本概念。

(3) 掌握各种备份数据库的方法，了解如何制订备份计划。

(4) 掌握如何从备份中恢复数据。

2. 实践内容和要求

1) 创建、管理备份设备

(1) 使用 Transcat-SQL 语句管理备份设备。

① 在 C 盘上创建名为 DUMP 的文件夹。

② 在 C 盘 DUMP 文件夹中创建一个名为 diskbak_grademanager 的本地磁盘备份文件。

③ 查看系统中有哪些备份设备。

④ 查看备份设备中备份集内包含的数据库和日志文件列表。

⑤ 查看特定备份设备上的所有备份集的备份首部信息。

⑥ 删除特定备份设备。

(2) 用对象资源管理器管理备份设备。

① 使用对象资源管理器创建一个备份设备 diskbak1_grademanager。

② 使用对象资源管理器列出并查看备份设备 diskbak1_grademanager 的属性。

③ 使用对象资源管理器删除备份设备 diskbak1_grademanager。

2) 进行数据库备份

(1) 使用 Transcat-SQL 语句创建数据库 grademanager 的备份。

① 创建数据库 grademanager 的完全备份。

② 创建数据库 grademanager 的差异备份。先修改数据库中 teacher 表的记录，再进行差异备份。

③ 创建数据库 grademanager 的事务日志备份。

④ 创建数据库 grademanager 的数据文件组备份。

(2) 用对象资源管理器管理创建数据库 grademanager 的备份。

在实际备份操作中，经常使用对象资源管理器来进行数据库备份，下面使用对象资源管理器进行不同备份类型的备份操作。

① 创建数据库 grademanager 的完全备份。

② 创建数据库 grademanager 的差异备份。

③ 创建数据库 grademanager 的事务日志备份。

④ 创建数据库 grademanager 的数据文件组备份。

3) 数据库恢复

(1) 使用 Transcat-SQL 语句进行数据库的恢复。

① 从备份设备 diskbak_grademanager 的完整数据库备份中恢复数据库 grademanager。

② 从备份设备 diskbak_grademanager 的差异数据库备份中恢复数据库 grademanager。

③ 从备份设备 diskbak_grademanager 的事务日志备份中恢复数据库 grademanager。

④ 从备份设备 diskbak_grademanager 的文件和文件组备份中恢复数据库 grademanager。

(2) 使用对象资源管理器进行数据库恢复。

① 从完整数据库备份中恢复数据库。

② 从差异数据库备份中恢复数据库。

③ 从事务日志备份中恢复数据库。

④ 从文件和文件组备份中恢复数据库。

3. 思考题

(1) 哪些用户在默认的情况下具有数据库备份和恢复能力？

(2) 确定数据库备份要考虑哪些因素？

(3) 数据库的 4 种备份方式各应在什么情况下使用？

6.5　课 外 拓 展

操作内容及要求如下。

1. 数据库用户和角色

(1) 创建登录名"mylogin"。

(2) 在 GlobalToys 数据库中，创建与登录名"mylogin"对应的数据库用户"myuser"。

(3) 在 GlobalToys 数据库中，创建用户定义数据库角色"db_datauser"。

(4) 将创建的数据库用户"myuser"添加到"db_datauser"中。

(5) 授予用户"myuser"对 Toys 表的插入和修改权限。

(6) 查看授权后的 Toys 表的权限属性。

2. 数据库的备份和还原

(1) 创建逻辑名称为 myback 的备份设备，将物理文件存放在系统默认路径下。

(2) 对 GlobalToys 数据库进行一次完整备份 ToysBak，备份到备份设备 myback 中。

(3) 删除 GlobalToys 数据库的 Toys 表。

(4) 利用备份 ToysBak 恢复 GlobalToys 数据库到完整备份时的状态。

习　题

1. 选择题

(1) 下面哪些不是混合身份验证模式下的优点？（　　）

　　A. 创建了 Windows NT/2000 之上的另外一个安全层次

　　B. 支持更大范围的用户，例如非 Windows 用户等

　　C. 一个应用程序可以使用多个 SQL Server 登录和口令

　　D. 一个应用程序只能使用单个 SQL Server 登录和口令

(2) 下面哪些不是 Windows 身份验证模式的主要优点？（　　）

　　A. 数据库管理员的工作可以集中在管理数据库上面，而不是管理用户账户。对用户账户的管理可以交给 Windows NT 去完成

　　B. Windows NT 有着更强的用户账户管理工具，可以设置账户锁定、密码期限等。如果不是通过定制来扩展 SQL Server，SQL Server 不具备这些功能

　　C. Windows NT 的组策略支持多个用户同时被授权访问 SQL Server

　　D. 数据库管理员的工作可以集中在管理用户账户上面，而不是集中在管理数据库上面

(3) 如果要为所有的登录名提供有限的数据访问，哪种方法最好？（　　）

　　A. 在数据库中增加 guest 用户，并为它授予适当的权限

　　B. 为每个登录名增加一个用户，并为它设置权限

　　C. 为每个登录名增加权限

　　D. 为每个登录名增加一个用户，然后将用户增加到一个组中，为这个组授予权限

(4) 哪个数据库拥有 sysusers 表？（　　）

　　A. 所有数据库　　　　　　　　B. 所有用户创建的数据库

　　C. master 数据库　　　　　　　D. 该表保存在注册表中

(5) 下面哪个不是备份数据库的理由？（　　）

　　A. 数据库崩溃时恢复　　　　　B. 将数据从一个服务器转移到另外一个服务器

　　C. 记录数据的历史档案　　　　D. 转换数据

(6) 在备份过程中可以允许执行以下哪项操作？（　　）

　　A. 创建数据库文件　　　　　　B. 创建索引

　　C. 执行一些日志操作　　　　　D. 手工缩小数据库文件的大小

(7) 能将数据库恢复到某个时间点的备份类型是（　　）。

　　A. 完整数据库备份　　　　　　B. 差异备份

　　C. 事务日志备份　　　　　　　D. 文件组备份

(8) 下列选项中哪个不是记录事务日志的作用？（　　）

    A．恢复个别的事务

    B．SQL Server 启动时恢复所有未完成的事务

    C．无论何时，完整备份或差异备份都必须与事务日志备份同步

    D．将还原的数据库前滚到故障点

(9) 现在需要对数据库 Firstdb 做一次事务日志备份，并且追加到现有备份集 First。下列语句正确的一项是（　　）。

    A．BACKUP LOG Firstdb TO DISK=' First'WITH NOINIT,NAME= 'First_Log_backup'

    B．BACKUP LOG Firstdb TO DISK='First'WITH INIT,NAME= 'First_Log_backup'

    C．BACKUP DATABASE Firstdb DISK='First' WITH DIFFERENTIAL,NOINIT,NAME= 'First_Log_backup'

    D．BACKUP DATABASE Firstdb TO DISK='First' WITH NOINIT,NAME= 'First_Log_backup'

2．填空题

(1) SQL Server 的安全机制分为 5 个等级，分别为操作系统的安全性、_____、实例级别的安全性、_____、_____。

(2) SQL Server 可以识别两种登录验证机制：_____和_____。

(3) 在 SQL Server 的数据库级别上存在着两个特殊的数据库用户。这两个数据库用户分别是_____和_____。

(4) dbo 用户对应于创建数据库的登录账户，所有系统数据库的 dbo 都对应于_____账户。

(5) 固定服务器角色的信息存储在_____数据库的 sysxlogins 表中。

(6) 用户在数据库中拥有的权限取决于两方面，用户账户的数据库权限和_____。

(7) 数据库的备份类型有 4 种，分别是_____、差异备份、_____和事务日志备份。

(8) SQL Server 2008 包括 3 种恢复模型，简单恢复模型、完全恢复模型和_____。

(9) 数据库备份的设备类型包括磁盘备份设备、磁带备份设备和_____。

(10) 创建备份设备可以使用图形工具，也可以使用系统存储过程_____来添加备份设备。

(11) 如果一个备份设备中已经存在一个备份文件，现在又有一个备份文件需要追加到该备份设备中，可以使用_____参数。

(12) 如果使用_____选项，SQL Server 将不回滚所有未完成的事务，在恢复结束后，用户不能访问数据库。

(13) SQL Server 2008 为开发分布式应用提供了 3 种类型的复制模式：_____、事务复制和_____。

3．简答题

(1) 什么是数据库的安全性？

(2) 简述数据库安全性与计算机操作系统安全性的关系。

(3) 简述固定服务器角色的作用。

(4) 权限的状态有哪几种？区别是什么？

(5) 公司新招聘了一批员工，需要访问公司的"工资管理系统"数据库中的"工资信息"表和"员工信息"表，请设计一个最有效的方法为这一批员工分配相应的权限。

(6) 简述备份数据库的重要性。

(7) 恢复数据库之前的准备工作有哪些？

(8) 完全备份、差异备份、事务日志备份文件各有什么特点？

(9) 某企业的数据库每周日 12 点进行一次完整备份，每天晚上 24 点进行一次差异备份，每小时进行一次事务日志备份，数据库在 2008/7/16 6：30 崩溃，应如何将其恢复才能使数据损失最小？

(10) 假设数据库设置为完整备份模式，并且用户具有一个完整数据库备份和几个事务日志备份。在上午 7：20 的时候数据库遭到恶意破坏，现在时间是 8：30，应如何将其恢复使数据损失最小？

参 考 文 献

[1] 王珊，萨师煊. 数据库系统概论[M]. 4 版. 北京：高等教育出版社，2006.

[2] 郭盈发，张红娟. 数据库原理[M]. 2 版. 西安：西安电子科技大学出版社，2002.

[3] [英]Robin Dewson. SQL Server 2008 基础教程[M]. 董明译. 北京：人民邮电出版社，2009.

[4] 崔群法，祝红涛，赵喜来. SQL Server 2008 从入门到精通[M]. 北京：电子工业出版社，2009.

[5] 武洪萍，马桂婷. 数据库原理及应用(SQL Server 版)[M]. 北京：北京大学出版社，2008.

[6] 刘志成. SQL Server 2005 实例教程[M]. 北京：电子工业出版社，2008.

[7] 施伯乐，丁宝康，汪卫. 数据库系统教程[M]. 2 版. 北京：科海电子出版社，2003.

[8] 蒋毅，林海旦. SQL Server 2005 实训教程[M]. 北京：经济科学出版社，2009.

[9] [美] Ramez Elmasri. 数据库系统基础[M]. 3 版. 邵佩英译. 北京：人民邮电出版社，2002.

[10] [美] Raghu Ramakrishnan. 数据库管理系统[M]. 2 版. 周立柱译. 北京：清华大学出版社，2002.

[11] 徐洁磐. 现代数据库系统教程[M]. 北京：北京希望电子出版社，2003.

[12] [美] Alex Kriegel, Boris M.Trukhnov. SQL 宝典[M]. 陈冰译. 北京：电子工业出版社，2003.

[13] [美] David Hand, Heikki Mannila, Padhraic Smyth. 数据挖掘原理[M]. 张银奎译. 北京：机械工业出版社，2002.

全国高职高专计算机、电子商务系列教材推荐书目

【语言编程与算法类】

序号	书号	书名	作者	定价	出版日期	配套情况
1	978-7-301-13632-4	单片机C语言程序设计教程与实训	张秀国	25	2012	课件
2	978-7-301-15476-2	C语言程序设计(第2版)(2010年度高职高专计算机类专业优秀教材)	刘迎春	32	2013年第3次印刷	课件、代码
3	978-7-301-14463-3	C语言程序设计案例教程	徐翠霞	28	2008	课件、代码、答案
4	978-7-301-16878-3	C语言程序设计上机指导与同步训练(第2版)	刘迎春	30	2010	课件、代码
5	978-7-301-17337-4	C语言程序设计经典案例教程	韦良芬	28	2010	课件、代码、答案
6	978-7-301-20879-3	Java程序设计教程与实训(第2版)	许文宪	28	2013	课件、代码、答案
7	978-7-301-13570-9	Java程序设计案例教程	徐翠霞	33	2008	课件、代码、习题答案
8	978-7-301-13997-4	Java程序设计与应用开发案例教程	汪志达	28	2008	课件、代码、答案
9	978-7-301-10440-8	Visual Basic程序设计教程与实训	康丽军	28	2010	课件、代码、答案
10	978-7-301-15618-6	Visual Basic 2005程序设计案例教程	靳广斌	33	2009	课件、代码、答案
11	978-7-301-17437-1	Visual Basic程序设计案例教程	严学道	27	2010	课件、代码、答案
12	978-7-301-09698-7	Visual C++ 6.0程序设计教程与实训(第2版)	王丰	23	2009	课件、代码、答案
13	978-7-301-13319-4	C#程序设计基础教程与实训	陈广	36	2012年第7次印刷	课件、代码、视频、答案
14	978-7-301-14672-9	C#面向对象程序设计案例教程	陈向东	28	2012年第3次印刷	课件、代码、答案
15	978-7-301-16935-3	C#程序设计项目教程	宋桂岭	26	2010	课件
16	978-7-301-15519-6	软件工程与项目管理案例教程	刘新航	28	2011	课件、答案
17	978-7-301-12409-3	数据结构(C语言版)	夏燕	28	2011	课件、代码、答案
18	978-7-301-14475-6	数据结构(C#语言描述)	陈广	28	2012年第3次印刷	课件、代码、答案
19	978-7-301-14463-3	数据结构案例教程(C语言版)	徐翠霞	28	2013年第2次印刷	课件、代码、答案
20	978-7-301-18800-2	Java面向对象项目化教程	张雪松	33	2011	课件、代码、答案
21	978-7-301-18947-4	JSP应用开发项目化教程	王志勃	26	2011	课件、代码、答案
22	978-7-301-19821-6	运用JSP开发Web系统	涂刚	34	2012	课件、代码、答案
23	978-7-301-19890-2	嵌入式C程序设计	冯刚	29	2012	课件、代码、答案
24	978-7-301-19801-8	数据结构及应用	朱珍	28	2012	课件、代码、答案
25	978-7-301-19940-4	C#项目开发教程	徐超	34	2012	课件
26	978-7-301-15232-4	Java基础案例教程	陈文兰	26	2009	课件、代码、答案
27	978-7-301-20542-6	基于项目开发的C#程序设计	李娟	32	2012	课件、代码、答案
28	978-7-301-19935-0	J2SE项目开发教程	何广军	25	2012	素材、答案
29	978-7-301-18413-4	JavaScript程序设计案例教程	许旻	24	2011	课件、代码、答案
30	978-7-301-17736-5	.NET桌面应用程序开发教程	黄河	30	2010	课件、代码、答案
31	978-7-301-19348-8	Java程序设计项目化教程	徐义晗	36	2011	课件、代码、答案
32	978-7-301-19367-9	基于.NET平台的Web开发	严月浩	37	2011	课件、代码、答案

【网络技术与硬件及操作系统类】

序号	书号	书名	作者	定价	出版日期	配套情况
1	978-7-301-14084-0	计算机网络安全案例教程	陈昶	30	2008	课件
2	978-7-301-16877-6	网络安全基础教程与实训(第2版)	尹少平	30	2012年第4次印刷	课件、素材、答案
3	978-7-301-13641-6	计算机网络技术案例教程	赵艳玲	28	2008	课件
4	978-7-301-18564-3	计算机网络技术案例教程	宁芳露	35	2011	课件、习题答案
5	978-7-301-10226-8	计算机网络技术基础	杨瑞良	28	2011	课件
6	978-7-301-10290-9	计算机网络技术基础教程与实训	桂海进	28	2010	课件、答案
7	978-7-301-10887-1	计算机网络安全技术	王其良	28	2011	课件、答案
8	978-7-301-21754-2	计算机系统安全与维护	吕新荣	30	2013	课件、素材、答案
9	978-7-301-12325-6	网络维护与安全技术教程与实训	韩最蛟	32	2010	课件、习题答案
10	978-7-301-09635-2	网络互联及路由器技术教程与实训(第2版)	宁芳露	27	2012	课件、答案
11	978-7-301-15466-3	综合布线技术教程与实训(第2版)	刘省贤	36	2012	课件、习题答案
12	978-7-301-15432-8	计算机组装与维护(第2版)	肖玉朝	26	2009	课件、习题答案
13	978-7-301-14673-6	计算机组装与维护案例教程	谭宁	33	2012年第3次印刷	课件、习题答案
14	978-7-301-13320-0	计算机硬件组装和评测及数码产品评测教程	周奇	36	2008	课件
15	978-7-301-12345-4	微型计算机组成原理教程与实训	刘辉珞	22	2008	课件、习题答案
16	978-7-301-16736-6	Linux系统管理与维护(江苏省省级精品课程)	王秀平	29	2013年第3次印刷	课件、习题答案
17	978-7-301-10175-9	计算机操作系统原理教程与实训	周峰	22	2010	课件、答案
18	978-7-301-16047-3	Windows服务器维护与管理教程与实训(第2版)	鞠光明	33	2010	课件、答案
19	978-7-301-14476-3	Windows2003维护与管理技能教程	王伟	29	2009	课件、习题答案
20	978-7-301-18472-1	Windows Server 2003服务器配置与管理情境教程	顾红燕	24	2012年第2次印刷	课件、习题答案

【网页设计与网站建设类】

序号	书号	书名	作者	定价	出版日期	配套情况
1	978-7-301-15725-1	网页设计与制作案例教程	杨森香	34	2011	课件、素材、答案
2	978-7-301-15086-3	网页设计与制作教程与实训(第2版)	于巧娥	30	2011	课件、素材、答案

序号	书号	书名	作者	定价	出版日期	配套情况
3	978-7-301-13472-0	网页设计案例教程	张兴科	30	2009	课件
4	978-7-301-17091-5	网页设计与制作综合实例教程	姜春莲	38	2010	课件、素材、答案
5	978-7-301-16854-7	Dreamweaver 网页设计与制作案例教程(2010 年度高职高专计算机类专业优秀教材)	吴鹏	41	2012	课件、素材、答案
6	978-7-301-11522-0	ASP .NET 程序设计教程与实训(C#版)	方明清	29	2009	课件、素材、答案
7	978-7-301-21777-1	ASP .NET 动态网页设计案例教程(C#版)(第 2 版)	冯涛	35	2013	课件、素材、答案
8	978-7-301-10226-8	ASP 程序设计教程与实训	吴鹏	27	2011	课件、素材、答案
9	978-7-301-13571-6	网站色彩与构图案例教程	唐一鹏	40	2008	课件、素材、答案
10	978-7-301-16706-9	网站规划建设与管理维护教程与实训(第 2 版)	王春红	32	2011	课件、答案
11	978-7-301-21776-4	网站建设与管理案例教程(第 2 版)	徐洪祥	31	2013	课件、素材、答案
12	978-7-301-17736-5	.NET 桌面应用程序开发教程	黄河	30	2010	课件、素材、答案
13	978-7-301-19846-9	ASP .NET Web 应用案例教程	于洋	26	2012	课件、素材
14	978-7-301-20565-5	ASP.NET 动态网站开发	崔宁	30	2012	课件、素材、答案
15	978-7-301-20634-8	网页设计与制作基础	徐文平	28	2012	课件、素材、答案
16	978-7-301-20659-1	人机界面设计	张丽	25	2012	课件、素材、答案
17	978-7-301-22532-5	网页设计案例教程(DIV+CSS 版)	马涛	32	2013	课件、素材、答案

【图形图像与多媒体类】

序号	书号	书名	作者	定价	出版日期	配套情况
1	978-7-301-21778-8	图像处理技术教程与实训(Photoshop 版)(第 2 版)	钱民	40	2013	课件、素材、答案
2	978-7-301-14670-5	Photoshop CS3 图形图像处理案例教程	洪光	32	2010	课件、素材、答案
3	978-7-301-12589-2	Flash 8.0 动画设计案例教程	伍福军	29	2009	课件
4	978-7-301-13119-0	Flash CS 3 平面动画案例教程与实训	田启明	36	2008	课件
5	978-7-301-13568-6	Flash CS3 动画制作案例教程	俞欣	25	2012 年第 4 次印刷	课件、素材、答案
6	978-7-301-15368-0	3ds max 三维动画设计技能教程	王艳芳	28	2009	课件
7	978-7-301-18946-7	多媒体技术与应用教程与实训(第 2 版)	钱民	33	2012	课件、素材、答案
8	978-7-301-17136-3	Photoshop 案例教程	沈道云	25	2011	课件、素材、视频
9	978-7-301-19304-4	多媒体技术与应用案例教程	刘辉珞	34	2011	课件、素材、答案
10	978-7-301-20685-0	Photoshop CS5 项目教程	高晓黎	36	2012	课件、素材

【数据库类】

序号	书号	书名	作者	定价	出版日期	配套情况
1	978-7-301-10289-3	数据库原理与应用教程(Visual FoxPro 版)	罗毅	30	2010	课件
2	978-7-301-13321-7	数据库原理及应用 SQL Server 版	武洪萍	30	2010	课件、素材、答案
3	978-7-301-13663-8	数据库原理及应用案例教程(SQL Server 版)	胡锦丽	40	2010	课件、素材、答案
4	978-7-301-16900-1	数据库原理及应用(SQL Server 2008 版)	马桂婷	31	2011	课件、素材、答案
5	978-7-301-15533-2	SQL Server 数据库管理与开发教程与实训(第 2 版)	杜兆将	32	2012	课件、素材、答案
6	978-7-301-13315-6	SQL Server 2005 数据库基础及应用技术教程与实训	周奇	34	2013 年第 7 次印刷	课件
7	978-7-301-15588-2	SQL Server 2005 数据库原理与应用案例教程	李军	27	2009	课件
8	978-7-301-16901-8	SQL Server 2005 数据库系统应用开发技能教程	王伟	28	2010	课件
9	978-7-301-17174-5	SQL Server 数据库实例教程	汤承林	38	2010	课件、习题答案
10	978-7-301-17196-7	SQL Server 数据库基础与应用	贾艳宇	39	2010	课件、习题答案
11	978-7-301-17605-4	SQL Server 2005 应用教程	梁庆枫	25	2012 年第 2 次印刷	课件、习题答案
12	978-7-301-18750-0	大型数据库及其应用	孔勇奇	32	2011	课件、素材、答案

【电子商务类】

序号	书号	书名	作者	定价	出版日期	配套情况
1	978-7-301-10880-2	电子商务网站设计与管理	沈凤池	32	2011	课件
2	978-7-301-12344-7	电子商务物流基础与实务	邓之宏	38	2010	课件、习题答案
3	978-7-301-12474-1	电子商务原理	王震	34	2008	课件
4	978-7-301-12346-1	电子商务案例教程	龚民	24	2010	课件、习题答案
5	978-7-301-12320-1	网络营销基础与应用	张冠凤	28	2008	课件、习题答案
6	978-7-301-18604-6	电子商务概论（第 2 版）	于巧娥	33	2012	课件、习题答案

【专业基础课与应用技术类】

序号	书号	书名	作者	定价	出版日期	配套情况
1	978-7-301-13569-3	新编计算机应用基础案例教程	郭丽春	30	2009	课件、习题答案
2	978-7-301-18511-7	计算机应用基础案例教程(第 2 版)	孙文力	32	2012 年第 2 次印刷	课件、习题答案
3	978-7-301-16046-6	计算机专业英语教程(第 2 版)	李莉	26	2010	课件、答案
4	978-7-301-19803-2	计算机专业英语	徐娜	30	2012	课件、素材、答案
5	978-7-301-21004-8	常用工具软件实例教程	石朝晖	37	2012	课件

电子书(PDF 版)、电子课件和相关教学资源下载地址：http://www.pup6.com，欢迎下载。
联系方式：010-62750667，liyanhong1999@126.com，linzhangbo@126.com，欢迎来电来信。